软件开发源码精讲系列

Spring MVC 源码精讲

王 涛◎著

清華大學出版社
北京

内容简介

本书从搭建 Spring MVC 测试环境开始讲解，具备充分的 Spring MVC 使用说明，并且对 Spring MVC 核心源码进行分析。在 Spring MVC 开发过程中常用 SpringXML 模式和 Spring 注解模式，本书关于 Spring MVC 的用例说明大多数基于 SpringXML 模式。

本书内容包含 Spring MVC 中的九大核心组件的使用和源码分析、Spring MVC 中的注册器分析和 Spring MVC 中常见的辅助接口分析，可以帮助读者快速掌握 Spring MVC 框架的基本使用以及 Spring MVC 框架中常见接口的处理逻辑。

书中的源码分析大部分情况下遵循测试用例优先，尽可能保证源码现象可复现。

本书适合具有一定 Java 编程基础的读者、对 Spring 框架有基础开发能力的读者和对 Spring Web 开发有一定实践经验的读者阅读、参考。

图书在版编目(CIP)数据

Spring MVC 源码精讲/王涛著. —北京：清华大学出版社，2022.9
(软件开发源码精讲系列)
ISBN 978-7-302-60648-2

Ⅰ. ①S… Ⅱ. ①王… Ⅲ. ①JAVA 语言—程序设计 Ⅳ. ①TP312.8

中国版本图书馆 CIP 数据核字(2022)第 068135 号

责任编辑：安　妮　薛　阳
封面设计：刘　键
责任校对：焦丽丽
责任印制：朱雨萌

出版发行：清华大学出版社
网　　址：http://www.tup.com.cn，http://www.wqbook.com
地　　址：北京清华大学学研大厦 A 座　　**邮　　编**：100084
社 总 机：010-83470000　　**邮　　购**：010-62786544
投稿与读者服务：010-62776969，c-service@tup.tsinghua.edu.cn
质量反馈：010-62772015，zhiliang@tup.tsinghua.edu.cn
课件下载：http://www.tup.com.cn，010-83470236
印 装 者：三河市铭诚印务有限公司
经　　销：全国新华书店
开　　本：185mm×260mm　　**印　　张**：21　　**字　　数**：513 千字
版　　次：2022 年 10 月第 1 版　　**印　　次**：2022 年 10 月第 1 次印刷
印　　数：1～2000
定　　价：79.90 元

产品编号：094034-01

前言

Spring MVC 框架是目前 Java Web 开发领域中最受欢迎的开发框架之一。

初识 Spring MVC 是在 2015 年的一个项目中，当时项目中使用的是 Spring 4.1 版本，该版本的功能虽然已经比较强大，但是各类配置文件的处理比较烦琐。笔者作为 Spring Boot 和 Spring MVC 的使用人员，对 Spring MVC 中的一些实现细节十分感兴趣，并付诸实践记录了一些源码的流程，同时想把这些经验分享给更多的人，便有了这本书。

本书的组织结构和主要内容

本书共分为两部分：第一部分（第 1～11 章）主要围绕 Spring MVC 中的九大核心对象进行相关分析，在第一部分中对九大核心对象的初始化、调用流程进行分析，内容如下。

第 1 章 对 Spring MVC 框架的环境搭建和使用进行说明。

第 2 章 对 Spring MVC 的容器初始化进行说明，包含 SpringXML 模式的初始化和 Spring 注解模式的初始化。

第 3～11 章对 Spring MVC 九大核心对象 HandlerMapping、HandlerAdapter、HandlerExceptionResolver、LocaleResolver、ThemeResolver、ViewResolver、MultipartResolver、RequestToViewNameTranslator 和 FlashMapManager 进行分析。

第二部分（第 12～16 章）主要围绕 Spring MVC 中的辅助类进行分析，在第二部分中包含注册器、资源分析和参数相关等内容。

第 12 章 对 Spring MVC 中的常见注册器进行分析。

第 13 章 对 Spring MVC 中的资源对象相关内容进行分析。

第 14 章 对 Spring MVC 中的 Model 对象和 View 对象进行分析。

第 15 章 对 Spring MVC 中关于参数相关内容进行分析。

第 16 章 对 Spring MVC 中的 HTTP 消息相关内容进行分析。

本书配套源代码请扫描下方二维码获取。

源代码

本书面向读者

本书适合具有一定 Java 编程基础的读者、对 Spring 框架有基础开发能力的读者、对 Spring Web 开发有一定实践经验的读者。读者通过本书将学到 Spring MVC 的基础、

Spring 框架中 Spring MVC 相关源码内容和 Spring MVC 中的核心实现逻辑。

致谢

向所有 SpringFramework 项目的创建者和开发者表达诚挚的谢意，感谢他们杰出的工作和对开源项目的热情，没有他们就没有本书的诞生。

由于编者水平有限，书中不当之处在所难免，欢迎广大同行和读者批评指正。

王　涛

2022 年 4 月

目录

第1章

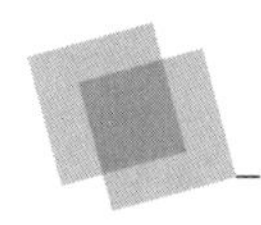

Spring MVC环境搭建

本章开始进入 Spring MVC 的源码分析，将介绍如何从零开始搭建一个 Spring MVC 环境。本章基于 SpringFramework 项目源码进行环境搭建。本章包含 Spring MVC 环境搭建和环境搭建中的常见问题处理。

1.1 源码环境下搭建 Spring MVC 工程

首先对源码环境下搭建 Spring MVC 工程进行介绍。通过 IDEA 创建一个 gradle 工程，在 SpringFramework 源码工程中右击项目顶层，选择 New→Module 选项，弹出如图 1.1 所示对话框。

选择 Gradle→Java 模块，单击 Next 按钮，弹出如图 1.2 所示对话框。在图 1.2 中填写 Name、GroupId、ArtifactId 三个属性，填写完成后单击 Finish 按钮完成操作。

单击 Finish 按钮之后需要等待一分钟左右，在等待时间过去以后会在项目中新增几个文件，具体文件名称如图 1.3 所示。

当工程初始化完毕后需要进行基本文件创建和修改，首先需要修改 build.gradle 文件，修改它的目的是将 Spring MVC 相关依赖加入到项目中，修改后的文件内容如下。

```
plugins {
   id 'java'
   id 'war'
}

group 'org.springframework'
version '5.2.3.RELEASE'

repositories {
   mavenCentral()
}
```

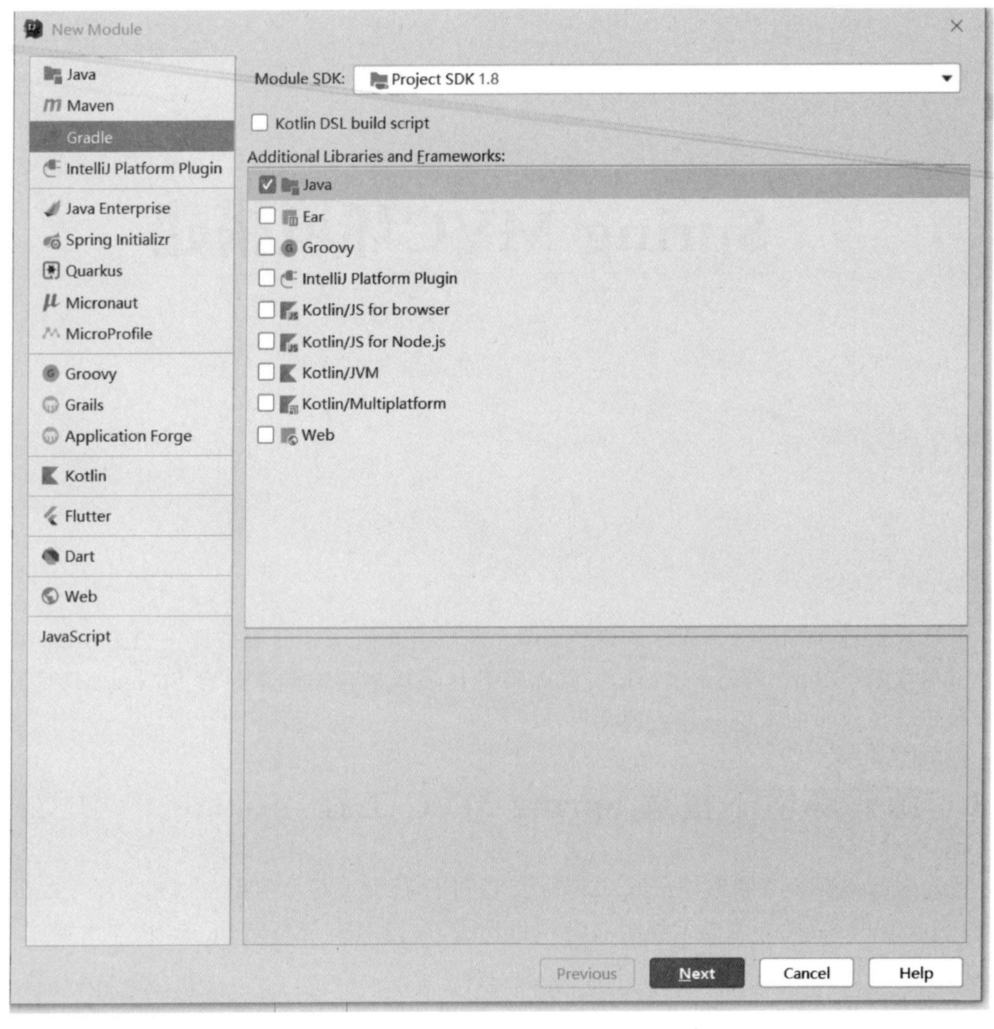

图 1.1　创建 Module 工程

```
dependencies {
    compile(project(":spring-context"))
    compile(project(":spring-core"))
     compile(project(":spring-web"))
     compile(project(":spring-webmvc"))
    compile group: 'javax.servlet.jsp.jstl', name: 'jstl-api', version: '1.2'
    testCompile group: 'junit', name: 'junit', version: '4.11'
    testImplementation 'org.junit.jupiter:junit-jupiter-api:5.6.0'
    testRuntimeOnly 'org.junit.jupiter:junit-jupiter-engine'
}

test {
    useJUnitPlatform()
}
```

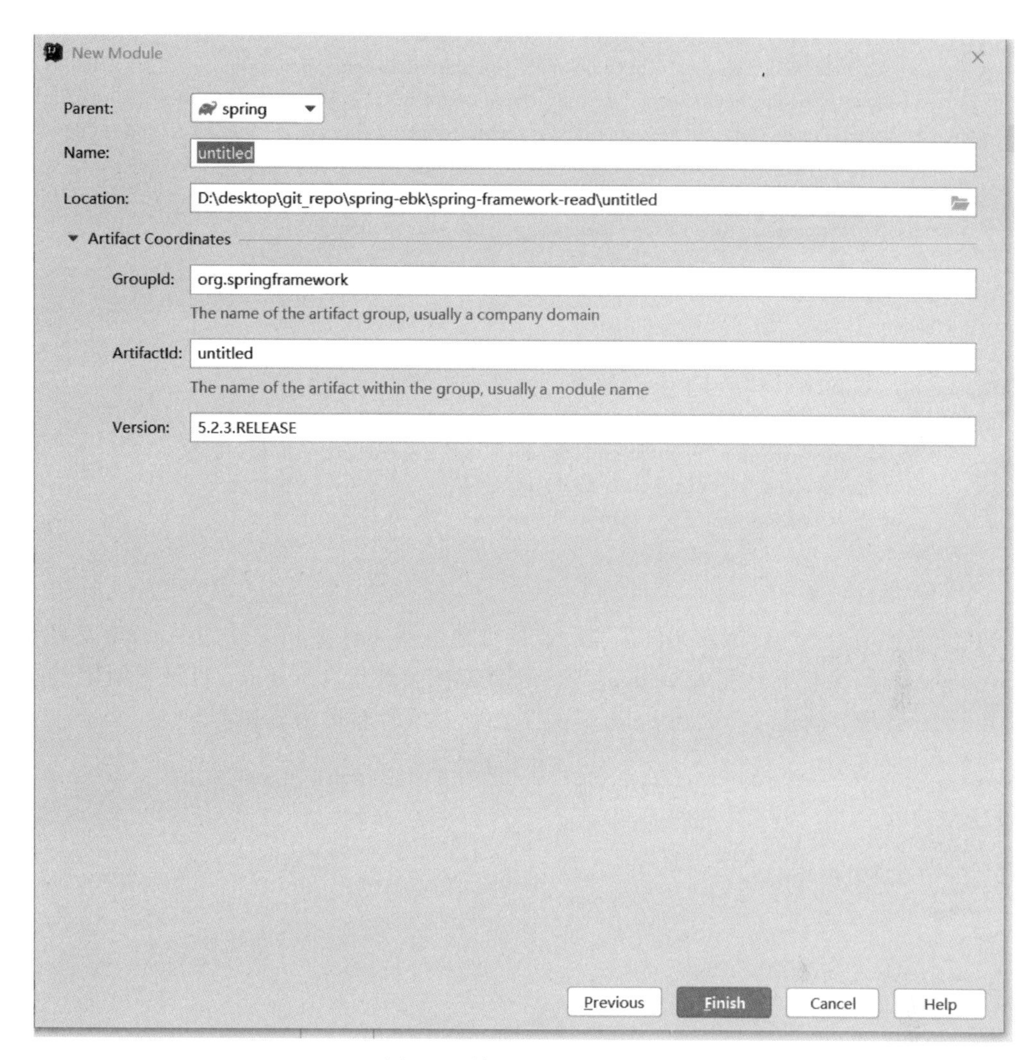

图 1.2　输入项目基本数据

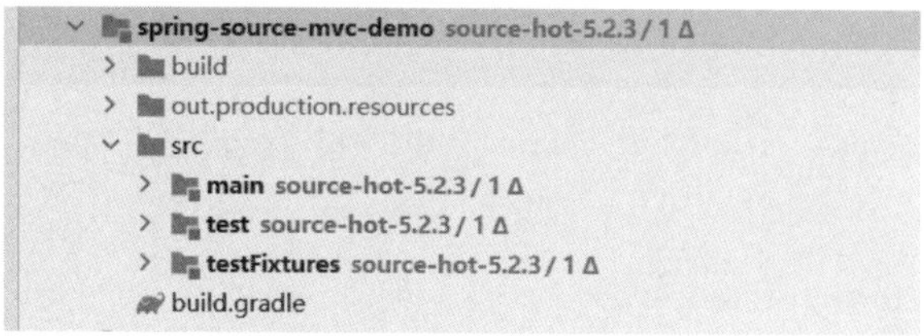

spring-source-mvc-demo source-hot-5.2.3 / 1 Δ
build
out.production.resources
src
main source-hot-5.2.3 / 1 Δ
test source-hot-5.2.3 / 1 Δ
testFixtures source-hot-5.2.3 / 1 Δ
build.gradle

图 1.3　新建项目结果

完成 build. gradle 文件编写后需要编写 Spring MVC 相关的一些 XML 配置文件，在 resource 文件夹下需要创建一个 spring-mvc. xml 文件，文件具体内容如下。

```
<?xml version = "1.0" encoding = "UTF - 8"?>
< beans xmlns:xsi = "http://www.w3.org/2001/XMLSchema - instance"
       xmlns:context = "http://www.springframework.org/schema/context"
       xmlns:mvc = "http://www.springframework.org/schema/mvc"
```

```
    xmlns = "http://www.springframework.org/schema/beans"
    xsi:schemaLocation = " http://www. springframework. org/schema/beans http://www.
springframework. org/schema/beans/spring - beans. xsd http://www. springframework. org/schema/
context https://www. springframework. org/schema/context/spring - context. xsd http://www.
springframework. org/schema/mvc https://www. springframework. org/schema/mvc/spring - mvc.
xsd">
  < context:component - scan base - package = "com. source. hot"/>
  < mvc:default - servlet - handler/>
  < mvc:annotation - driven/>
  < bean
id = " jspViewResolver " class = " org. springframework. web. servlet. view.
InternalResourceViewResolver">
    < property
name = "viewClass" value = "org. springframework. web. servlet. view. JstlView"/>
    < property name = "prefix" value = "/page/"/>
    < property name = "suffix" value = ". jsp"/>
  </bean >
</beans >
```

在完成 Spring MVC 配置文件编写后需要创建一些文件夹和文件。在 main 路径下创建 webapp 目录(文件夹),完成 webapp 目录创建后需要继续在 webapp 目录下创建 page 目录,在 page 目录下创建一个名为 hello. jsp 的文件,该文件具体内容如下。

```
< % @ page contentType = "text/html;charset = UTF - 8" language = "java" % >
< html >
< head >
    < title > Title </title >
</head >
< body >
< h3 > hello - jsp </h3 >

</body >
</html >
```

编写完成 hello. jsp 中的代码后回到 webapp 目录下创建 index. jsp 文件,该文件具体内容如下。

```
< % @ page contentType = "text/html;charset = UTF - 8" language = "java" % >
< html >
  < head >
    < title > $ Title $ </title >
  </head >
  < body >
   $ END $
  </body >
</html >
```

接下来需要创建一个 web. xml 文件,该文件是 webapp 的核心,它被放置在 webapp/WEB-INF 目录下,具体内容如下。

```
<?xml version = "1.0" encoding = "UTF - 8"?>
```

```
<web-app xmlns="http://xmlns.jcp.org/xml/ns/javaee"
        xmlns:xsi="http://www.w3.org/2001/XMLSchema-instance"
        xsi:schemaLocation="http://xmlns.jcp.org/xml/ns/javaee http://xmlns.jcp.org/xml/ns/javaee/web-app_4_0.xsd"
        version="4.0">


    <servlet>
        <servlet-name>sp</servlet-name>
        <servlet-class>org.springframework.web.servlet.DispatcherServlet</servlet-class>
        <init-param>
            <param-name>contextConfigLocation</param-name>
            <param-value>classpath:spring-mvc.xml</param-value>
        </init-param>
    </servlet>
    <servlet-mapping>
        <servlet-name>sp</servlet-name>
        <url-pattern>/</url-pattern>
    </servlet-mapping>
</web-app>
```

完成 web.xml 文件的编写后需要编写 Controller 对象，类名为 HelloController，具体代码如下。

```
@Controller
public class HelloController {

    @GetMapping("/demo")
    public String demo() {
        return "hello";
    }
}
```

至此需要的基本代码都已经完成，接下来需要进行 IDEA 配置和 Tomcat 下载。先下载 Tomcat，进入 Tomcat 官网选择 Tomcat 下载即可，本书采用 Tomcat 版本为 9.0.37，下载后记住文件位置 D:\download\apache-tomcat-9.0.37\apache-tomcat-9.0.37，接下来对 IDEA 进行配置。

（1）项目配置，打开 IDEA 的 Project Structure，找到 Modules 目录中的开发工程。

（2）创建 Artifacts，进入 Project Structure 中的 Artifacts 选项，单击加号，选择 Web Application：Exploded→From Modules 选项，具体操作流程如图 1.4 所示。

单击 From Modules 选项后出现如图 1.5 所示内容，选择 spring.spring-source-mvc-demo.main 后单击 OK 按钮。

单击 OK 按钮后弹出如图 1.6 所示对话框。

当 Artifacts 选项卡中出现 spring.spring-source-mvc-demo.main：war exploded 内容后，单击 OK 按钮，完成创建。

（3）编辑启动项，打开 Run/Debug Configurations 选项卡，新建 Tomcat Server，具体创

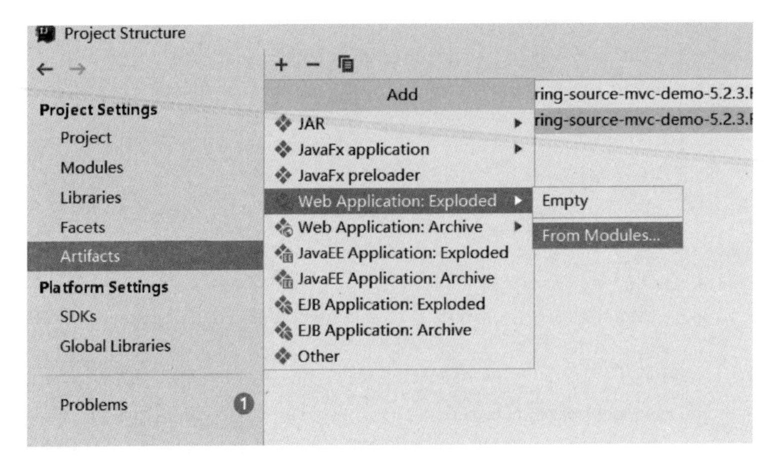

图 1.4　创建 Artifacts

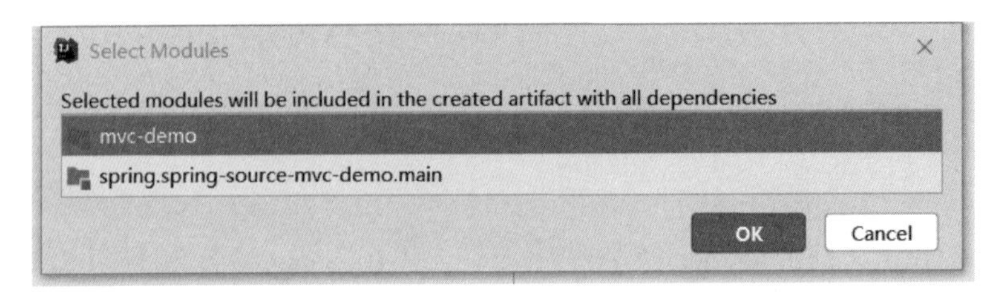

图 1.5　选择项目模块

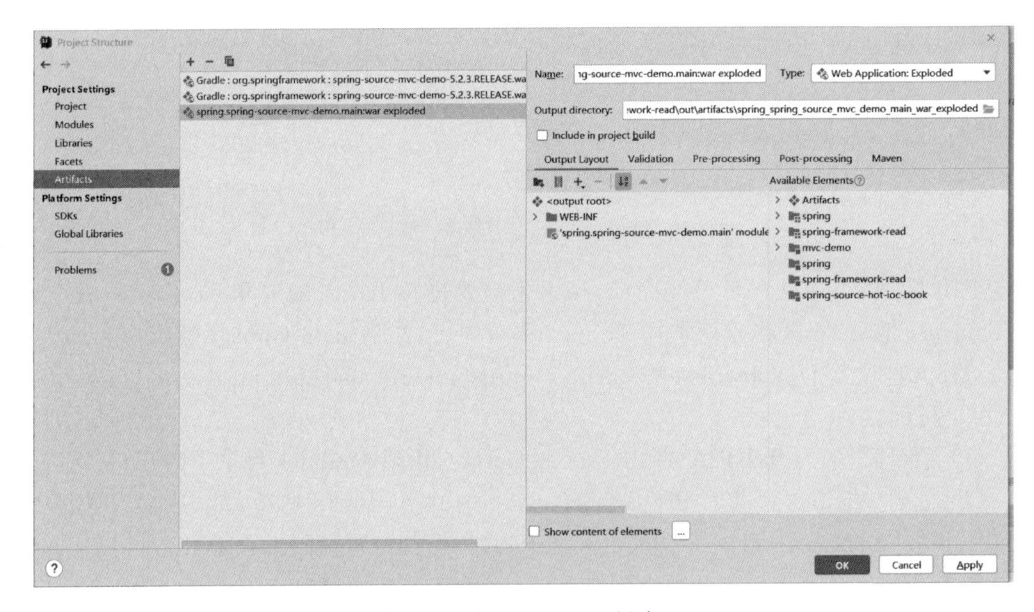

图 1.6　完成 Artifacts 创建

建内容如图 1.7 所示。

单击 Tomcat Server 选项卡下的 Local 选项后弹出如图 1.8 所示对话框。

在默认的 Tomcat 配置中还需要进行配置，单击 Configure 按钮将弹出如图 1.9 所示对

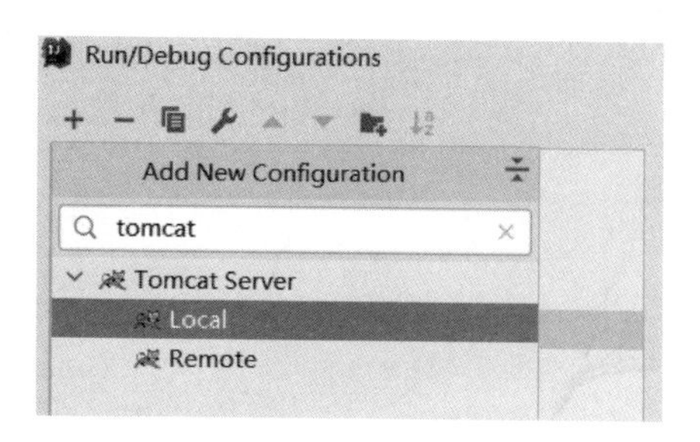

图 1.7　选择 Tomcat Server

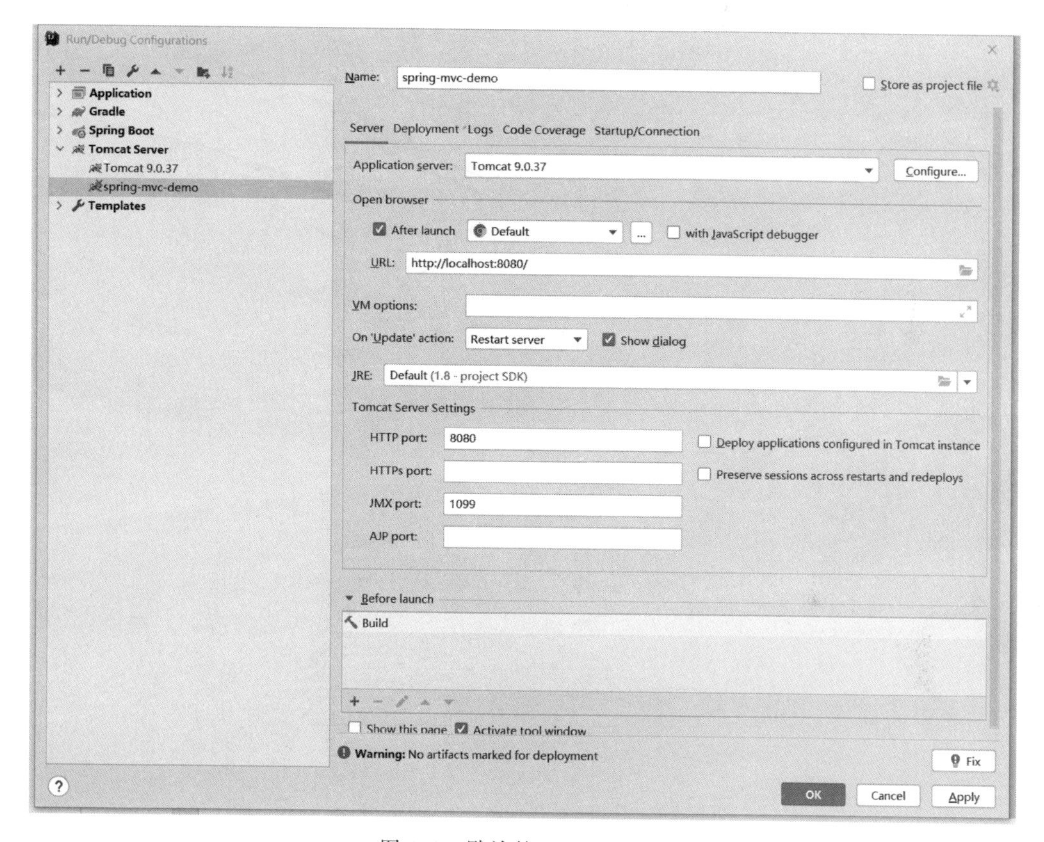

图 1.8　默认的 Tomcat 配置

话框，在图 1.9 中选择前文下载的 Tomcat 地址即可。

完成本地 Tomcat 选择后需要在图 1.8 中对 Deployment 选项进行配置，单击 Deployment 标签后如图 1.10 所示。

在 Deployment 默认设置中单击加号选择 Artifact 选项后如图 1.11 所示。

在图 1.11 中选择最后一项，这项数据是通过前文配置所得，选中它后单击 OK 按钮完成 Artifact 的添加操作，添加后配置信息如图 1.12 所示。

在图 1.12 中还需要对 Application context 路径进行修改，将其修改为斜杠（“/”），修改完成后单击 OK 按钮完成所有配置进行启动。访问 localhost：8080 即可看到 index.jsp 中的内容。

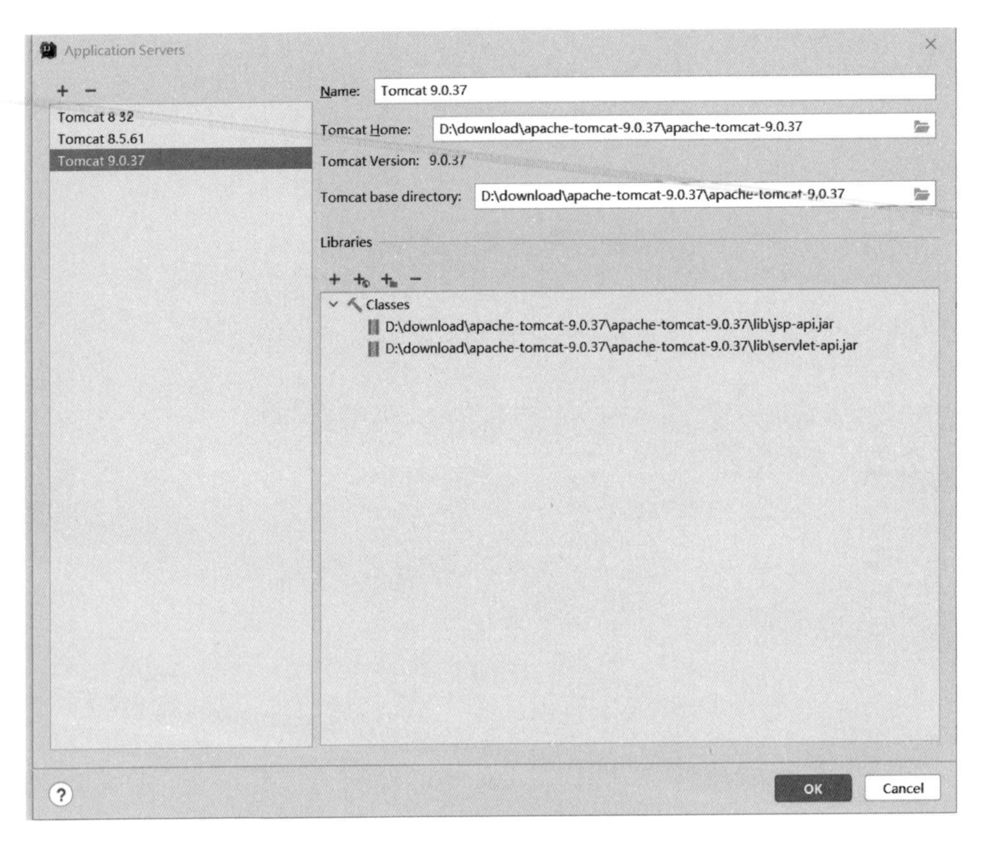

图 1.9 选择本地 Tomcat

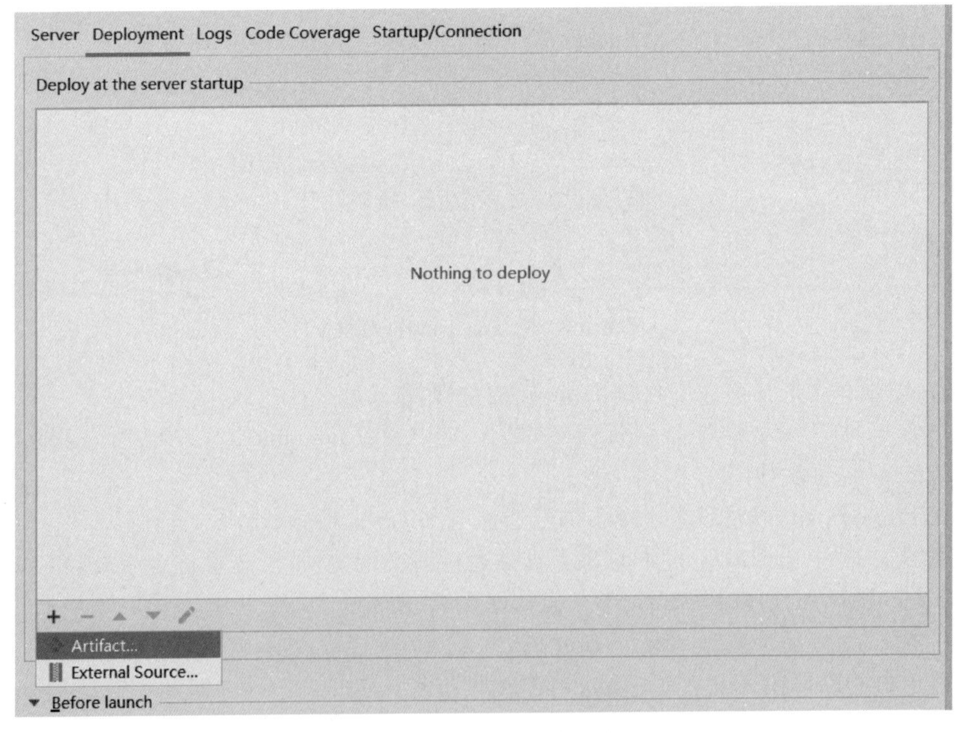

图 1.10 Deployment 默认设置

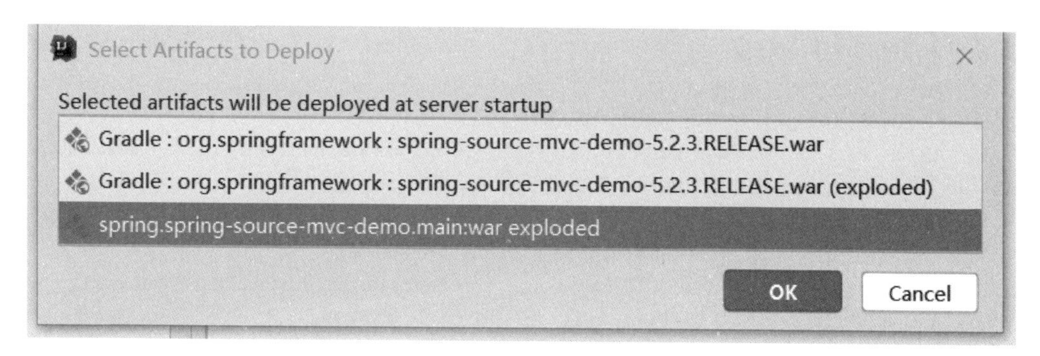

图 1.11　添加 Artifact

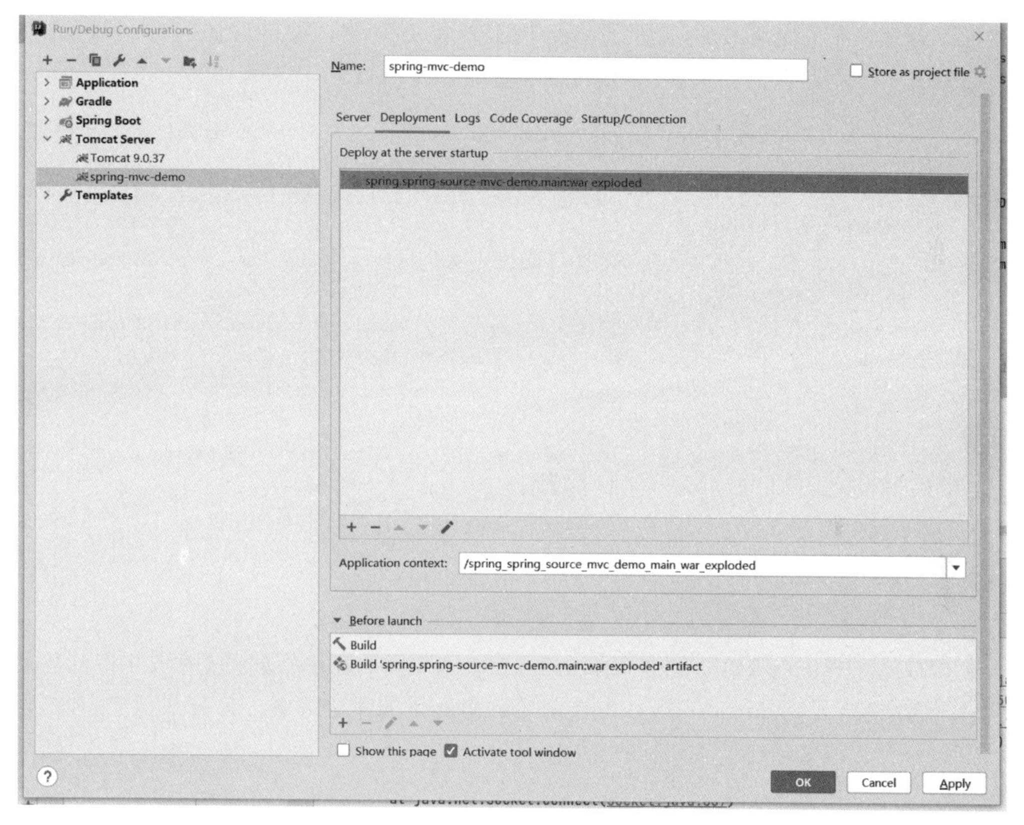

图 1.12　Tomcat 启动项配置成果

1.2　Spring MVC 环境搭建中的其他问题

在 Spring MVC 环境搭建中会遇到一个关于控制台输出可读性差的问题，主要是由于编码问题导致，下面将对这个问题提出解决方案。在前文项目中启动项目访问 localhost：8080 后在控制台会输出如下内容。

```
15-Mar-2021 16:00:08.473 淇℃伅 [main] org.apache.coyote.AbstractProtocol.init 鍒濆鍖栧
崗璁纏＃鍣ㄥ櫒 ["http-nio-8080"]
```

```
15 - Mar - 2021 16:00:08.524 淇℃伅 [main] org.apache.catalina.startup.Catalina.load 鏈嶅姟鍣ㄥ湪[550]姣鍐呭垵濮嬪寲
15 - Mar - 2021 16:00:08.554 淇℃伅 [main] org.apache.catalina.core.StandardService.startInternal 姝ｅ湪鍚姩鏈嶅姟[Catalina]
15 - Mar - 2021 16:00:08.555 淇℃伅 [main] org.apache.catalina.core.StandardEngine.startInternal 姝ｅ湪鍚姩 Servlet 寮曟搸锛歔 Apache Tomcat/9.0.37]
15 - Mar - 2021 16:00:08.567 淇℃伅 [main] org.apache.coyote.AbstractProtocol.start 寮�濮嬪崗璁＃鐞嗗彞鏌刐"http - nio - 8080"]
15 - Mar - 2021 16:00:08.577 淇℃伅 [main] org.apache.catalina.startup.Catalina.start [52]姣鍚庢湇鍔″櫒鍚姩
```

在上述代码中(控制台输出中)可以发现输出日志是乱码，需要将其进行编码修改。选择 Help 下的 Edit Custom VM Options 选项，在最后添加-Dfile.encoding=UTF-8，代码得以修正。修正后须重启 IDEA，若没有重启该配置将不生效。重启后访问 localhost：8080 将会在控制台看到正常的中文输出，输出内容如下。

```
15 - Mar - 2021 16:11:36.996 信息 [main] org.apache.coyote.AbstractProtocol.init 初始化协议处理器 ["http - nio - 8080"]
15 - Mar - 2021 16:11:37.028 信息 [main] org.apache.catalina.startup.Catalina.load 服务器在[436]毫秒内初始化
15 - Mar - 2021 16:11:37.057 信息 [main] org.apache.catalina.core.StandardService.startInternal 正在启动服务[Catalina]
15 - Mar - 2021 16:11:37.057 信息 [main] org.apache.catalina.core.StandardEngine.startInternal 正在启动 Servlet 引擎:[Apache Tomcat/9.0.37]
15 - Mar - 2021 16:11:37.067 信息 [main] org.apache.coyote.AbstractProtocol.start 开始协议处理句柄["http - nio - 8080"]
15 - Mar - 2021 16:11:37.078 信息 [main] org.apache.catalina.startup.Catalina.start [49]毫秒后服务器启动
```

小结

本章讲述了 Spring MVC 基于 SpringFramework 源码环境搭建的过程，并将其正常启动起来，此外提出了对 Spring MVC 中控制台输出乱码的解决方案。

第2章

Spring MVC容器初始化

本章将介绍 Spring MVC 容器初始化的过程，并对容器初始化中的一些细节进行分析。本章包含 Spring MVC 中 XML 模式下容器的初始化和注解模式下的容器初始化。

2.1 DispatcherServlet

下面将对 DispatcherServlet 对象进行分析，首先打开 webapp/WEB-INF 目录下的 web.xml 文件，文件内容如下。

```
<?xml version = "1.0" encoding = "UTF - 8"?>
< web - app xmlns = "http://xmlns.jcp.org/xml/ns/javaee"
        xmlns:xsi = "http://www.w3.org/2001/XMLSchema - instance"
        xsi:schemaLocation = "http://xmlns.jcp.org/xml/ns/javaee http://xmlns.jcp.org/xml/
ns/javaee/web - app_4_0.xsd"
        version = "4.0">


    < servlet >
        < servlet - name > sp </servlet - name >
         < servlet - class > org.springframework.web.servlet.DispatcherServlet </servlet -
class >
        < init - param >
            < param - name > contextConfigLocation </param - name >
            < param - value > classpath:spring - mvc.xml </param - value >
        </init - param >
    </servlet >
    < servlet - mapping >
        < servlet - name > sp </servlet - name >
        < url - pattern >/</url - pattern >
    </servlet - mapping >
```

```
</web-app>
```

在这个配置文件中需要重点关注 servlet 标签，以及该标签中的 servlet-class 标签和 init-param 标签。在这两个标签中首先对 servlet-class 标签的内容进行分析，org.springframework.web.servlet.DispatcherServlet 对象在 Spring MVC 中很重要，先来看它的类图，如图 2.1 所示。

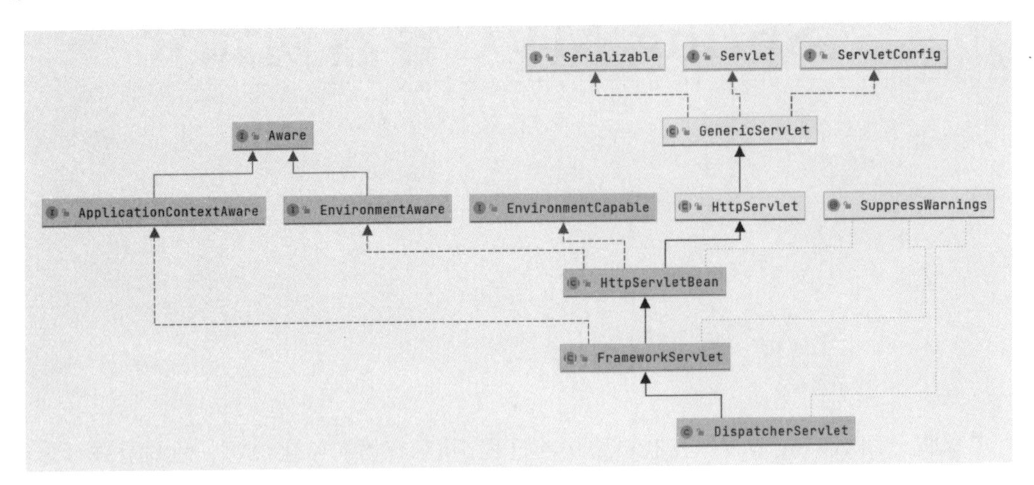

图 2.1 DispatcherServlet 类图

在 DispatcherServlet 的类图中可以发现它本质上是 Servlet 对象和 ServletConfig 对象，在看到 Servlet 对象后对于目标方法的分析也就明朗了，需要分析的目标方法是 Servlet#init 方法，在 Spring 中具体实现方法是 org.springframework.web.servlet.HttpServletBean#init。

2.1.1 DispatcherServlet 静态代码块分析

在 DispatcherServlet 对象中首先需要关注的是静态代码块的内容，相关代码如下。

```
static {
   try {
      //读取 DispatcherServlet.properties 文件
      ClassPathResource resource =
new ClassPathResource(DEFAULT_STRATEGIES_PATH, DispatcherServlet.class);
      defaultStrategies = PropertiesLoaderUtils.loadProperties(resource);
   }
   catch (IOException ex) {
      throw new IllegalStateException("Could not load '"
+ DEFAULT_STRATEGIES_PATH + "': " + ex.getMessage());
   }
}
```

在这段代码中会加载资源文件（该配置文件是默认提供的），资源文件名为 DispatcherServlet.properties，配置文件的真实路径为 spring-webmvc/src/main/resources/org/springframework/web/servlet/DispatcherServlet.properties，在配置文件中的内容

如下。

```
# Default implementation classes for DispatcherServlet's strategy interfaces.
# Used as fallback when no matching beans are found in the DispatcherServlet context.
# Not meant to be customized by application developers.

org.springframework.web.servlet.LocaleResolver = org.springframework.web.servlet.
i18n.AcceptHeaderLocaleResolver

org.springframework.web.servlet.ThemeResolver = org.springframework.web.servlet.
theme.FixedThemeResolver

org.springframework.web.servlet.HandlerMapping = org.springframework.web.servlet.handler.
BeanNameUrlHandlerMapping,\
    org.springframework.web.servlet.mvc.method.annotation.RequestMappingHandlerMapping,\
    org.springframework.web.servlet.function.support.RouterFunctionMapping

org.springframework.web.servlet.HandlerAdapter = org.springframework.web.servlet.mvc.
HttpRequestHandlerAdapter,\
    org.springframework.web.servlet.mvc.SimpleControllerHandlerAdapter,\
    org.springframework.web.servlet.mvc.method.annotation.RequestMappingHandlerAdapter,\
    org.springframework.web.servlet.function.support.HandlerFunctionAdapter


org.springframework.web.servlet.HandlerExceptionResolver = org.springframework.web.servlet.
mvc.method.annotation.ExceptionHandlerExceptionResolver,\
    org.springframework.web.servlet.mvc.annotation.ResponseStatusExceptionResolver,\
    org.springframework.web.servlet.mvc.support.DefaultHandlerExceptionResolver

org.springframework.web.servlet.RequestToViewNameTranslator = org.springframework.web.
servlet.view.DefaultRequestToViewNameTranslator

org.springframework.web.servlet.ViewResolver = org.springframework.web.servlet.
view.InternalResourceViewResolver

org.springframework.web.servlet.FlashMapManager = org.springframework.web.servlet.
support.SessionFlashMapManager
```

在 DispatcherServlet.properties 文件中的内容会在容器初始化时进行实例化对象，但是在静态代码块中只是做配置加载，并未进行实例化操作。

2.1.2 DispatcherServlet 构造函数分析

在 DispatcherServlet 对象的静态代码块执行完成后会进入构造函数，构造函数代码如下。

```java
public DispatcherServlet() {
   super();
   setDispatchOptionsRequest(true);
}
```

在这个构造函数中会调用父类构造并设置 dispatchTraceRequest 属性为 true，属性 dispatchTraceRequest 表示是否需要将 HTTP TRACE 请求发送到 doService()方法。默认不发送，经过设置后会发送到 doService()方法中，关于 dispatchTraceRequest 变量的定义如下。

```
private boolean dispatchTraceRequest = false;
```

2.2 HttpServletBean 中 init()方法分析

在 Servlet 容器启动中（本书以 Tomcat 作为 Servlet 容器进行启动）都会进行 Servlet 对象的创建，在 Servlet 中会执行 javax.servlet.GenericServlet#init()方法从而得到一个具体的 Servlet 对象，在 Spring 中实现该方法的类是 org.springframework.web.servlet.HttpServletBean，具体处理方法如下。

```
@Override
public final void void init() throws ServletException {

    //获取 web.xml 中的配置
    PropertyValues pvs = new ServletConfigPropertyValues(getServletConfig(),
this.requiredProperties);
    if (!pvs.isEmpty()) {
        try {
            //创建 HttpServletBean
            BeanWrapper bw = PropertyAccessorFactory.forBeanPropertyAccess(this);
            //资源加载器创建，核心对象是 ServletContext
            ResourceLoader resourceLoader =
new ServletContextResourceLoader(getServletContext());
            //注册自定义编辑器
             bw.registerCustomEditor(Resource.class, new ResourceEditor(resourceLoader,
getEnvironment()));
            //实例化 BeanWrapper
            initBeanWrapper(bw);
            //BeanWrapper 设置属性
            bw.setPropertyValues(pvs, true);
        }
        catch (BeansException ex) {
            if (logger.isErrorEnabled()) {
                logger.error("Failed to set bean properties on servlet '" + getServletName()
+ "'", ex);
            }
            throw ex;
        }
    }

    //实例化 ServletBean
    initServletBean();
}
```

init 方法中主要处理细节如下。

(1) 读取 web.xml 中的配置信息，具体方法是 getServletConfig()，提取后创建

ServletConfigPropertyValues 对象，pvs 对象如图 2.2 所示。

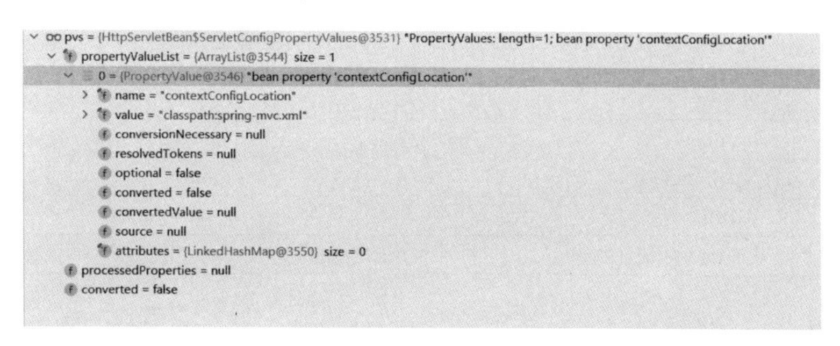

图 2.2 pvs 对象信息

从图 2.2 中可以发现，在这个读取结果中仅仅是将 init-param 数据进行了提取，具体对应 web.xml 内容中的这部分代码：

```
<init-param>
    <param-name>contextConfigLocation</param-name>
    <param-value>classpath:spring-mvc.xml</param-value>
</init-param>
```

继续向下分析，当执行 getServletConfig()方法时该方法可以将 ServletConfig 全部获取到，具体数据如图 2.3 所示。

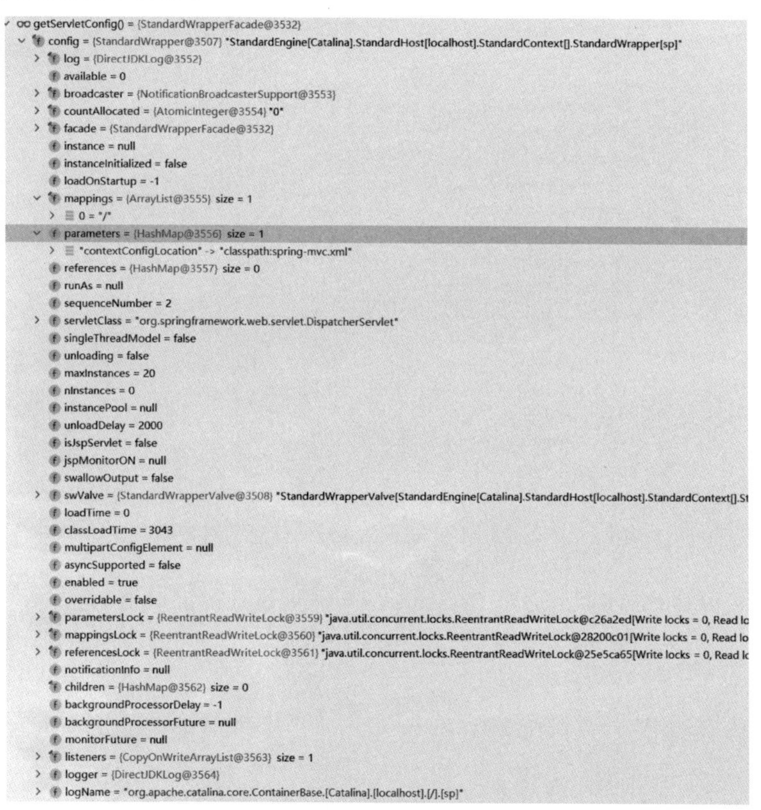

图 2.3 完整的 Servlet 配置信息

在图 2.3 中可以发现 web.xml 中的配置信息都被加载，具体对应关系见表 2.1。

表 2.1 web.xml 和 StandardWrapper 成员变量之间的关系

web.xml 标签	StandardWrapper 属性
servlet-class	servletClass
servlet-name	name
init-param	parameters
servlet-mapping	mappings

在表 2.1 中表示了 web.xml 和 StandardWrapper 之间的关系，在 Spring MVC 启动阶段会对这些数据进行设置。

(2) 创建 HttpServletBean 对应的 BeanWrapper 对象。在创建 BeanWrapper 对象时使用的方法是 org.springframework.beans.PropertyAccessorFactory # forBeanPropertyAccess()，该方法底层是一个简单的 BeanWrapperImpl 对象的创建，具体代码如下。

```
public static BeanWrapper forBeanPropertyAccess(Object target) {
   return new BeanWrapperImpl(target);
}
```

通过上述方法创建后的对象信息如图 2.4 所示。

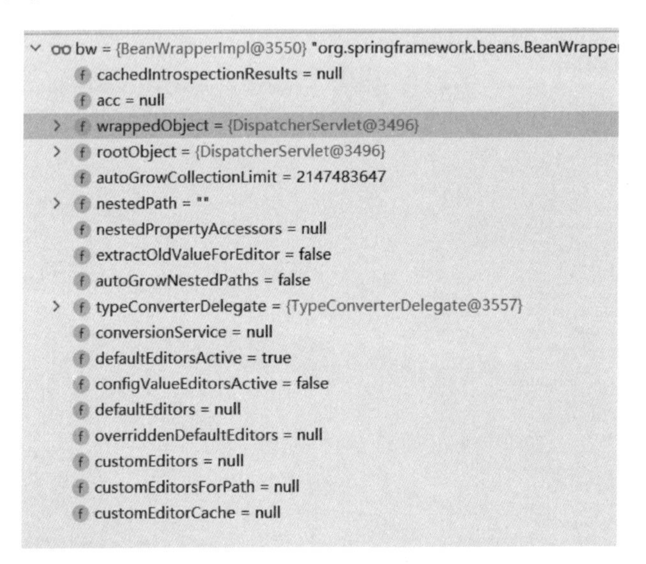

图 2.4 forBeanPropertyAccess()创建的对象信息

(3) 创建资源加载器对象，通过 ServletContext 创建资源加载器对象。

(4) 注册自定义编辑器，注册 Resource 对象对应的编辑器，具体类型是 ResourceEditor。

(5) 实例化 BeanWrapper，在 HttpServletBean 类中目前该方法是一个空方法，暂无具体处理。

(6) BeanWrapper 设置属性，在设置属性时会设置 org.springframework.beans.BeanWrapperImpl # cachedIntrospectionResults 和 org.springframework.web.servlet.

FrameworkServlet # contextConfigLocation 属性，设置后数据如图 2.5 所示。

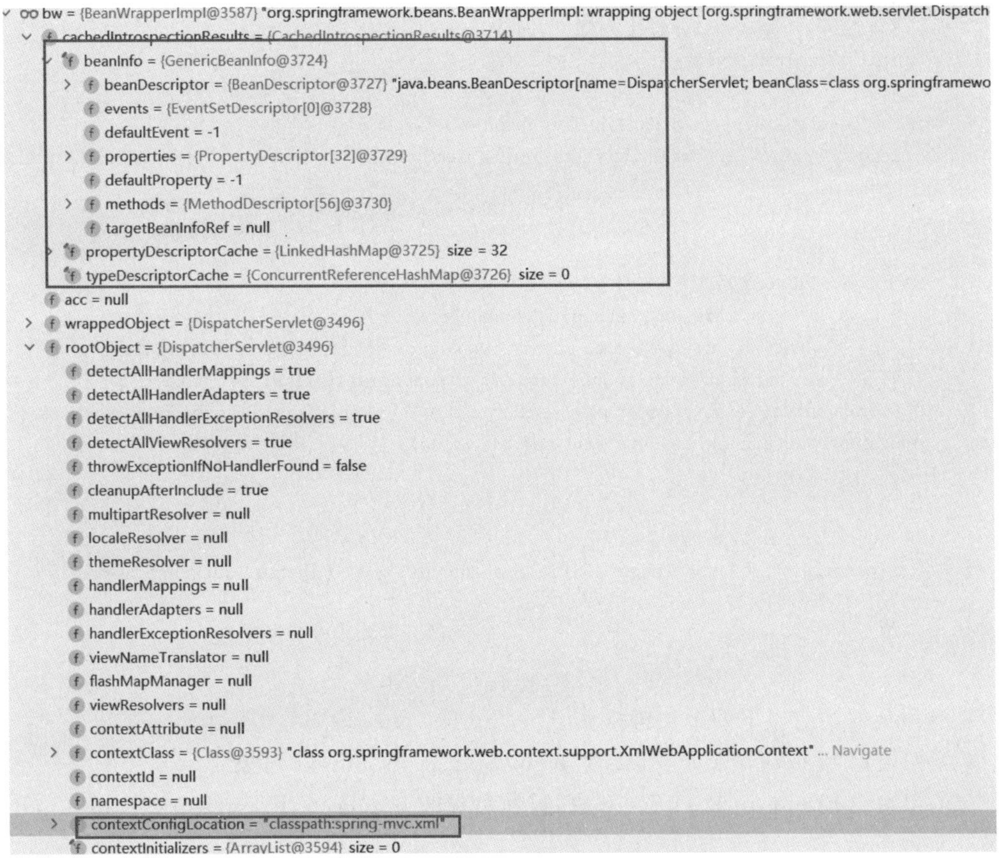

```
bw = {BeanWrapperImpl@3587} "org.springframework.beans.BeanWrapperImpl: wrapping object [org.springframework.web.servlet.Dispatch
  cachedIntrospectionResults = {CachedIntrospectionResults@3714}
    beanInfo = {GenericBeanInfo@3724}
      beanDescriptor = {BeanDescriptor@3727} "java.beans.BeanDescriptor[name=DispatcherServlet; beanClass=class org.springframewo
      events = {EventSetDescriptor[0]@3728}
      defaultEvent = -1
      properties = {PropertyDescriptor[32]@3729}
      defaultProperty = -1
      methods = {MethodDescriptor[56]@3730}
      targetBeanInfoRef = null
    propertyDescriptorCache = {LinkedHashMap@3725} size = 32
    typeDescriptorCache = {ConcurrentReferenceHashMap@3726} size = 0
  acc = null
  wrappedObject = {DispatcherServlet@3496}
  rootObject = {DispatcherServlet@3496}
    detectAllHandlerMappings = true
    detectAllHandlerAdapters = true
    detectAllHandlerExceptionResolvers = true
    detectAllViewResolvers = true
    throwExceptionIfNoHandlerFound = false
    cleanupAfterInclude = true
    multipartResolver = null
    localeResolver = null
    themeResolver = null
    handlerMappings = null
    handlerAdapters = null
    handlerExceptionResolvers = null
    viewNameTranslator = null
    flashMapManager = null
    viewResolvers = null
    contextAttribute = null
    contextClass = {Class@3593} "class org.springframework.web.context.support.XmlWebApplicationContext" ... Navigate
    contextId = null
    namespace = null
    contextConfigLocation = "classpath:spring-mvc.xml"
    contextInitializers = {ArrayList@3594} size = 0
```

图 2.5 BeanWrapper 属性设置结果

（7）实例化 ServletBean，在 HttpServletBean 中这个方法属于抽象方法，交给子类实现，具体实现方法是 org. springframework. web. servlet. FrameworkServlet # initServletBean。下文将对该方法进行分析。

2.2.1 FrameworkServlet 中 initServletBean()方法分析

接下来将对 FrameworkServlet 中的 initServletBean()方法进行分析，源代码如下。

```
@Override
protected final void initServletBean() throws ServletException {
   getServletContext().log("Initializing Spring " + getClass().getSimpleName() + " '" +
getServletName() + "'");
   if (logger.isInfoEnabled()) {
      logger.info("Initializing Servlet '" + getServletName() + "'");
   }
   long startTime = System.currentTimeMillis();

   try {
```

```
        //初始化 Web 应用上下文
        this.webApplicationContext = initWebApplicationContext();
        //初始化 FrameworkServlet 对象,暂时为空方法
        initFrameworkServlet();
    }
    catch (ServletException | RuntimeException ex) {
        logger.error("Context initialization failed", ex);
        throw ex;
    }

    if (logger.isDebugEnabled()) {
        String value = this.enableLoggingRequestDetails ?
                "shown which may lead to unsafe logging of potentially sensitive data" :
                "masked to prevent unsafe logging of potentially sensitive data";
        logger.debug("enableLoggingRequestDetails='" + this.enableLoggingRequestDetails +
"': request parameters and headers will be " + value);
    }

    if (logger.isInfoEnabled()) {
        logger.info("Completed initialization in " + (System.currentTimeMillis() -
startTime) + " ms");
    }
}
```

在这段代码中有以下两个关键操作。

(1) 初始化 Web 应用上下文,创建 WebApplicationContext 对象。

(2) 初始化 FrameworkServlet 对象,目前负责的方法是 initFrameworkServlet(),还没有填充实现逻辑,是一个空方法。

在这两个操作中需要重点关注操作(1)所对应的处理方法 initWebApplicationContext(),具体处理代码如下。

```
protected WebApplicationContext initWebApplicationContext() {
    //获取 Web 应用上下文
    WebApplicationContext rootContext =
            WebApplicationContextUtils.getWebApplicationContext(getServletContext());
    WebApplicationContext wac = null;

    if (this.webApplicationContext != null) {
        wac = this.webApplicationContext;
        //类型如果是 ConfigurableWebApplicationContext
        if (wac instanceof ConfigurableWebApplicationContext) {
            ConfigurableWebApplicationContext cwac =
(ConfigurableWebApplicationContext) wac;
            if (!cwac.isActive()) {
                if (cwac.getParent() == null) {
                    //设置父上下文
                    cwac.setParent(rootContext);
                }
                //配置并刷新应用上下文
                configureAndRefreshWebApplicationContext(cwac);
```

```
            }
        }
    }
    if (wac == null) {
        //寻找一个 Web 应用上下文
        wac = findWebApplicationContext();
    }
    if (wac == null) {
        //创建 Web 应用上下文
        wac = createWebApplicationContext(rootContext);
    }

    if (!this.refreshEventReceived) {
        synchronized (this.onRefreshMonitor) {
            //刷新 Web 应用上下文
            onRefresh(wac);
        }
    }

    //是否需要推送上下文
    if (this.publishContext) {
        String attrName = getServletContextAttributeName();
        getServletContext().setAttribute(attrName, wac);
    }

    return wac;
}
```

在 initWebApplicationContext()方法中主要目的是创建 WebApplicationContext 对象,该对象的创建有如下操作。

(1) 如果 webApplicationContext 对象不为空并且类型是 ConfigurableWebApplicationContext,如果不处于激活状态则进行父上下文设置、应用配置和刷新 Web 应用上下文。

(2) 通过操作(1)没有获取到 Web 应用上下文,则进行 findWebApplicationContext()方法调用进一步搜索 Web 应用上下文。

(3) 通过操作(2)没有获取到 Web 应用上下文,则主动创建一个全新的 Web 应用上下文,处理方法是 createWebApplicationContext()。

(4) 刷新 Web 应用上下文。

(5) 设置属性。

前四个操作都有对应的处理方法,在下文会着重分析,操作(5)没有独立的方法,它是两个方法的调用,具体调用方法如下。

```
String attrName = getServletContextAttributeName();
getServletContext().setAttribute(attrName, wac);
```

在这段代码中主要做的事项为提取属性和设置属性,提取属性是字符串组合,组合方式为 FrameworkServlet.class.getName() + ".CONTEXT." + servletName。在组合方式中 ServletName 属性为 web.xml 中的 servlet-name 标签数据,设置完成属性后

ServletContext 信息如图 2.6 所示。

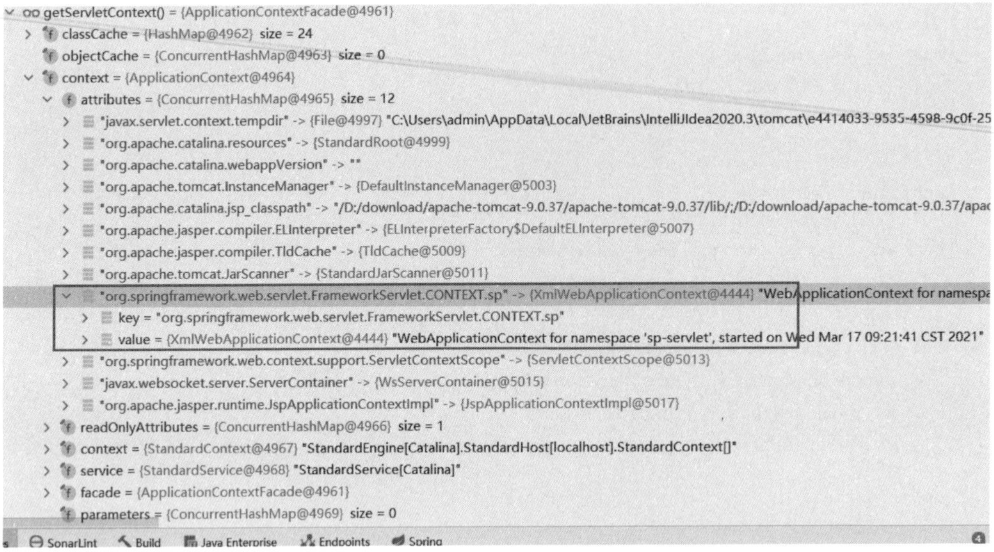

```
getServletContext() = {ApplicationContextFacade@4961}
  classCache = {HashMap@4962} size = 24
  objectCache = {ConcurrentHashMap@4963} size = 0
  context = {ApplicationContext@4964}
    attributes = {ConcurrentHashMap@4965} size = 12
      "javax.servlet.context.tempdir" -> {File@4997} "C:\Users\admin\AppData\Local\JetBrains\IntelliJIdea2020.3\tomcat\e4414033-9535-4598-9c0f-25
      "org.apache.catalina.resources" -> {StandardRoot@4999}
      "org.apache.catalina.webappVersion" -> ""
      "org.apache.tomcat.InstanceManager" -> {DefaultInstanceManager@5003}
      "org.apache.catalina.jsp_classpath" -> "/D:/download/apache-tomcat-9.0.37/apache-tomcat-9.0.37/lib/;/D:/download/apache-tomcat-9.0.37/apac
      "org.apache.jasper.compiler.ELInterpreter" -> {ELInterpreterFactory$DefaultELInterpreter@5007}
      "org.apache.jasper.compiler.TldCache" -> {TldCache@5009}
      "org.apache.tomcat.JarScanner" -> {StandardJarScanner@5011}
      "org.springframework.web.servlet.FrameworkServlet.CONTEXT.sp" -> {XmlWebApplicationContext@4444} "WebApplicationContext for namespa
        key = "org.springframework.web.servlet.FrameworkServlet.CONTEXT.sp"
        value = {XmlWebApplicationContext@4444} "WebApplicationContext for namespace 'sp-servlet', started on Wed Mar 17 09:21:41 CST 2021"
      "org.springframework.web.context.support.ServletContextScope" -> {ServletContextScope@5013}
      "javax.websocket.server.ServerContainer" -> {WsServerContainer@5015}
      "org.apache.jasper.runtime.JspApplicationContextImpl" -> {JspApplicationContextImpl@5017}
    readOnlyAttributes = {ConcurrentHashMap@4966} size = 1
    context = {StandardContext@4967} "StandardEngine[Catalina].StandardHost[localhost].StandardContext[]"
    service = {StandardService@4968} "StandardService[Catalina]"
    facade = {ApplicationContextFacade@4961}
    parameters = {ConcurrentHashMap@4969} size = 0
SonarLint  Build  Java Enterprise  Endpoints  Spring
```

图 2.6　设置 Servlet 属性

2.2.2　FrameworkServlet # configureAndRefreshWebApplicationContext()方法分析

接下来将对 configureAndRefreshWebApplicationContext()方法进行分析，该方法的作用是配置 Web 应用上下文和刷新 Web 应用上下文，处理代码如下。

```
protected void
 configureAndRefreshWebApplicationContext(ConfigurableWebApplicationContext wac) {
   //判断 id 是否相同,如果相同则进行 id 设置
   if (ObjectUtils.identityToString(wac).equals(wac.getId())) {
      //如果当前 id 不为空,则设置这个 id 给 Web 应用上下文
      if (this.contextId != null) {
         wac.setId(this.contextId);
      }
      else {
         wac.setId(ConfigurableWebApplicationContext.APPLICATION_CONTEXT_ID_PREFIX +
               ObjectUtils.getDisplayString(getServletContext().getContextPath()) + '/' +
getServletName());
      }
   }
   //设置 ServletContext
   wac.setServletContext(getServletContext());
   //设置 ServletConfig
   wac.setServletConfig(getServletConfig());
   //设置命名空间
```

```
    wac.setNamespace(getNamespace());
    //添加应用监听器
    wac.addApplicationListener(new SourceFilteringListener(wac, new
ContextRefreshListener()));


    //获取环境配置并初始化属性资源
    ConfigurableEnvironment env = wac.getEnvironment();
    if (env instanceof ConfigurableWebEnvironment) {
        ((ConfigurableWebEnvironment) env).initPropertySources(getServletContext(),
getServletConfig());
    }

    //Web应用上下文的后置处理
    postProcessWebApplicationContext(wac);
    //实例化
    applyInitializers(wac);
    //执行刷新操作
    wac.refresh();
}
```

在configureAndRefreshWebApplicationContext()方法中主要操作步骤如下。

(1) 判断是否需要进行id设置，判断依据是当前参数wac生成的唯一标识和当前参数wac的id属性是否相同，如果相同会进行id重写，重写有两种方式，第一种方式需要依赖contextId属性，如果这个属性存在将其作为wac的id属性，第二种方式则是生成默认的id，具体生成规则如下。

```
ConfigurableWebApplicationContext.APPLICATION_CONTEXT_ID_PREFIX +
      ObjectUtils.getDisplayString(getServletContext().getContextPath()) + '/' +
getServletName()
```

这段规则的详细信息为应用上下文前缀+Servlet中的配置+Servlet名称。

(2) 设置ServletContext对象和ServletConfig对象。

(3) 设置命名空间。

(4) 添加应用监听器。

(5) 初始获取环境配置并进行配置初始化，在Spring MVC中负责这个行为处理的类是StandardServletEnvironment，具体处理方法如下。

```
@Override
public void initPropertySources(@Nullable ServletContext servletContext, @Nullable
ServletConfig servletConfig) {
     WebApplicationContextUtils.initServletPropertySources(getPropertySources(),
servletContext, servletConfig);
}

public static void initServletPropertySources(MutablePropertySources sources,
                    @Nullable ServletContext servletContext, @Nullable ServletConfig
servletConfig) {
```

```
        Assert.notNull(sources, "'propertySources' must not be null");
        String name =
StandardServletEnvironment.SERVLET_CONTEXT_PROPERTY_SOURCE_NAME;
        if (servletContext != null && sources.contains(name) && sources.get(name) instanceof
StubPropertySource) {
            //把 name 替换成最终数据对象
            sources.replace(name, new
ServletContextPropertySource(name, servletContext));
        }
        name =
StandardServletEnvironment.SERVLET_CONFIG_PROPERTY_SOURCE_NAME;
        if (servletConfig != null && sources.contains(name) && sources.get(name) instanceof
StubPropertySource) {
            //把 name 替换成最终数据对象
            sources.replace(name, new
ServletConfigPropertySource(name, servletConfig));
        }
    }
```

在这段代码中最重要的处理操作就是通过 name 属性替换对应的属性值，属性值会从 ServletContext 和 ServletConfig 中进行获取。

(6) Web 应用上下文的后置处理，具体处理方法是 postProcessWebApplicationContext() 目前是一个空方法。

(7) 实例化 Web 应用上下文，具体处理方法是 applyInitializers()，具体代码如下。

```
protected void applyInitializers(ConfigurableApplicationContext wac) {
   //获取初始化参数
   //提取 globalInitializerClasses 参数
   String globalClassNames =
getServletContext().getInitParameter(ContextLoader.GLOBAL_INITIALIZER_CLASSES_PARAM);
   if (globalClassNames != null) {
      //循环加载类,从类名转换到 ApplicationContextInitializer 对象
      for (String className : StringUtils.tokenizeToStringArray(globalClassNames, INIT_PARAM
_DELIMITERS)) {
         this.contextInitializers.add(loadInitializer(className, wac));
      }
   }

   //如果当前 contextInitializerClasses 字符串存在,则进行实例化
   if (this.contextInitializerClasses != null) {
      for (String className :
StringUtils.tokenizeToStringArray(this.contextInitializerClasses, INIT_PARAM_DELIMITERS)) {
         this.contextInitializers.add(loadInitializer(className, wac));
      }
   }

   //对 ApplicationContextInitializer 进行排序
   AnnotationAwareOrderComparator.sort(this.contextInitializers);
   //循环调用 ApplicationContextInitializer
```

```
    for (ApplicationContextInitializer<ConfigurableApplicationContext> initializer :
this.contextInitializers) {
        initializer.initialize(wac);
    }
}
```

在这个方法中第一步会获取 globalInitializerClasses 数据，在得到这个数据后会进行反射创建对象，具体处理方法是 loadInitializer()，当创建完成后会将其放入 contextInitializers 容器中，第二步会获取 contextInitializerClasses 数据，在得到这个数据后会将其进行反射创建放入 contextInitializers 容器，完成 globalInitializerClasses 数据和 contextInitializerClasses 数据处理后会进行排序操作，在排序操作完成之后会进行循环调度每个 ApplicationContextInitializer() 方法。

(8) 刷新 Web 应用上下文，刷新上下文的核心代码由 AbstractApplicationContext 类提供，具体处理操作属于 Spring IoC 的操作内容，本书不做分析。

2.2.3 FrameworkServlet#findWebApplicationContext()方法分析

接下来将对 findWebApplicationContext()方法进行分析，该方法的主要目的是寻找 Web 应用上下文，具体处理代码如下。

```
@Nullable
protected WebApplicationContext findWebApplicationContext() {
    //获取属性名称
    String attrName = getContextAttribute();
    if (attrName == null) {
        return null;
    }
    //在 servletContext 中寻找 attrName 的 webApplicationContext
    WebApplicationContext wac =
            WebApplicationContextUtils.getWebApplicationContext(getServletContext(),
attrName);
    if (wac == null) {
        throw new IllegalStateException("No WebApplicationContext found: initializer not
registered?");
    }
    return wac;
}
```

在 findWebApplicationContext() 方法中关于 Web 应用上下文的获取会从 ServletContext 中获取，如果获取结果为空则抛出异常。

2.2.4 FrameworkServlet#createWebApplicationContext()方法分析

接下来对 createWebApplicationContext() 方法进行分析，该方法能够创建 WebApplicationContext(Web 应用上下文)对象，参数是父上下文，具体代码如下。

```
protected WebApplicationContext createWebApplicationContext(@Nullable
WebApplicationContext parent) {
   return createWebApplicationContext((ApplicationContext) parent);
}

protected WebApplicationContext createWebApplicationContext(@Nullable
ApplicationContext parent) {
    //获取上下文类
    Class<?> contextClass = getContextClass();
    //如果类型不是 ConfigurableWebApplicationContext 会抛出异常
    if (!ConfigurableWebApplicationContext.class.isAssignableFrom(contextClass)) {
        throw new ApplicationContextException(
            "Fatal initialization error in servlet with name '" + getServletName() +
            "': custom WebApplicationContext class [" + contextClass.getName() +
            "] is not of type ConfigurableWebApplicationContext");
    }
    //反射创建 Web 应用上下文
    ConfigurableWebApplicationContext wac =
        (ConfigurableWebApplicationContext) BeanUtils.instantiateClass(contextClass);

    //设置环境变量
    wac.setEnvironment(getEnvironment());
    //设置父上下文
    wac.setParent(parent);
    //获取配置文件
    String configLocation = getContextConfigLocation();
    if (configLocation != null) {
        wac.setConfigLocation(configLocation);
    }
    // 配置并刷新应用上下文
    configureAndRefreshWebApplicationContext(wac);

    return wac;
}
```

在 createWebApplicationContext 方法中主要执行以下三个操作。

(1) 获取上下文类,通过反射创建对象。上下文类默认类型是 XmlWebApplicationContext。

(2) 设置上下文属性。

(3) 配置并刷新应用上下文。

2.2.5 FrameworkServlet#onRefresh()方法分析

在 FrameworkServlet 类中的 onRefresh()方法是一个抽象方法,具体代码如下。

```
protected void onRefresh(ApplicationContext context) {
}
```

该方法的最终实现会由 org.springframework.web.servlet.DispatcherServlet#

onRefresh()进行处理，具体处理代码如下。

```
@Override
protected void onRefresh(ApplicationContext context) {
    initStrategies(context);
}

protected void initStrategies(ApplicationContext context) {
    //初始化 MultipartResolver
    initMultipartResolver(context);
    //初始化 LocaleResolver
    initLocaleResolver(context);
    //初始化 ThemeResolver
    initThemeResolver(context);
    //初始化 HandlerMappings
    initHandlerMappings(context);
    //初始化 HandlerAdapters
    initHandlerAdapters(context);
    //初始化 HandlerExceptionResolvers
    initHandlerExceptionResolvers(context);
    //初始化 RequestToViewNameTranslator
    initRequestToViewNameTranslator(context);
    //初始化 ViewResolvers
    initViewResolvers(context);
    //初始化 FlashMapManager
    initFlashMapManager(context);
}
```

在这段代码中会将 Spring MVC 中的 9 个核心对象进行初始化，这九个核心对象分别是：

(1) MultipartResolver。

(2) LocaleResolver。

(3) ThemeResolver。

(4) HandlerMappings。

(5) HandlerAdapters。

(6) HandlerExceptionResolvers。

(7) RequestToViewNameTranslator。

(8) ViewResolvers。

(9) FlashMapManager。

2.3 Spring MVC 常规启动环境搭建

在第 1 章中编写了一个 Spring MVC 的测试项目，本节将在这个测试项目基础上进行修改，对一些 Spring MVC 在启动时可以配置的内容进行配置，主要配置项为 contextConfigLocation、globalInitializerClasses、contextInitializerClasses 和 listener-class，接下来将对这些内容进行环境搭建。第一步需要创建 applicationContext.xml 文件，该文件应该放在/WEB-INF/xml中，在这个文件中具体的编写内容是SpringXML配置内容，本例的代码内容如下。

```
<?xml version = "1.0" encoding = "UTF - 8"?>
< beans xmlns:xsi = "http://www.w3.org/2001/XMLSchema - instance"
        xmlns:context = "http://www.springframework.org/schema/context"
        xmlns:mvc = "http://www.springframework.org/schema/mvc"
        xmlns = "http://www.springframework.org/schema/beans"
          xsi: schemaLocation = " http://www. springframework. org/schema/beans http://www.
springframework. org/schema/beans/spring - beans. xsd http://www. springframework. org/schema/
context https://www. springframework. org/schema/context/spring - context. xsd http://www.
springframework. org/schema/mvc https://www. springframework. org/schema/mvc/spring - mvc.
xsd">
    < context:component - scan base - package = "com. source. hot"/>
    < mvc:default - servlet - handler/>
    < mvc:annotation - driven/>
    < bean
id = " jspViewResolver " class = " org. springframework. web. servlet. view.
InternalResourceViewResolver">
        < property
name = "viewClass" value = "org.springframework.web.servlet.view.JstlView"/>
        < property name = "prefix" value = "/page/"/>
        < property name = "suffix" value = ".jsp"/>
    </bean >
</beans >
```

完成applicationContext.xml内容编写后需要编写ApplicationContextInitializer接口的两个实现类，第一个实现类是GlobalApplicationContextInitializer，代码内容如下。

```
import org.springframework.context.ApplicationContextInitializer;
import org.springframework.web.context.support.XmlWebApplicationContext;

public class GlobalApplicationContextInitializer implements
        ApplicationContextInitializer < XmlWebApplicationContext > {

    public void initialize(XmlWebApplicationContext applicationContext) {
            System. out. println ( " com. source. hot. mvc. applicationContextInitializer.
GlobalApplicationContextInitializer. initialize");
    }

}
```

第二个实现类是ContextApplicationContextInitializer，代码内容如下。

```
import org.springframework.context.ApplicationContextInitializer;
import org.springframework.web.context.support.XmlWebApplicationContext;

public class ContextApplicationContextInitializer implements
      ApplicationContextInitializer < XmlWebApplicationContext > {

   public void initialize(XmlWebApplicationContext applicationContext) {
```

```
        System.out.println("com.source.hot.mvc.applicationContextInitializer.
ContextApplicationContextInitializer.initialize");
    }

}
```

完成 ApplicationContextInitializer 实现类的编写后需要修改 web.xml 文件，具体内容如下。

```
<?xml version="1.0" encoding="UTF-8"?>
<web-app xmlns="http://xmlns.jcp.org/xml/ns/javaee"
         xmlns:xsi="http://www.w3.org/2001/XMLSchema-instance"
         xsi:schemaLocation="http://xmlns.jcp.org/xml/ns/javaee http://xmlns.jcp.org/xml/
ns/javaee/web-app_4_0.xsd"
         version="4.0">
    <servlet>
        <servlet-name>sp</servlet-name>
        <servlet-class>org.springframework.web.servlet.DispatcherServlet</servlet-
class>
        <init-param>
            <param-name>contextConfigLocation</param-name>
            <param-value>/WEB-INF/applicationContext.xml</param-value>
        </init-param>
    </servlet>
    <context-param>
        <param-name>globalInitializerClasses</param-name>
        <param-value>com.source.hot.mvc.applicationContextInitializer.
GlobalApplicationContextInitializer</param-value>
    </context-param>
    <context-param>
        <param-name>contextInitializerClasses</param-name>
        <param-value>com.source.hot.mvc.applicationContextInitializer.
ContextApplicationContextInitializer</param-value>
    </context-param>
    <listener>
        <listener-class>org.springframework.web.context.ContextLoaderListener</listener-
class>
    </listener>
    <servlet-mapping>
        <servlet-name>sp</servlet-name>
        <url-pattern>/</url-pattern>
    </servlet-mapping>
</web-app>
```

通过上述配置就完成了 Spring MVC 在日常开发中的启动配置，下文将对启动流程做出相关分析。

2.4 ContextLoaderListener 分析

本节将对 ContextLoaderListener 进行分析，第一步需要查看它的类图，详细信息如

图 2.7 所示。

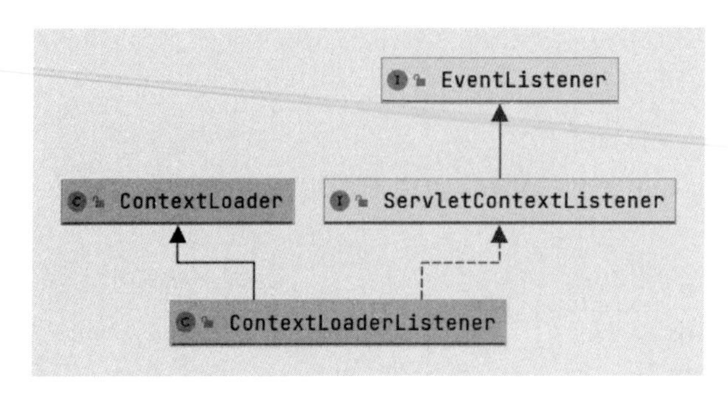

图 2.7 ContextLoaderListener 类图

在这个类图中需要重点关注 ServletContextListener 接口，它是 Servlet 项目的核心。进入 ServletContextListener 接口查看 ServletContextListener 的代码，具体内容如下。

```
public interface ServletContextListener extends EventListener {
    //初始化时执行
    public void contextInitialized(ServletContextEvent sce);
    //摧毁时执行
    public void contextDestroyed(ServletContextEvent sce);
}
```

在 ServletContextListener 接口中定义了两个方法，一个方法在初始化阶段执行，另一个方法在摧毁阶段执行，本文分析的是启动时的操作，对应的处理方法是 contextInitialized()，具体实现代码如下。

```
// org.springframework.web.context.ContextLoaderListener#contextInitialized
@Override
public void contextInitialized(ServletContextEvent event) {
   initWebApplicationContext(event.getServletContext());
}
```

在 contextInitialized()方法中会进行 Web 应用上下文初始化，具体处理方法如下。

```
// org.springframework.web.context.ContextLoader#initWebApplicationContext
public WebApplicationContext initWebApplicationContext(ServletContext servletContext) {
   if (servletContext.getAttribute(WebApplicationContext.ROOT_WEB_APPLICATION_CONTEXT_
ATTRIBUTE) != null) {
      throw new IllegalStateException(
            "Cannot initialize context because there is already a root application context
present - " + "check whether you have multiple ContextLoader* definitions in your
web.xml!");
   }

   servletContext.log("Initializing Spring root WebApplicationContext");
   Log logger = LogFactory.getLog(ContextLoader.class);
   if (logger.isInfoEnabled()) {
      logger.info("Root WebApplicationContext: initialization started");
   }
```

```
    //启动时间
    long startTime = System.currentTimeMillis();

    try {
        if (this.context == null) {
            //创建应用上下文
            this.context = createWebApplicationContext(servletContext);
        }
        if (this.context instanceof ConfigurableWebApplicationContext) {
            ConfigurableWebApplicationContext cwac =
(ConfigurableWebApplicationContext) this.context;
            if (!cwac.isActive()) {
                if (cwac.getParent() == null) {
                    ApplicationContext parent = loadParentContext(servletContext);
                    cwac.setParent(parent);
                }
                //配置并刷新应用上下文
                configureAndRefreshWebApplicationContext(cwac, servletContext);
            }
        }
        // servletContext 设置属性
         servletContext.setAttribute(WebApplicationContext.ROOT_WEB_APPLICATION_CONTEXT_
ATTRIBUTE, this.context);

        //获取类加载器
        ClassLoader ccl = Thread.currentThread().getContextClassLoader();
        if (ccl == ContextLoader.class.getClassLoader()) {
            currentContext = this.context;
        }
        else if (ccl != null) {
            currentContextPerThread.put(ccl, this.context);
        }

        if (logger.isInfoEnabled()) {
            long elapsedTime = System.currentTimeMillis() - startTime;
            logger.info("Root WebApplicationContext initialized in " + elapsedTime + " ms");
        }

        return this.context;
    }
    catch (RuntimeException | Error ex) {
        logger.error("Context initialization failed", ex);
         servletContext.setAttribute(WebApplicationContext.ROOT_WEB_APPLICATION_CONTEXT_
ATTRIBUTE, ex);
        throw ex;
    }
}
```

在 initWebApplicationContext()方法中主要操作如下。

(1) 创建应用上下文，执行方法为 createWebApplicationContext()，该方法的底层是反射创建对象，具体处理代码如下。

```
protected WebApplicationContext createWebApplicationContext(ServletContext sc) {
    //类型推论
    Class <?> contextClass = determineContextClass(sc);
    if (!ConfigurableWebApplicationContext.class.isAssignableFrom(contextClass)) {
        throw new ApplicationContextException("Custom context class [" + contextClass.getName
() + "] is not of type [" + ConfigurableWebApplicationContext.class.getName() + "]");
    }
    return (ConfigurableWebApplicationContext) BeanUtils.instantiateClass(contextClass);
}
```

在这段代码中需要关注 determineContextClass()方法，该方法用来推论当前 Web 应用上下文的类型，具体处理方法如下。

```
protected Class <?> determineContextClass(ServletContext servletContext) {

    //获取 web.xml 中的 contextClass 数据信息
    String contextClassName =
servletContext.getInitParameter(CONTEXT_CLASS_PARAM);
    if (contextClassName != null) {
        try {
            //提取类数据
            return ClassUtils.forName(contextClassName,
ClassUtils.getDefaultClassLoader());
        }
        catch (ClassNotFoundException ex) {
            throw new ApplicationContextException(
                    "Failed to load custom context class [" + contextClassName + "]", ex);
        }
    }
    else {
        //从默认数据集中获取属性
        contextClassName =
defaultStrategies.getProperty(WebApplicationContext.class.getName());
        try {
            return ClassUtils.forName(contextClassName,
ContextLoader.class.getClassLoader());
        }
        catch (ClassNotFoundException ex) {
            throw new ApplicationContextException(
                    "Failed to load default context class [" + contextClassName + "]", ex);
        }
    }
}
```

在 determineContextClass()方法中可以确认类型推论有以下两个策略。

① 从 web.xml 文件中提取 contextClass 数据，通过 ClassUtils # forName 转换成 Class 对象。

② 从 defaultStrategies 数据对象中进行获取，该对象是 Map 结构，数据内容位于 spring-web/src/main/resources/org/springframework/web/context/ContextLoader.properties，该文件的详细内容如下。

```
org.springframework.web.context.WebApplicationContext = org.springframework.web.context.
support.XmlWebApplicationContext
```

(2) 配置并刷新应用上下文，执行方法为 configureAndRefreshWebApplicationContext()，具体处理代码如下。

```
// org.springframework.web.context.ContextLoader#configureAndRefreshWebApplicationContext
protected void
configureAndRefreshWebApplicationContext(ConfigurableWebApplicationContext wac,
ServletContext sc) {
   //判断 id 是否相同,如果相同则进行 id 设置
   if (ObjectUtils.identityToString(wac).equals(wac.getId())) {
      //获取 web.xml 中的 contextId 属性
      String idParam = sc.getInitParameter(CONTEXT_ID_PARAM);
      if (idParam != null) {
         wac.setId(idParam);
      }
      else {
         //采用默认生成策略设置 id
wac.setId(ConfigurableWebApplicationContext.APPLICATION_CONTEXT_ID_PREFIX +
               ObjectUtils.getDisplayString(sc.getContextPath()));
      }
   }

   //设置 ServletContext
   wac.setServletContext(sc);
   //获取 contextConfigLocation 数据信息
   String configLocationParam = sc.getInitParameter(CONFIG_LOCATION_PARAM);
   if (configLocationParam != null) {
      //设置 contextConfigLocation 属性
      wac.setConfigLocation(configLocationParam);
   }

   //获取环境配置并初始化属性资源
   ConfigurableEnvironment env = wac.getEnvironment();
   if (env instanceof ConfigurableWebEnvironment) {
      ((ConfigurableWebEnvironment) env).initPropertySources(sc, null);
   }

   //自定义上下文处理
   customizeContext(sc, wac);
   wac.refresh();
}
```

在 configureAndRefreshWebApplicationContext()方法的处理中有如下 5 个操作。

① 判断 id 是否相同，如果相同则进行 id 设置。id 数据来源有两个，第一个是从 web.

xml 中的 contextId 数据获取,第二个是采用默认生成策略进行生成,具体生成策略如下。

```
ConfigurableWebApplicationContext.APPLICATION_CONTEXT_ID_PREFIX +
      ObjectUtils.getDisplayString(sc.getContextPath())
```

② 设置 ServletContext。

③ 获取 contextConfigLocation 数据并设置给 Web 应用上下文。

④ 获取环境配置并初始化属性资源。

⑤ 自定义上下文处理。

在这里需要关注自定义上下文处理,具体处理代码如下。

```
//org.springframework.web.context.ContextLoader#customizeContext
protected void customizeContext(ServletContext sc, ConfigurableWebApplicationContext wac) {
        //提取 ApplicationContextInitializer 类列表
         List < Class < ApplicationContextInitializer < ConfigurableApplicationContext >>>
initializerClasses = determineContextInitializerClasses(sc);

        //循环 ApplicationContextInitializer 类列表进行对象创建
          for (Class < ApplicationContextInitializer < ConfigurableApplicationContext >>
initializerClass : initializerClasses) {
              Class <?> initializerContextClass =
                                  GenericTypeResolver. resolveTypeArgument ( initializerClass,
ApplicationContextInitializer.class);
                if (initializerContextClass != null && ! initializerContextClass. isInstance
(wac)) {
                  throw new ApplicationContextException(String.format(
                              "Could not apply context initializer [ %s] since its generic
parameter [ %s] " +
                                  "is not assignable from the type of application context used
by this " +
                                    "context loader: [ %s]", initializerClass.getName(),
initializerContextClass.getName(),
                          wac.getClass().getName()));
              }
              this.contextInitializers.add(BeanUtils.instantiateClass(initializerClass));
        }

        //排序
        AnnotationAwareOrderComparator.sort(this.contextInitializers);
        //进行 ApplicationContextInitializer()方法调用
        for (ApplicationContextInitializer < ConfigurableApplicationContext > initializer :
this.contextInitializers) {
              initializer.initialize(wac);
        }
    }
```

在 customizeContext()方法中的处理逻辑如下。

① 获取类型是 ApplicationContextInitializer 的类对象。

② 将步骤①中获取的数据进行实例化放入 contextInitializers 容器中。

③ 对 contextInitializers 进行排序。

④ 调用 contextInitializers 中 ApplicationContextInitializer 对象所提供的 initialize()方法。

在这 4 个步骤中需要了解类型推论,具体负责类型推论的代码如下。

```
//org.springframework.web.context.ContextLoader#determineContextInitializerClasses
protected List<Class<ApplicationContextInitializer<ConfigurableApplicationContext>>>
      determineContextInitializerClasses(ServletContext servletContext) {

   List<Class<ApplicationContextInitializer<ConfigurableApplicationContext>>> classes =
         new ArrayList<>();

   //获取 web.xml 中的 globalInitializerClasses 数据
   String globalClassNames =
servletContext.getInitParameter(GLOBAL_INITIALIZER_CLASSES_PARAM);
   if (globalClassNames != null) {
      for (String className : StringUtils.tokenizeToStringArray(globalClassNames,
INIT_PARAM_DELIMITERS)) {
         classes.add(loadInitializerClass(className));
      }
   }

   //获取 web.xml 中的 contextInitializerClasses 数据
   String localClassNames =
servletContext.getInitParameter(CONTEXT_INITIALIZER_CLASSES_PARAM);
   if (localClassNames != null) {
      for (String className : StringUtils.tokenizeToStringArray(localClassNames,
INIT_PARAM_DELIMITERS)) {
         classes.add(loadInitializerClass(className));
      }
   }

   return classes;
}
```

在 determineContextInitializerClasses()方法中可以看到对于 ApplicationContextInitializer 的推论会从 web.xml 中的 globalInitializerClasses 和 contextInitializerClasses 中进行数据获取。

(3) 设置 ServletContext 属性,具体设置上下文到 ServletContext 对象中。

(4) 关于线程的数据设置,具体设置代码如下。

```
ClassLoader ccl = Thread.currentThread().getContextClassLoader();
if (ccl == ContextLoader.class.getClassLoader()) {
   currentContext = this.context;
}
else if (ccl != null) {
   currentContextPerThread.put(ccl, this.context);
}
```

在这个处理中会进行两个属性变量的设置,第一个是 currentContext,它表示当前上下文；第二个是 currentContextPerThread，它是一个 Map 对象，用来存储类加载器和上下文之间的关系。

2.5 DispatcherServlet#onRefresh()分析

通过前文的操作目前已经得到了 Web 应用上下文，在得到这个上下文后会进行刷新操作，在刷新操作最后发布了一个事件(new ContextRefreshedEvent(this))，当事件发生之后会进入 DispatcherServlet 中，具体调度流程如下。

(1) AbstractApplicationContext#finishRefresh，表示完成刷新操作。

(2) AbstractApplicationContext#publishEvent，用于推送一个事件。

(3) SimpleApplicationEventMulticaster#multicastEvent，用于推送一个事件。

(4) SimpleApplicationEventMulticaster#invokeListener，用于处理事件。

(5) SimpleApplicationEventMulticaster#doInvokeListener，处理事件的核心方法。

(6) SourceFilteringListener#onApplicationEvent，用于处理事件。

(7) SourceFilteringListener#onApplicationEventInternal，用于处理事件。

(8) GenericApplicationListenerAdapter#onApplicationEvent，用于处理事件。

(9) ContextRefreshListener#onApplicationEvent，用于处理事件。

(10) org.springframework.web.servlet.FrameworkServlet#onApplicationEvent，用于处理事件。

在上述 10 个调度链路中本质是处理事件，主要关注最后一个方法，它是核心的处理，具体处理代码如下。

```
//org.springframework.web.servlet.FrameworkServlet#onApplicationEvent
public void onApplicationEvent(ContextRefreshedEvent event) {
   this.refreshEventReceived = true;
   synchronized (this.onRefreshMonitor) {
      onRefresh(event.getApplicationContext());
   }
}
```

在 onApplicationEvent()方法中可以看到它调用了 onRefresh()方法，该方法是一个抽象方法，具体实现交给了 DispatcherServlet，具体处理方法如下。

```
@Override
protected void onRefresh(ApplicationContext context) {
   initStrategies(context);
}

protected void initStrategies(ApplicationContext context) {
    initMultipartResolver(context);
    initLocaleResolver(context);
    initThemeResolver(context);
    initHandlerMappings(context);
    initHandlerAdapters(context);
    initHandlerExceptionResolvers(context);
```

```
    initRequestToViewNameTranslator(context);
    initViewResolvers(context);
    initFlashMapManager(context);
}
```

在这里出现了 Spring MVC 中的 9 个核心对象。

（1）HandlerMapping：作用是根据 request 找到相应的处理器 Handler 和 Interceptors。

（2）HandlerAdapter：作用是进行请求处理。

（3）HandlerExceptionResolver：作用是解析对请求做处理的过程中产生的异常，在 render（渲染）过程中产生的异常它不会进行处理。

（4）ViewResolver：作用是根据视图名和 Locale 解析成 View 类型的视图。

（5）RequestToViewNameTranslator：作用是从 request 获取 viewName，注意在 Spring MVC 容器中只能配置一个。

（6）LocaleResolver：作用是从 request 中解析出 Locale。

（7）ThemeResolver：作用是从 request 中解析出主题名，然后 ThemeSource 根据主题名找到主题 Theme。

（8）MultipartResolver：作用是判断 request 是不是 multipart/form-data 类型，是则把 request 包装成 MultipartHttpServletRequest。

（9）FlashMapManager：作用是在 redirect 中传递参数，默认 SessionFlashMapManager 通过 session 实现传递。

上述 9 个对象的初始化操作基本属于同类操作，从 Spring IoC 容器中获取 Bean 实例，获取实例的方式有以下两种。

（1）BeanFactory#getBean。

（2）BeanFactoryUtils#beansOfTypeIncludingAncestors。

在获取完成实例对象后会将对象设置给具体的成员变量。

2.6 AbstractRefreshableApplicationContext#loadBeanDefinitions()的拓展

在 Spring 中 org.springframework.context.support.AbstractRefreshableApplicationContext#loadBeanDefinitions()方法会进行 bean 的加载，该方法是一个抽象方法，在 Spring MVC 中默认的应用上下文是 XmlWebApplicationContext，在 XmlWebApplicationContext 类中可以发现 loadBeanDefinitions()方法的重写，具体代码如下。

```
@Override
protected void loadBeanDefinitions (DefaultListableBeanFactory beanFactory) throws
BeansException, IOException {
   //创建 XmlBeanDefinitionReader 对象
   XmlBeanDefinitionReader beanDefinitionReader =
new XmlBeanDefinitionReader(beanFactory);

   //设置环境信息、资源加载器和资源实体解析器
```

```
    beanDefinitionReader.setEnvironment(getEnvironment());
    beanDefinitionReader.setResourceLoader(this);
    beanDefinitionReader.setEntityResolver(new ResourceEntityResolver(this));

    //初始化 XmlBeanDefinitionReader
    initBeanDefinitionReader(beanDefinitionReader);
    //加载 bean definition
    loadBeanDefinitions(beanDefinitionReader);
}
```

在 loadBeanDefinitions()方法中主要处理操作如下。

(1) 创建 XmlBeanDefinitionReader 对象。

(2) 设置环境信息、资源加载器和资源实体解析器。

(3) 初始化 XmlBeanDefinitionReader 对象，处理方法是 initBeanDefinitionReader()，目前是空方法。

(4) 加载 BeanDefinition，处理流程属于 Spring IoC 相关知识。

2.7 Spring MVC XML 模式容器启动流程总结

总结 Spring MVC 的启动流程(常规流程不使用 listener)。

(1) DispatcherServlet 静态代码块执行。

(2) DispatcherServlet 构造函数执行。

(3) DispatcherServlet 父类 HttpServletBean 执行 init()方法。

(4) 在执行 init()最后执行 initServletBean()方法，具体方法提供者是 org.springframework.web.servlet.FrameworkServlet#initServletBean()。

(5) 在 initServletBean()方法中初始化 WebApplicationContext 对象(Web 应用上下文)。

(6) 初始化 FrameworkServlet 对象，暂时为空方法。

上述启动流程进行细化后所对应调用堆栈如图 2.8 所示。

```
onRefresh:496, DispatcherServlet (org.springframework.web.servlet)
onApplicationEvent:883, FrameworkServlet (org.springframework.web.servlet)
onApplicationEvent:1231, FrameworkServlet$ContextRefreshListener (org.springframework.web.servlet)
onApplicationEvent:1227, FrameworkServlet$ContextRefreshListener (org.springframework.web.servlet)
onApplicationEvent:71, GenericApplicationListenerAdapter (org.springframework.context.event)
onApplicationEventInternal:109, SourceFilteringListener (org.springframework.context.event)
onApplicationEvent:73, SourceFilteringListener (org.springframework.context.event)
doInvokeListener:172, SimpleApplicationEventMulticaster (org.springframework.context.event)
invokeListener:165, SimpleApplicationEventMulticaster (org.springframework.context.event)
multicastEvent:139, SimpleApplicationEventMulticaster (org.springframework.context.event)
publishEvent:491, AbstractApplicationContext (org.springframework.context.support)
publishEvent:441, AbstractApplicationContext (org.springframework.context.support)
finishRefresh:1057, AbstractApplicationContext (org.springframework.context.support)
refresh:636, AbstractApplicationContext (org.springframework.context.support)
configureAndRefreshWebApplicationContext:735, FrameworkServlet (org.springframework.web.servlet)
createWebApplicationContext:687, FrameworkServlet (org.springframework.web.servlet)
createWebApplicationContext:751, FrameworkServlet (org.springframework.web.servlet)
initWebApplicationContext:597, FrameworkServlet (org.springframework.web.servlet)
initServletBean:529, FrameworkServlet (org.springframework.web.servlet)
init:177, HttpServletBean (org.springframework.web.servlet)
```

图 2.8 Spring MVC 启动堆栈

2.8　EnableWebMvc 注解

在 Spring MVC 中关于启动还可以通过注解 EnableWebMvc 方式进行，Spring MVC 中对 EnableWebMvc 注解的定义如下。

```
@Retention(RetentionPolicy.RUNTIME)
@Target(ElementType.TYPE)
@Documented
@Import(DelegatingWebMvcConfiguration.class)
public @interface EnableWebMvc {
}
```

在这个注解中可以发现使用的是 Import 注解将 DelegatingWebMvcConfiguration 类进行了导入操作，也就是说，在整个分析 EnableWebMvc 的过程中需要重点关注的是 DelegatingWebMvcConfiguration 类。DelegatingWebMvcConfiguration 对象的类图如图 2.9 所示。

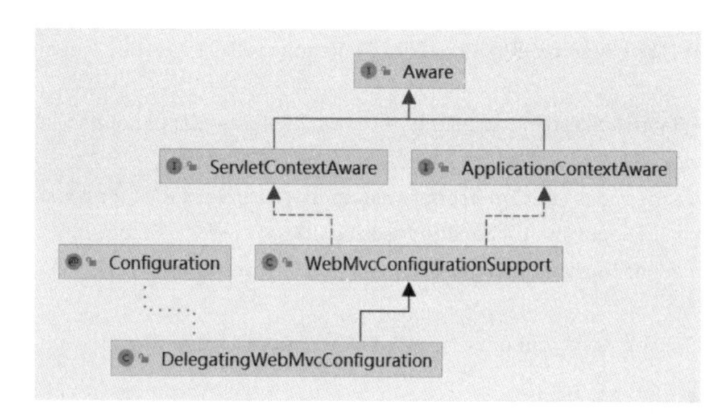

图 2.9　DelegatingWebMvcConfiguration 类图

下面查看 DelegatingWebMvcConfiguration 中的成员变量和几个方法，在 DelegatingWebMvcConfiguration 对象中成员变量只有一个，它的定义如下。

```
private final WebMvcConfigurerComposite configurers = new
WebMvcConfigurerComposite();
```

这个成员变量的含义就是记录 Spring MVC 的配置信息，下面在 DelegatingWebMvcConfiguration 中任意查看几个方法，如 configurePathMatch()方法和 configureContentNegotiation()方法，具体代码如下。

```
@Override
protected void configurePathMatch(PathMatchConfigurer configurer) {
   this.configurers.configurePathMatch(configurer);
}

@Override
protected void configureContentNegotiation(ContentNegotiationConfigurer configurer) {
   this.configurers.configureContentNegotiation(configurer);
}
```

在这两个方法中可以发现整体操作的对象是前面提到的配置对象，在DelegatingWebMvcConfiguration对象所提供的方法中都是围绕配置设置进行的，其他没有特别处理。

2.9 WebMvcConfigurationSupport 分析

本节将对WebMvcConfigurationSupport对象进行分析，它是EnableWebMvc的核心，在这个对象中存在了大量的Bean构造（通过@Bean的形式进行初始化），下面将逐一对这些构造Bean进行说明。首先是RequestMappingHandlerMapping对象的构造，具体构造代码如下。

```
@Bean
public RequestMappingHandlerMapping requestMappingHandlerMapping(
      @Qualifier("mvcContentNegotiationManager") ContentNegotiationManager
contentNegotiationManager,
      @Qualifier("mvcConversionService") FormattingConversionService
conversionService,
      @Qualifier("mvcResourceUrlProvider") ResourceUrlProvider resourceUrlProvider) {

   RequestMappingHandlerMapping mapping = createRequestMappingHandlerMapping();
   mapping.setOrder(0);
   mapping.setInterceptors(getInterceptors(conversionService, resourceUrlProvider));
   mapping.setContentNegotiationManager(contentNegotiationManager);
   mapping.setCorsConfigurations(getCorsConfigurations());

   PathMatchConfigurer configurer = getPathMatchConfigurer();

   Boolean useSuffixPatternMatch = configurer.isUseSuffixPatternMatch();
   if (useSuffixPatternMatch != null) {
      mapping.setUseSuffixPatternMatch(useSuffixPatternMatch);
   }
   Boolean useRegisteredSuffixPatternMatch =
configurer.isUseRegisteredSuffixPatternMatch();
   if (useRegisteredSuffixPatternMatch != null) {
      mapping.setUseRegisteredSuffixPatternMatch(useRegisteredSuffixPatternMatch);
   }
   Boolean useTrailingSlashMatch = configurer.isUseTrailingSlashMatch();
   if (useTrailingSlashMatch != null) {
      mapping.setUseTrailingSlashMatch(useTrailingSlashMatch);
   }

   UrlPathHelper pathHelper = configurer.getUrlPathHelper();
   if (pathHelper != null) {
      mapping.setUrlPathHelper(pathHelper);
   }
   PathMatcher pathMatcher = configurer.getPathMatcher();
   if (pathMatcher != null) {
      mapping.setPathMatcher(pathMatcher);
```

```
    }
    Map<String, Predicate<Class<?>>> pathPrefixes = configurer.getPathPrefixes();
    if (pathPrefixes != null) {
       mapping.setPathPrefixes(pathPrefixes);
    }

    return mapping;
}
```

在 requestMappingHandlerMapping()方法中可以发现需要以下三个对象。

(1) ContentNegotiationManager：媒体类型管理器。

(2) FormattingConversionService：格式化转换服务。

(3) ResourceUrlProvider：静态资源提供者。

在 requestMappingHandlerMapping()方法的处理过程中主要目的是创建 RequestMappingHandlerMapping 对象，在创建过程中会设置如下数据。

(1) 拦截器列表(interceptors)。

(2) 媒体类型管理器(contentNegotiationManager)。

(3) 跨域配置。

(4) 设置是否启用后缀匹配。

(5) 设置是否使用注册的后缀匹配模式。

(6) 设置是否启用尾部斜杠匹配。

(7) 设置 URL 地址解析器。

(8) 设置匹配器。

(9) 设置路径前缀。

其次，查看 ContentNegotiationManager 对象的构造，具体实现代码如下。

```
@Bean
public ContentNegotiationManager mvcContentNegotiationManager() {
   if (this.contentNegotiationManager == null) {
      ContentNegotiationConfigurer configurer =
new ContentNegotiationConfigurer(this.servletContext);
      configurer.mediaTypes(getDefaultMediaTypes());
      configureContentNegotiation(configurer);
      this.contentNegotiationManager = configurer.buildContentNegotiationManager();
   }
   return this.contentNegotiationManager;
}
```

在这段代码中可以发现这是一个普通的构造，主要关注的是在 ContentNegotiationConfigurer 对象创建过程中的默认媒体类型，在这个方法中通过 getDefaultMediaTypes()方法获取默认的媒体类型，在这个方法中可能的媒体类型会有以下 6 种。

(1) MediaType.APPLICATION_ATOM_XML。

(2) MediaType.APPLICATION_RSS_XML。

(3) MediaType.APPLICATION_XML。

(4) MediaType. APPLICATION_JSON。

(5) MediaType. APPLICATION_CBOR。

(6) application/x-jackson-smile。

继续向下查看 HandlerMapping 对象的构造,具体处理代码如下。

```
@Bean
@Nullable
public HandlerMapping viewControllerHandlerMapping(
      @Qualifier("mvcPathMatcher") PathMatcher pathMatcher,
      @Qualifier("mvcUrlPathHelper") UrlPathHelper urlPathHelper,
      @Qualifier("mvcConversionService") FormattingConversionService
conversionService,
      @Qualifier("mvcResourceUrlProvider") ResourceUrlProvider resourceUrlProvider) {
   ViewControllerRegistry registry = new ViewControllerRegistry(this.applicationContext);
   addViewControllers(registry);

   AbstractHandlerMapping handlerMapping = registry.buildHandlerMapping();
   if (handlerMapping == null) {
      return null;
   }
   handlerMapping.setPathMatcher(pathMatcher);
   handlerMapping.setUrlPathHelper(urlPathHelper);
      handlerMapping.    setInterceptors    (  getInterceptors    (  conversionService,
resourceUrlProvider));
   handlerMapping.setCorsConfigurations(getCorsConfigurations());
   return handlerMapping;
}
```

在这个构造过程中需要使用到 4 个参数,参数含义如下。

(1) PathMatcher:路径匹配器。

(2) UrlPathHelper:URL 解析器。

(3) FormattingConversionService:格式化转换服务。

(4) ResourceUrlProvider:静态资源提供者。

在创建 HandlerMapping 的过程中具体所用的对象实际类型是 SimpleUrlHandlerMapping。这点信息可以从 buildHandlerMapping()方法中得到。创建 HandlerMapping 对象时需要对其进行属性设置,具体设置的属性如下。

(1) 路径匹配器。

(2) URL 解析器。

(3) 拦截器列表(interceptors)。

(4) 跨域配置。

本章对在 WebMvcConfigurationSupport 对象中其他的各个@Bean 注解的构造方法不再做逐个分析,整体处理流程都是通过 new 关键字和 setter()方法进行设置的。

小结

本章对常见的 Spring MVC 容器初始化进行分析,启动方式有 XML 模式和注解模式。

本章对 XML 模式进行分析，从 DispatcherServlet 对象出发深入 DispatcherServlet 的类图对静态方法父子类继承关系进行分析。本章还对 EnableWebMvc 注解进行了分析，从 EnableWebMvc 的注解上进一步追踪到了 WebMvcConfigurationSupport 对象，在 WebMvcConfigurationSupport 对象中看到了 Spring MVC 中的一些常见对象，如 HandlerMapping、Validator、HandlerMethodArgumentResolver、HttpMessageConverter、ViewResolver 和 ViewResolver 等，通过 EnableWebMvc 注解在后续的 Spring Boot 中摒弃了 Spring MVC 的烦琐 XML 配置。

第3章

HandlerMapping分析

本章将对 HandlerMapping 接口进行分析。HandlerMapping 的作用是根据 request 找到相应的处理器 Handler 和 Interceptors。在 HandlerMapping 接口中只有一个方法，具体代码如下。

```
public interface HandlerMapping {
   @Nullable
   HandlerExecutionChain getHandler(HttpServletRequest request) throws Exception;

}
```

在 getHandler（）方法中主要目的是通过 HttpServletRequest 对象找到 HandlerExecutionChain 对象。

3.1 注册 HandlerMapping

通过阅读 HandlerMapping 接口确定了这是一个获取的动作，在 Java 开发过程中获取一般分为两种方式，第一种方式是在获取时进行对象创建，第二种方式是从容器中获取。相比而言，第二种从容器中获取数据的效率会高一些，在 Spring MVC 中关于 HandlerMpping 对象的获取采用的是第二种方式，接下来将对 HandlerMapping 的注册进行分析。在 Spring MVC 启动阶段会创建 SimpleUrlHandlerMapping 对象，同时还有其他对象的创建，具体信息如图 3.1 所示。

在 SimpleUrlHandlerMapping 类中包含 HandlerMapping 注册方法，首先查看类图，通过类图进一步了解 SimpleUrlHandlerMapping 的执行过程，HandlerMapping 类图如图 3.2 所示。

从类图可以发现，SimpleUrlHandlerMapping 对象继承了 ApplicationObjectSupport 对象，实现了 ApplicationContextAware 接口，这两个方法就是进行注册的入口，查看

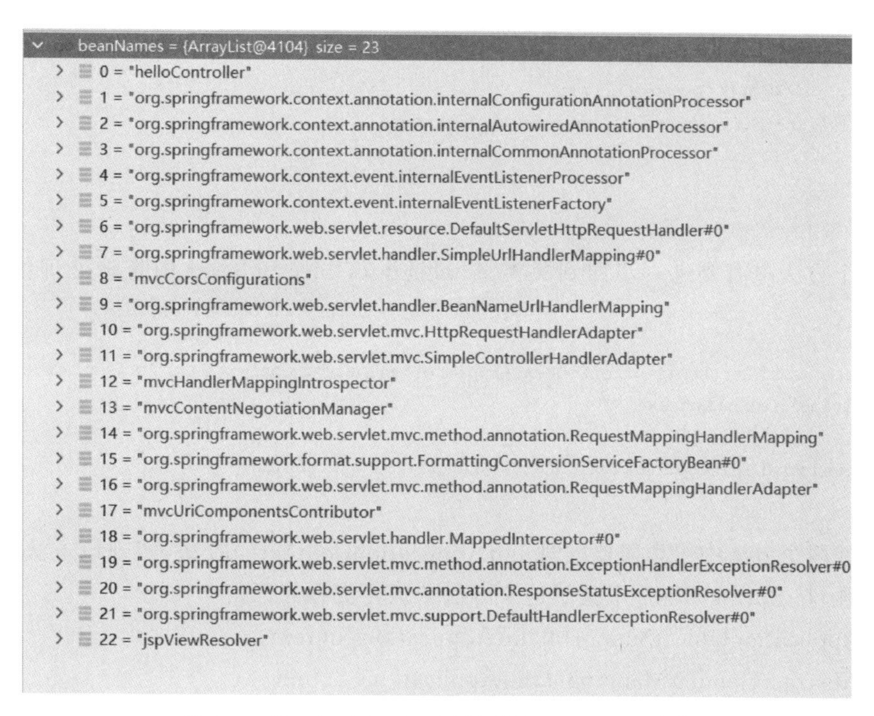

图 3.1　HandlerMapping 注册时的 BeanName 列表

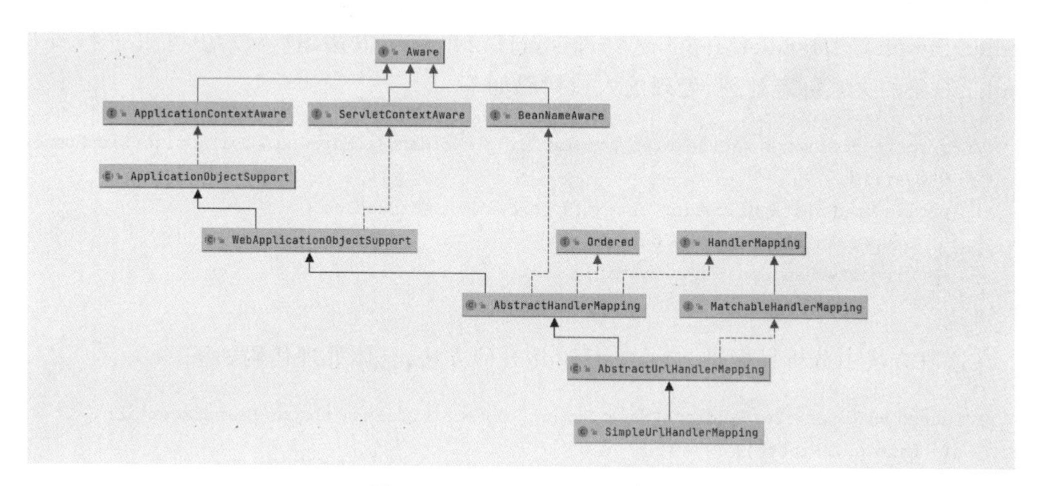

图 3.2　HandlerMapping 类图

ApplicationObjectSupport#setApplicationContext()方法代码后可以确认真正的核心方法是 ApplicationObjectSupport # initApplicationContext (org. springframework. context. ApplicationContext)，该方法的实现方法在 org. springframework. web. context. support. WebApplicationObjectSupport#initApplicationContext()中，具体处理代码如下。

```
@Override
protected void initApplicationContext(ApplicationContext context) {
   //处理父类的 initApplicationContext()方法
   super.initApplicationContext(context);
   if (this.servletContext == null && context instanceof WebApplicationContext) {
```

```
            this.servletContext = ((WebApplicationContext) context).getServletContext();
            if (this.servletContext != null) {
                //初始化 ServletContext
                initServletContext(this.servletContext);
            }
        }
    }
```

在这个方法中需要进一步回到父类 ApplicationObjectSupport 中查看处理代码，具体代码如下。

```
protected void initApplicationContext(ApplicationContext context) throws BeansException {
    initApplicationContext();
}
protected void initApplicationContext() throws BeansException {
}
```

在上述两个方法中子类需要实现 initApplicationContext()方法，实现该方法可以对父类进行增强，在 Spring MVC 中关于这个方法的执行流程如下。

(1) ApplicationObjectSupport#initApplicationContext。

(2) AbstractHandlerMapping#initApplicationContext。

(3) SimpleUrlHandlerMapping#initApplicationContext。

当寻找到上述 3 个执行流程后就可以找到 org.springframework.web.servlet.handler.SimpleUrlHandlerMapping#registerHandlers()方法，这个方法可以进行 url 和 handler 对象的关系绑定处理，处理的入口代码如下。

```
//org.springframework.web.servlet.handler.SimpleUrlHandlerMapping#initApplicationContext
    @Override
    public void initApplicationContext() throws BeansException {
        super.initApplicationContext();
        registerHandlers(this.urlMap);
    }
```

在这段方法中分析目标是 registerHandlers()方法，具体处理代码如下。

```
protected void registerHandlers(Map<String, Object> urlMap) throws BeansException {
    if (urlMap.isEmpty()) {
        logger.trace("No patterns in " + formatMappingName());
    }
    else {
        //循环处理 urlMap
        urlMap.forEach((url, handler) -> {
            if (!url.startsWith("/")) {
                url = "/" + url;
            }
            if (handler instanceof String) {
                handler = ((String) handler).trim();
            }
            registerHandler(url, handler);
        });
```

```
        if (logger.isDebugEnabled()) {
            List<String> patterns = new ArrayList<>();
            if (getRootHandler() != null) {
                patterns.add("/");
            }
            if (getDefaultHandler() != null) {
                patterns.add("/**");
            }
            patterns.addAll(getHandlerMap().keySet());
            logger.debug("Patterns " + patterns + " in " + formatMappingName());
        }
    }
}
```

在 registerHandlers()方法中需要先理解方法参数，该方法的参数是 map 结构，key 表示 url，value 表示 handler 对象，注意 key 是 String 类型。value 是 Object 类型。在这里 value 的类型可能是 String 类型，也可能是 Object(HttpRequestHandler)，处理单个 url 和 handler 关系的方法如下。

```
protected void registerHandler (String urlPath, Object handler) throws BeansException,
IllegalStateException {
    Assert.notNull(urlPath, "URL path must not be null");
    Assert.notNull(handler, "Handler object must not be null");
    Object resolvedHandler = handler;

    if (!this.lazyInitHandlers && handler instanceof String) {
        String handlerName = (String) handler;
        ApplicationContext applicationContext = obtainApplicationContext();
        if (applicationContext.isSingleton(handlerName)) {
            //从容器中获取 handler 对象
            resolvedHandler = applicationContext.getBean(handlerName);
        }
    }

    //尝试从 handlerMap 中获取对象
    Object mappedHandler = this.handlerMap.get(urlPath);
    if (mappedHandler != null) {
        if (mappedHandler != resolvedHandler) {
            throw new IllegalStateException(
                    "Cannot map " + getHandlerDescription(handler) + " to URL path [" +
urlPath + "]: There is already " + getHandlerDescription(mappedHandler) + " mapped.");
        }
    }
    //容器中不存在的处理情况
    else {
        if (urlPath.equals("/")) {
            if (logger.isTraceEnabled()) {
                logger.trace("Root mapping to " + getHandlerDescription(handler));
            }
            setRootHandler(resolvedHandler);
```

```
            }
            else if (urlPath.equals("/*")) {
                if (logger.isTraceEnabled()) {
                    logger.trace("Default mapping to " + getHandlerDescription(handler));
                }
                setDefaultHandler(resolvedHandler);
            }
            else {
                this.handlerMap.put(urlPath, resolvedHandler);
                if (logger.isTraceEnabled()) {
                    logger.trace("Mapped [" + urlPath + "] onto " + getHandlerDescription
(handler));
                }
            }
        }
    }
```

在 registerHandler()方法中分为两步操作，第一步操作是类型的转换，第二步操作是将类型转换后的结果放入容器中。在第一步操作中会进行一组判断：判断是否是懒加载和判断 handler 对象是否是字符串类型，如果符合这个条件则进行对象获取，具体方式是 getBean()方法调用。第二步是从容器中获取对象，如果对象不为空并且类型和第一步处理得到的对象不相同则抛出异常，如果容器中搜索不到该对象则会进行三种不同的操作：①url 是/，将第一步处理结果设置为 rootHandler；②url 是/*，将第一步处理结果设置为 defaultHandler；③url 不符合前两种情况，放入 handlerMap 对象中。经过处理后，此时 handlerMap 中的数据内容如图 3.3 所示。

```
∨ oo handlerMap = {LinkedHashMap@3777} size = 1
    ∨ ≡ "/**" -> {DefaultServletHttpRequestHandler@4236}
        > ≡ key = "/**"
        > ≡ value = {DefaultServletHttpRequestHandler@4236}
```

图 3.3　handlerMap 数据信息

在前文的分析中可以发现，在 registerHandler()方法处理过程中依靠 urlMap 这个数据对象，它的来源尤为关键，在 Spring MVC 使用过程中通常会在 applicationContext.xml 文件中编写<mvc:default-servlet-handler/>代码，这段代码就是 urlMap 的数据来源。关于这个标签的处理需要找到 org.springframework.web.servlet.config.MvcNamespaceHandler 类，在这个类中继续搜索可以看到下面的代码。

```
registerBeanDefinitionParser("default-servlet-handler", new
DefaultServletHandlerBeanDefinitionParser())
```

这段代码的作用是注册 XML 标签的解析处理对象，继续深入 DefaultServletHandlerBeanDefinitionParser 对象，可以在它的 parse()方法中看到 urlMap 的处理，具体代码如下。

```
@Override
@Nullable
public BeanDefinition parse(Element element, ParserContext parserContext) {
```

```
    Object source = parserContext.extractSource(element);

    String defaultServletName = element.getAttribute("default-servlet-name");
    RootBeanDefinition defaultServletHandlerDef = new
RootBeanDefinition(DefaultServletHttpRequestHandler.class);
    defaultServletHandlerDef.setSource(source);
    defaultServletHandlerDef.setRole(BeanDefinition.ROLE_INFRASTRUCTURE);
    if (StringUtils.hasText(defaultServletName)) {
        defaultServletHandlerDef.getPropertyValues().add("defaultServletName",
defaultServletName);
    }
    String defaultServletHandlerName =
parserContext.getReaderContext().generateBeanName(defaultServletHandlerDef);
    parserContext.getRegistry().registerBeanDefinition(defaultServletHandlerName,
defaultServletHandlerDef);
    parserContext.registerComponent(new BeanComponentDefinition(defaultServletHandlerDef,
defaultServletHandlerName));

    Map<String, String> urlMap = new ManagedMap<>();
    urlMap.put("/**", defaultServletHandlerName);

    RootBeanDefinition handlerMappingDef = new
RootBeanDefinition(SimpleUrlHandlerMapping.class);
    handlerMappingDef.setSource(source);
    handlerMappingDef.setRole(BeanDefinition.ROLE_INFRASTRUCTURE);
    handlerMappingDef.getPropertyValues().add("urlMap", urlMap);

    String handlerMappingBeanName =
parserContext.getReaderContext().generateBeanName(handlerMappingDef);
    parserContext.getRegistry().registerBeanDefinition(handlerMappingBeanName,
handlerMappingDef);
    parserContext.registerComponent(new BeanComponentDefinition(handlerMappingDef,
handlerMappingBeanName));

    MvcNamespaceUtils.registerDefaultComponents(parserContext, source);

    return null;
}
```

在这段代码中 urlMap 的对象信息如图 3.4 所示。

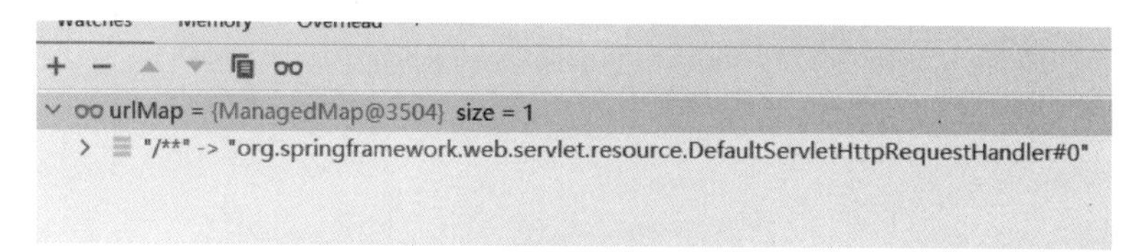

图 3.4 urlMap 数据信息

从 urlMap 的数据图中和 handlerMap 的数据图中可以发现它们之间的关系是字符串和对象实体的关系。关于注册 HandlerMapping()方法，其目的是将 org.springframework.

web. servlet. resource. DefaultServletHttpRequestHandler 转换成对象。

在 Spring MVC 使用过程中需要在 applicationContext. xml 文件中配置< mvc:default-servlet-handler/>信息，该信息定义了默认的 Servlet 处理器，具体的处理对象是 DefaultServletHttpRequestHandler，通过该配置将数据准备完成，在启动时会进行 HandlerMapping 的注册操作，该操作的目的是将 urlMap 对象中的数据进行实例化并放入 handlerMap 对象中。

3.2 getHandler()寻找处理器

通过注册 HandlerMapping 方法不难知道容器中会存在一些 HandlerMapping 接口的实现类，这些实现类存储在 org. springframework. web. servlet. DispatcherServlet # handlerMappings 中，具体的存储对象定义如下。

```
@Nullable
private List < HandlerMapping > handlerMappings;
```

在容器启动完成后该对象的数据信息如图 3.5 所示。

```
∨ oo this.handlerMappings = {ArrayList@4925} size = 3
  > ≡ 0 = {RequestMappingHandlerMapping@4942}
  > ≡ 1 = {BeanNameUrlHandlerMapping@4943}
  > ≡ 2 = {SimpleUrlHandlerMapping@4944}
```

图 3.5 handlerMappings 数据信息

getHandler()方法的作用是根据请求找到对应的处理器（Controller 对象），它需要通过请求进入寻找阶段，具体的入口处理过程如下。

(1) 浏览器访问某个接口地址。

(2) 进入 org. springframework. web. servlet. FrameworkServlet # service()方法。

(3) 进入 org. springframework. web. servlet. DispatcherServlet # doDispatch()方法。

在 DispatcherServlet # doDispatch()方法中可以看到 mappedHandler = getHandler (processedRequest)代码，这段代码就是分析的核心目标，进入这个方法查看具体代码。

```
@Nullable
protected HandlerExecutionChain getHandler(HttpServletRequest request) throws Exception {
   if (this.handlerMappings != null) {
      for (HandlerMapping mapping : this.handlerMappings) {
         HandlerExecutionChain handler = mapping.getHandler(request);
         if (handler != null) {
            return handler;
         }
      }
   }
   return null;
}
```

在 getHandler()方法中会循环 handlerMappings 容器，该容器中会有三个数据对象，分别如下。

(1) RequestMappingHandlerMapping。

(2) BeanNameUrlHandlerMapping。

(3) SimpleUrlHandlerMapping。

一般情况下能够找到 HandlerExecutionChain 对象的是 SimpleUrlHandlerMapping 对象，需要注意负责寻找上述三个对象的方法是共用的，具体处理方法是 org.springframework.web.servlet.handler.AbstractHandlerMapping#getHandler()，整体处理代码如下。

```
@Override
@Nullable
public final HandlerExecutionChain getHandler(HttpServletRequest request) throws Exception {
   //将 request 进行搜索找到对应的 handler 对象
   Object handler = getHandlerInternal(request);
   if (handler == null) {
      //获取默认的 handler
      handler = getDefaultHandler();
   }
   if (handler == null) {
      return null;
   }
   //handler 是不是 String 类型
   if (handler instanceof String) {
      //handler 是字符串类型,从容器中获取对象
      String handlerName = (String) handler;
      handler = obtainApplicationContext().getBean(handlerName);
   }

   //获取 HandlerExecutionChain 对象
   HandlerExecutionChain executionChain = getHandlerExecutionChain(handler, request);

   if (logger.isTraceEnabled()) {
      logger.trace("Mapped to " + handler);
   }
   else if (logger.isDebugEnabled()
&& !request.getDispatcherType().equals(DispatcherType.ASYNC)) {
      logger.debug("Mapped to " + executionChain.getHandler());
   }

   //跨域处理
   if (hasCorsConfigurationSource(handler) || CorsUtils.isPreFlightRequest(request)) {
      CorsConfiguration config = (this.corsConfigurationSource != null ?
this.corsConfigurationSource.getCorsConfiguration(request) : null);
      CorsConfiguration handlerConfig = getCorsConfiguration(handler, request);
      config = (config != null ? config.combine(handlerConfig) : handlerConfig);
      executionChain = getCorsHandlerExecutionChain(request, executionChain, config);
   }

   return executionChain;
}
```

在这段代码中首先需要关注 getHandlerInternal()方法，该方法能够通过 HttpServletRequest 找到对应的处理方法，该方法可以理解为 Controller 类中的方法。getHandlerInternal()代码如下。

```
@Override
protected HandlerMethod getHandlerInternal(HttpServletRequest request) throws Exception {
   //获取当前请求路径
   String lookupPath = getUrlPathHelper().getLookupPathForRequest(request);
   //设置属性
   request.setAttribute(LOOKUP_PATH, lookupPath);
   //上锁
   this.mappingRegistry.acquireReadLock();
   try {
      //寻找 handler method
      HandlerMethod handlerMethod = lookupHandlerMethod(lookupPath, request);
      return (handlerMethod != null ? handlerMethod.createWithResolvedBean() : null);
   }
   finally {
      //释放锁
      this.mappingRegistry.releaseReadLock();
   }
}
```

在 getHandlerInternal()方法中会做以下两步操作。

(1) 提取请求的路由地址(URL)。

(2) 通过 URL 寻找对应的处理器。

这里主要分析第二步寻找处理器的过程，具体方法是 lookupHandlerMethod()，具体处理代码如下。

```
@Nullable
protected HandlerMethod lookupHandlerMethod(String lookupPath, HttpServletRequest request)
throws Exception {
   List<Match> matches = new ArrayList<>();
   //从路由映射表获取
   List<T> directPathMatches = this.mappingRegistry.getMappingsByUrl(lookupPath);
   //如果 URL 对应的数据不为空
   if (directPathMatches != null) {
      //添加匹配映射
      addMatchingMappings(directPathMatches, matches, request);
   }
   if (matches.isEmpty()) {
      //添加匹配映射
      addMatchingMappings(this.mappingRegistry.getMappings().keySet(), matches,
request);
   }

   if (!matches.isEmpty()) {
      //比较对象
```

```
        Comparator<Match> comparator = new
    MatchComparator(getMappingComparator(request));
        //排序
        matches.sort(comparator);
        //获取第一个 match 对象
        Match bestMatch = matches.get(0);
        if (matches.size() > 1) {
            if (logger.isTraceEnabled()) {
                logger.trace(matches.size() + " matching mappings: " + matches);
            }

            //是否跨域请求
            if (CorsUtils.isPreFlightRequest(request)) {
                return PREFLIGHT_AMBIGUOUS_MATCH;
            }
            //取出第二个元素
            Match secondBestMatch = matches.get(1);
            //如果比较结果相同
            if (comparator.compare(bestMatch, secondBestMatch) == 0) {
                //第二个元素和第一个元素的比较过程
                Method m1 = bestMatch.handlerMethod.getMethod();
                Method m2 = secondBestMatch.handlerMethod.getMethod();
                String uri = request.getRequestURI();
                throw new IllegalStateException(
                        "Ambiguous handler methods mapped for '" + uri + "': {" + m1 + ", " + m2
    + "}");
            }
        }
        //设置属性
        request.setAttribute(BEST_MATCHING_HANDLER_ATTRIBUTE, bestMatch.handlerMethod);
        //处理匹配的结果
        handleMatch(bestMatch.mapping, lookupPath, request);
        return bestMatch.handlerMethod;
    }
    else {
        //处理没有匹配的结果
         return handleNoMatch(this.mappingRegistry.getMappings().keySet(), lookupPath,
    request);
    }
}
```

在 lookupHandlerMethod()方法中主要处理过程如下。

(1) 从注册表中获取 URL 对应的数据，具体查询注册表中 urlLookup 容器的数据。如果提取请求的路由地址得到的数据不为空，将结果和请求进行关系绑定。如果得到的数据为空，将注册表中的 mappingLookup 对象和请求进行关系绑定。上述两关系绑定的本质是创建 Match 对象。

(2) Match 容器中存在数据的情况下会先进行比较对象的获取和排序操作。注意：如果 Match 容器存在多个的情况下会进行验证操作，该验证操作的目的是判断第一个元素和第二个元素是否相同，如果相同会抛出异常。如果不出现异常或者没有多个 Match 对象的情况下就可以进行返回处理，返回值是 org. springframework. web. servlet. handler. AbstractHandlerMethodMapping. Match#handlerMethod。

(3) 匹配容器中不存在数据，在 AbstractHandlerMethodMapping#handleNoMatch()方法中直接返回 null，但是子类 RequestMappingInfoHandlerMapping 中对其实现做了补充。

通过 getHandlerInternal()方法将得到一个对象，该对象是 Object 类型，如果这个对象为空会获取默认的 handler 对象，如果 handler 是 String 类型需要通过容器获取 handler 对象，当 handler 对象准备完成后会进行 HandlerExecutionChain 对象的创建，在创建 HandlerExecutionChain 对象之后会进行跨域处理，当跨域处理完成后就可以将该对象放回结束该方法的调用。

3.2.1 Match 异常模拟

接下来将对 lookupHandlerMethod()方法中的异常进行模拟，这部分的异常是指一个 URL 解析后得到了多个 Method 对象，因此抛出该异常，需要模拟该异常，可以通过 URL 传参的形式进行模拟，具体模拟代码如下。

```
@GetMapping("/a/{title}")
public String title(
      @PathVariable("title") String title
) {
   return title;
}

@GetMapping("/a/{title2}")
public String title2(@PathVariable("title2") String title2) {
   return "title";
}
```

编写上述测试代码后可以访问 http://localhost: 8080/a/demo 接口，此时 matches 对象数据如图 3.6 所示。

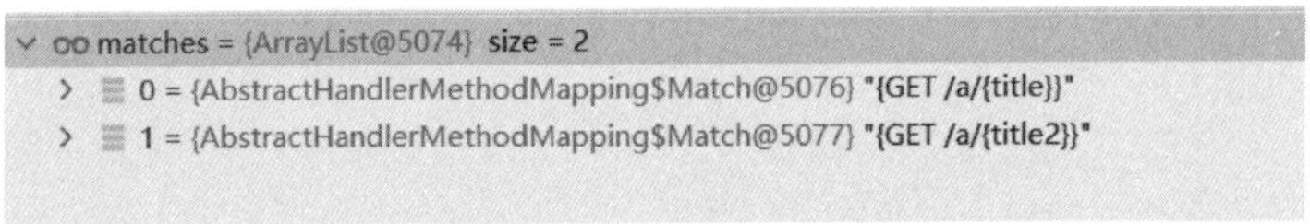

```
∨ ∞ matches = {ArrayList@5074}  size = 2
  > ≡ 0 = {AbstractHandlerMethodMapping$Match@5076} "{GET /a/{title}}"
  > ≡ 1 = {AbstractHandlerMethodMapping$Match@5077} "{GET /a/{title2}}"
```

图 3.6 matches 数据

在得到 matches 数据后会进行第一个元素和第二个元素的比较，具体比较的数据是 org. springframework. web. servlet. handler. AbstractHandlerMethodMapping. Match#mapping，在这里它们是相同的，不能被 title 和 title2 这两个字面量迷惑。要注意这里的比较会进行占位符处理，更进一步的处理是 org. springframework. web. servlet. mvc. method. RequestMappingInfo#compareTo()方法。通过这部分异常模拟可以知道，Spring MVC 对于 URL 的验证是比较严格的，如果出现模糊值，它将抛出异常，同时作为 Spring

MVC 使用者对于 URL 的定义需要尽可能做到唯一。

3.2.2 handleNoMatch()分析

接下来将对 handleNoMatch()方法进行分析。首先这个方法签名是 org.springframework.web.servlet.handler.AbstractHandlerMethodMapping#handleNoMatch(),在这个方法中返回值是 null。但是在 Spring MVC 中有一个子类实现了该方法,这个子类是 RequestMappingInfoHandlerMapping,该方法的作用是处理没有找到 Match 列表的情况。对于这个方法的模拟可以在浏览器中随意输入一个 URL,当发起这个请求后,该请求并不属于当前项目中定义的请求时就会进入 RequestMappingInfoHandlerMapping#handleNoMatch()方法中。在这个方法中会循环 RequestMappingInfo 列表进行 URL 匹配比较,不同的比较会抛出不同的异常。具体处理代码如下。

```
@Override
protected HandlerMethod handleNoMatch(
      Set<RequestMappingInfo> infos, String lookupPath, HttpServletRequest request) throws
ServletException {

   //创建对象 PartialMatchHelper
   PartialMatchHelper helper = new PartialMatchHelper(infos, request);
   if (helper.isEmpty()) {
      return null;
   }

   //HTTP 请求方式
   if (helper.hasMethodsMismatch()) {
      Set<String> methods = helper.getAllowedMethods();
      //请求方式比较
      if (HttpMethod.OPTIONS.matches(request.getMethod())) {
         //handler 转换
         HttpOptionsHandler handler = new HttpOptionsHandler(methods);
         //构建 handler method
         return new HandlerMethod(handler, HTTP_OPTIONS_HANDLE_METHOD);
      }
      throw new HttpRequestMethodNotSupportedException(request.getMethod(),
methods);
   }

   //可消费的 Content-Type 错误
   if (helper.hasConsumesMismatch()) {
      Set<MediaType> mediaTypes = helper.getConsumableMediaTypes();
      MediaType contentType = null;
      if (StringUtils.hasLength(request.getContentType())) {
         try {
            //字符串转换成对象
            contentType = MediaType.parseMediaType(request.getContentType());
         }
```

```
            catch (InvalidMediaTypeException ex) {
               throw new HttpMediaTypeNotSupportedException(ex.getMessage());
            }
         }
         throw new HttpMediaTypeNotSupportedException(contentType, new
ArrayList<>(mediaTypes));
      }

      //可生产的 Content-Type 错误
      if (helper.hasProducesMismatch()) {
         Set<MediaType> mediaTypes = helper.getProducibleMediaTypes();
         throw new HttpMediaTypeNotAcceptableException(new ArrayList<>(mediaTypes));
      }

      //参数错误
      if (helper.hasParamsMismatch()) {
         List<String[]> conditions = helper.getParamConditions();
         throw new UnsatisfiedServletRequestParameterException(conditions,
request.getParameterMap());
      }

      return null;
   }
```

在这段代码中首先模拟 HttpRequestMethodNotSupportedException 异常，编写一个 Controller 对象，在这个对象中填写下面的代码。

```
@RequestMapping(value = "/getMapping",method = RequestMethod.GET)
public String getMapping() {
   return "data";
}
```

当拥有这个代码后通过 POSTMAN 这个软件进行访问，访问方式使用 POST 进行访问 POST http://localhost: 8080/getMapping。此时这个方法方式是 POST 方式，Controller 对象中定义的方式是 GET 方式，此时比较会失败从而抛出 HttpRequestMethodNotSupportedException 异常。

接下来模拟 HttpMediaTypeNotSupportedException 异常，编写一个 Controller 函数，该函数代码如下。

```
@PostMapping(value = "/postMapping",consumes =
{MediaType.APPLICATION_JSON_VALUE},produces = {})
public Object postMapping(
      @RequestBody Map<String, String> map
) {
   return "";
}
```

在这个函数中添加了注解 PostMapping 并约束了 consumes 类型为 application/json，需要模拟 HttpMediaTypeNotSupportedException 异常，可以采用下面的请求方式。

```
POST http://localhost:8080/postMapping
Content - Type: application/x - www - form - urlencoded
```

在模拟该异常时如果 Content-Tpye 的类型和接口定义上的类型不相同就会抛出异常。

接下来模拟 HttpMediaTypeNotAcceptableException 异常，在 postMapping()方法的基础上修改代码，修改后内容如下。

```
@PostMapping(value = "/postMapping", consumes =
{MediaType.APPLICATION_JSON_VALUE}, produces = {"text/plain"})
public Object postMapping(
      @RequestBody Map < String, String > map
) {
   return "";
}
```

上述代码在原有的 postMapping 上增加了 produces 属性，该属性表示返回的类型，需要模拟 HttpMediaTypeNotAcceptableException 异常，可以采用下面的请求方式。

```
POST http://localhost:8080/postMapping
Content - Type: application/json
Accept: application/json
```

在模拟该异常时只要 Accept 的类型和接口上定义的类型不相同就会抛出异常。最后模拟 UnsatisfiedServletRequestParameterException 异常，在 Controller 类中添加一个方法，具体代码如下。

```
@GetMapping(value = "/getMapping2", params = {"va"})
public String getMapping2(
      @RequestParam("va") String va
) {
   return va;
}
```

当这个方法编写完成后进行网络请求，请求方式如下。

```
GET http://localhost:8080/getMapping2
```

通过上述请求即可模拟 UnsatisfiedServletRequestParameterException 异常。下面将整理 handleNoMatch()方法的异常处理。

(1) URL 不存在的异常。

(2) HTTP 请求方式的异常，抛出 HttpRequestMethodNotSupportedException 异常。

(3) HTTP 请求中的 Content-Type 与 Controller 中定义的接口不对应，具体检查的数据是 consumes，抛出 HttpMediaTypeNotSupportedException 异常。

(4) HTTP 请求中的 Accept 与 Controller 中定义的接口不对应，具体检查的数据是 produces，抛出 HttpMediaTypeNotAcceptableException 异常。

(5) HTTP 请求中的参数名称和 Cotnroller 中的参数名称不对应会抛出 UnsatisfiedServletRequestParameterException 异常。

3.2.3 addMatchingMappings()分析

接下来将对 addMatchingMappings()方法进行分析，下面是方法源代码。

```
private void addMatchingMappings (Collection < T > mappings, List < Match > matches,
HttpServletRequest request) {
    for (T mapping : mappings) {
        //抽象方法
        //通过抽象方法获取 match 结果
        T match = getMatchingMapping(mapping, request);
        //是否为空
        if (match != null) {
            //从 mappingLookup 获取结果并且插入 Matches 中
            matches.add(new Match(match,
this.mappingRegistry.getMappings().get(mapping)));
        }
    }
}
```

在 addMatchingMappings()方法中需要关注参数列表。

(1) mappings 表示多个 RequestMappingInfo 对象的集合，数据来源是 org.springframework.web.servlet.handler.AbstractHandlerMethodMapping.MappingRegistry#mappingLookup。

(2) matches 用来存储匹配结果。

(3) request 表示 HTTP 请求。

这个方法的目的是从 mapping 列表中找到和请求对应的数据信息并加入 matches 集合中。在该方法中最核心的方法是 getMatchingMapping()，它是一个抽象方法，具体实现方法在 RequestMappingInfoHandlerMapping 中，具体代码如下。

```
@Override
protected RequestMappingInfo getMatchingMapping(RequestMappingInfo info,
HttpServletRequest request) {
    return info.getMatchingCondition(request);
}
```

在这个方法中需要关注 info 的数据信息，它是确定最终数据的关键对象，详细信息如图 3.7 所示。

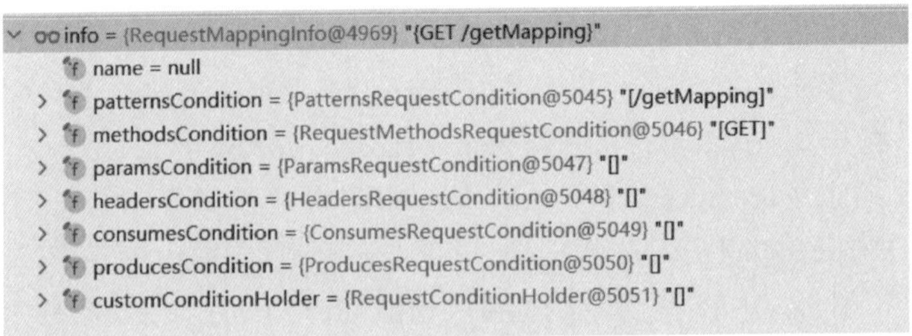

```
∨ oo info = {RequestMappingInfo@4969} "{GET /getMapping}"
    f name = null
  > f patternsCondition = {PatternsRequestCondition@5045} "[/getMapping]"
  > f methodsCondition = {RequestMethodsRequestCondition@5046} "[GET]"
  > f paramsCondition = {ParamsRequestCondition@5047} "[]"
  > f headersCondition = {HeadersRequestCondition@5048} "[]"
  > f consumesCondition = {ConsumesRequestCondition@5049} "[]"
  > f producesCondition = {ProducesRequestCondition@5050} "[]"
  > f customConditionHolder = {RequestConditionHolder@5051} "[]"
```

图 3.7 info 数据信息

通过阅读 info 对象的数据可以发现，这个对象对应的注解是 RequestMapping，继续向下深入 getMatchingCondition()方法，该方法会对上述对象和请求对象进行比对，如果全部比对通过就会将对象进行重组，创建 RequestMappingInfo 对象返回。在返回结果后会进行空值判断，如果不为空则创建 Match 对象，将其放入 Matches 容器中。

3.2.4　创建 HandlerExecutionChain 对象

接下来将对 getHandlerExecutionChain 方法进行分析，方法签名是 org.springframework.web.servlet.handler.AbstractHandlerMapping#getHandlerExecutionChain()，该方法的目的是获取 HandlerExecutionChain 对象。当完成 getHandlerInternal()方法的处理后并且存在返回值的情况下就会进入 HandlerExecutionChain 的创建，具体代码如下。

```
protected HandlerExecutionChain getHandlerExecutionChain(Object handler,
HttpServletRequest request) {
        //判断 handler 对象的类型是不是 HandlerExecutionChain，如果不是会进行对象创建，如
//果是会进行强制转换
        HandlerExecutionChain chain = (handler instanceof HandlerExecutionChain ?
                (HandlerExecutionChain) handler :
new HandlerExecutionChain(handler));

        //提取请求的地址
        String lookupPath = this.urlPathHelper.getLookupPathForRequest(request,
LOOKUP_PATH);
        //拦截器处理
        for (HandlerInterceptor interceptor : this.adaptedInterceptors) {
            if (interceptor instanceof MappedInterceptor) {
                MappedInterceptor mappedInterceptor =
(MappedInterceptor) interceptor;
                //验证 URL 地址是不是需要进行拦截，如果需要就加入
                if (mappedInterceptor.matches(lookupPath, this.pathMatcher)) {
                    chain.addInterceptor(mappedInterceptor.getInterceptor());
                }
            }
            else {
                chain.addInterceptor(interceptor);
            }
        }
        return chain;
    }
```

在 getHandlerExecutionChain()方法中可以看到 HandlerExecutionChain 对象的创建过程，这个创建过程可以分为下面两步。

(1) 对 handler 对象进行类型判断，如果类型是 HandlerExecutionChain 则进行强制转换，如果类型不是 HandlerExecutionChain 会进行对象创建，具体创建代码如下。

```
public  HandlerExecutionChain  ( Object  handler,  @  Nullable  HandlerInterceptor...
interceptors) {
   if (handler instanceof HandlerExecutionChain) {
```

```
            HandlerExecutionChain originalChain = (HandlerExecutionChain) handler;
            this.handler = originalChain.getHandler();
            this.interceptorList = new ArrayList<>();
            CollectionUtils.mergeArrayIntoCollection(originalChain.getInterceptors(), this.
    interceptorList);
            CollectionUtils.mergeArrayIntoCollection(interceptors, this.interceptorList);
        }
        else {
            this.handler = handler;
            this.interceptors = interceptors;
        }
    }
```

(2) 处理拦截器对象，循环当前容器中的拦截器列表，如果当前拦截器的类型是MappedInterceptor，会对该拦截器的拦截URL和当前访问的URL进行比较。此处是一个匹配性质的比较，并非字符串相等比较。如果比较结果相同，这个拦截器会加入HandlerExecutionChain的拦截器列表中；如果类型不是MappedInterceptor，就直接加入HandlerExecutionChain的拦截器列表中。接下来将模拟这段处理流程。首先编写HandlerInterceptor接口的实现类，类名为AllHandlerInterceptor，具体代码如下。

```
public class AllHandlerInterceptor implements HandlerInterceptor {
    @Override
    public boolean preHandle(HttpServletRequest request, HttpServletResponse response, Object
handler) throws Exception {
        System.out.println("in AllHandlerInterceptor");
        return true;
    }

    @Override
    public void postHandle(HttpServletRequest request, HttpServletResponse response, Object
handler, ModelAndView modelAndView) throws Exception {

    }

    @Override
    public void afterCompletion(HttpServletRequest request, HttpServletResponse response,
Object handler, Exception ex) throws Exception {

    }
}
```

完成拦截器编写后需要对SpringXML文件进行修改，本例修改的配置文件位于spring-source-mvc-demo/src/main/webapp/WEB-INF/applicationContext.xml，在该文件中添加Spring MVC拦截器相关标签，具体添加代码如下。

```
<mvc:interceptors>
    <mvc:interceptor>
        <mvc:mapping path="/**" />
        <bean
id = " AllHandlerInterceptor " class = " com. source. hot. mvc. handlerInterceptor.
```

```
AllHandlerInterceptor"/>
   </mvc:interceptor>
</mvc:interceptors>
```

在本例中添加的拦截器将会拦截所有 URL，下面在 getHandlerExecutionChain()方法上打断点进行调试，主要观察 adaptedInterceptors 数据，具体数据如图 3.8 所示。

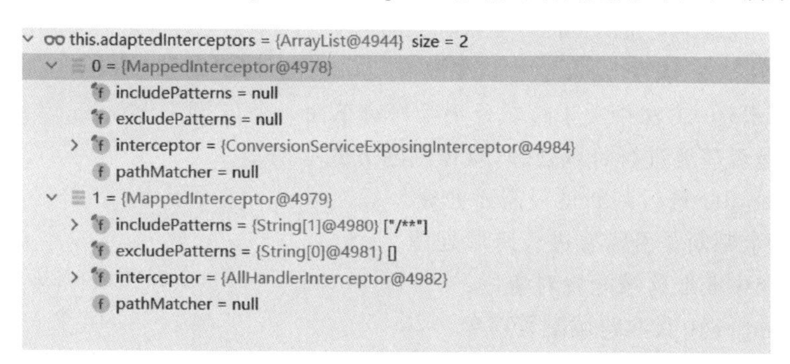

图 3.8 adaptedInterceptors 数据内容

在图 3.8 中可以看到 adaptedInterceptors 列表中的第二个元素就是前文所编写的拦截器，经过该方法的处理得到的数据对象如图 3.9 所示。

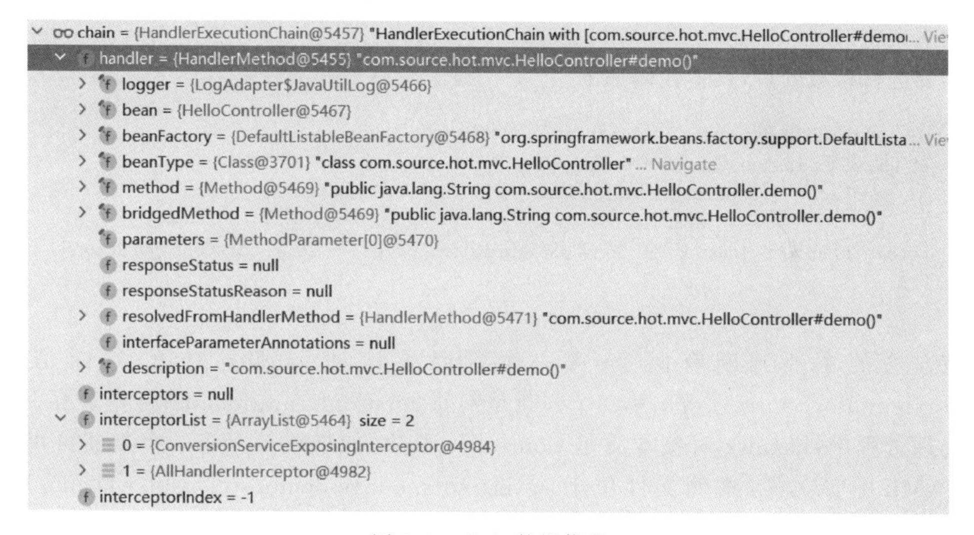

图 3.9 chain 数据信息

3.2.5 跨域处理

接下来将进入跨域处理的分析，具体处理代码如下。

```
//跨域处理
//对 handler 的跨域判断
//对请求的跨域判断
if (hasCorsConfigurationSource(handler) || CorsUtils.isPreFlightRequest(request)) {
    //从请求中获取跨域配置
```

```
    CorsConfiguration config = (this.corsConfigurationSource != null ?
this.corsConfigurationSource.getCorsConfiguration(request) : null);
    //从 handler 中获取跨域配置
    CorsConfiguration handlerConfig = getCorsConfiguration(handler, request);
    //确定最终的跨域配置
    config = (config != null ? config.combine(handlerConfig) : handlerConfig);
    //executionChain 对象添加跨域配置
    executionChain = getCorsHandlerExecutionChain(request, executionChain, config);
}
```

在 getHandler()方法中关于跨域处理操作有下面 4 个步骤。

(1) 判断是否需要进行跨域处理,具体判断方式有两个。

① 通过 handler 进行判断是否需要处理。

② 通过请求判断是否需要进行跨域处理。

(2) 从请求中获取跨域配置对象。

(3) 从 handler 中获取跨域配置对象。

(4) 推论具体的跨域配置,如果请求的跨域配置存在会将请求跨域配置和 handler 的跨域配置进行合并,如果不存在会直接采用 handler 的跨域配置。

在分析了主要处理流程后下面将对其中的两个方法进行分析。

1. hasCorsConfigurationSource()分析

接下来将对 hasCorsConfigurationSource()方法进行分析,该方法是判断 handler 对象是否需要进行跨域处理,具体代码如下。

```
protected boolean hasCorsConfigurationSource(Object handler) {
   if (handler instanceof HandlerExecutionChain) {
      handler = ((HandlerExecutionChain) handler).getHandler();
   }
   return (handler instanceof CorsConfigurationSource || this.corsConfigurationSource !=
null);
}
```

该方法的主要判断有两个,第一个判断是针对 handler 对象,判断是否是 CorsConfigurationSource 类型;第二个判断是判断 corsConfigurationSource 是否存在。在这个处理过程中,handler 对象本质是 Controller 对象,如果要符合第一个判断可以修改 SpringXML 配置文件,本例文件位于 spring-source-mvc-demo/src/main/webapp/WEB-INF/applicationContext.xml,向该文件中添加下面的代码。

```
<mvc:cors>
   <mvc:mapping path="/**"/>
</mvc:cors>
```

当添加这段代码后会将 corsConfigurationSource 对象变为非空对象,具体信息如图 3.10 所示。

如果需要满足 handler 对象的判断条件,可以让 Controller 类实现 CorsConfigurationSource 接口。

2. CorsUtils.isPreFlightRequest(request) 分析

接下来将对请求的跨域处理进行分析,具体处理代码如下。

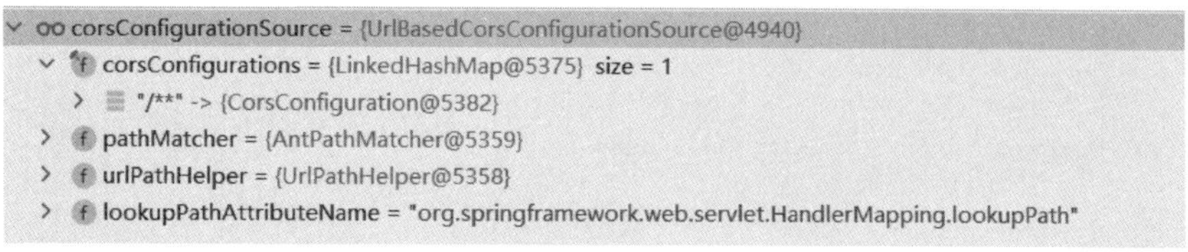

```
∨ oo corsConfigurationSource = {UrlBasedCorsConfigurationSource@4940}
    ∨ f corsConfigurations = {LinkedHashMap@5375} size = 1
        > ≡ "/**" -> {CorsConfiguration@5382}
    > f pathMatcher = {AntPathMatcher@5359}
    > f urlPathHelper = {UrlPathHelper@5358}
    > f lookupPathAttributeName = "org.springframework.web.servlet.HandlerMapping.lookupPath"
```

图 3.10 corsConfigurationSource 数据信息

```
public static boolean isPreFlightRequest(HttpServletRequest request) {
   return (HttpMethod.OPTIONS.matches(request.getMethod()) &&
         request.getHeader(HttpHeaders.ORIGIN) != null &&
         request.getHeader(HttpHeaders.ACCESS_CONTROL_REQUEST_METHOD) != null);
}
```

在判断请求是否符合跨域请求时会做下面几个判断，下面三个判断都需要同时满足。

(1) 请求方式是 OPTIONS。

(2) 请求头中携带 ORIGIN 数据。

(3) 请求头中携带 Access-Control-Request-Method 数据。

关于这部分的模拟可以采用下面的请求方式。

```
OPTIONS http://localhost:8080/demo
Origin: "localhost"
Access - Control - Request - Method: GET
```

通过前文可以知道跨域配置会有两个来源，第一个来源是 handler 对象，第二个来源是请求对象，关于第一个来源的跨域配置对象如图 3.11 所示，关于第二个来源的跨域配置对象如图 3.12 所示。

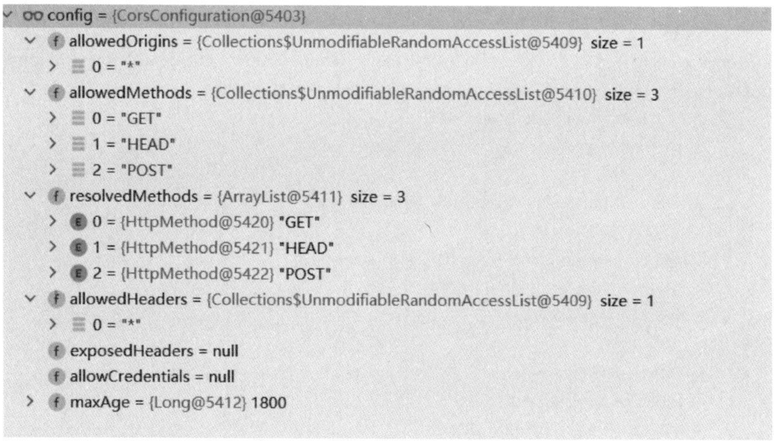

```
∨ oo config = {CorsConfiguration@5403}
    ∨ f allowedOrigins = {Collections$UnmodifiableRandomAccessList@5409} size = 1
        > ≡ 0 = "*"
    ∨ f allowedMethods = {Collections$UnmodifiableRandomAccessList@5410} size = 3
        > ≡ 0 = "GET"
        > ≡ 1 = "HEAD"
        > ≡ 2 = "POST"
    ∨ f resolvedMethods = {ArrayList@5411} size = 3
        > E 0 = {HttpMethod@5420} "GET"
        > E 1 = {HttpMethod@5421} "HEAD"
        > E 2 = {HttpMethod@5422} "POST"
    ∨ f allowedHeaders = {Collections$UnmodifiableRandomAccessList@5409} size = 1
        > ≡ 0 = "*"
      f exposedHeaders = null
      f allowCredentials = null
    > f maxAge = {Long@5412} 1800
```

图 3.11 第一个跨域配置信息

在得到两个跨域配置信息后会进行合并操作，合并后的对象如图 3.13 所示。

在得到跨域配置合并后的对象会将该对象放入 executionChain 对象中，放入后数据如图 3.14 所示。

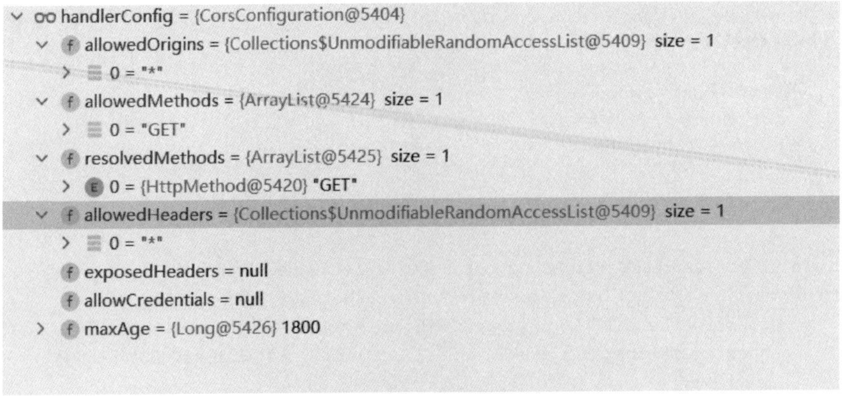

```
∨ oo handlerConfig = {CorsConfiguration@5404}
  ∨ f allowedOrigins = {Collections$UnmodifiableRandomAccessList@5409} size = 1
    > 0 = "*"
  ∨ f allowedMethods = {ArrayList@5424} size = 1
    > 0 = "GET"
  ∨ f resolvedMethods = {ArrayList@5425} size = 1
    > E 0 = {HttpMethod@5420} "GET"
  ∨ f allowedHeaders = {Collections$UnmodifiableRandomAccessList@5409} size = 1
    > 0 = "*"
    f exposedHeaders = null
    f allowCredentials = null
  > f maxAge = {Long@5426} 1800
```

图 3.12　第二个跨域配置信息

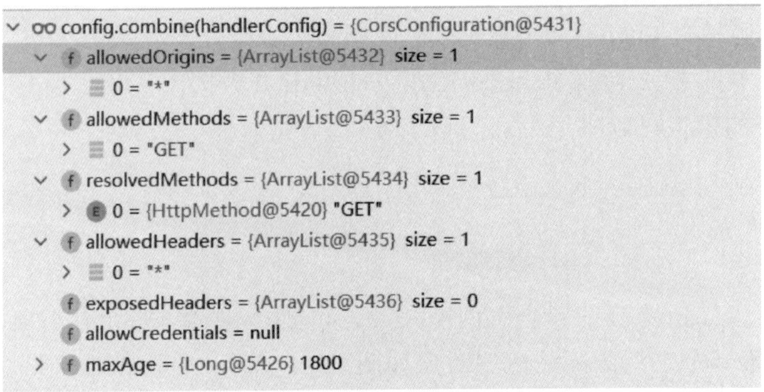

```
∨ oo config.combine(handlerConfig) = {CorsConfiguration@5431}
  ∨ f allowedOrigins = {ArrayList@5432} size = 1
    > 0 = "*"
  ∨ f allowedMethods = {ArrayList@5433} size = 1
    > 0 = "GET"
  ∨ f resolvedMethods = {ArrayList@5434} size = 1
    > E 0 = {HttpMethod@5420} "GET"
  ∨ f allowedHeaders = {ArrayList@5435} size = 1
    > 0 = "*"
    f exposedHeaders = {ArrayList@5436} size = 0
    f allowCredentials = null
  > f maxAge = {Long@5426} 1800
```

图 3.13　跨域配置合并后数据

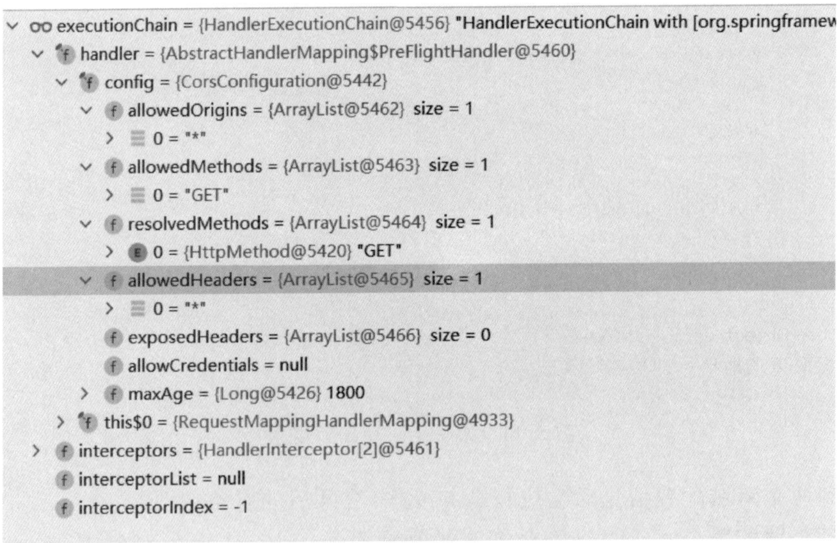

```
∨ oo executionChain = {HandlerExecutionChain@5456} "HandlerExecutionChain with [org.springframew
  ∨ f handler = {AbstractHandlerMapping$PreFlightHandler@5460}
    ∨ f config = {CorsConfiguration@5442}
      ∨ f allowedOrigins = {ArrayList@5462} size = 1
        > 0 = "*"
      ∨ f allowedMethods = {ArrayList@5463} size = 1
        > 0 = "GET"
      ∨ f resolvedMethods = {ArrayList@5464} size = 1
        > E 0 = {HttpMethod@5420} "GET"
      ∨ f allowedHeaders = {ArrayList@5465} size = 1
        > 0 = "*"
        f exposedHeaders = {ArrayList@5466} size = 0
        f allowCredentials = null
      > f maxAge = {Long@5426} 1800
    > f this$0 = {RequestMappingHandlerMapping@4933}
  > f interceptors = {HandlerInterceptor[2]@5461}
    f interceptorList = null
    f interceptorIndex = -1
```

图 3.14　executionChain 数据信息

3.3 AbstractUrlHandlerMapping 中的 HandlerMapping 分析

接下来将对另一种 Controller 的编写方式进行说明，编码方式为实现 Controller 接口。对这种方式的分析需要先编写一个 Controller 的实现类，实现类类名为 ControllerImpl，具体代码如下。

```
public class ControllerImpl implements Controller {
   @Override
    public  ModelAndView  handleRequest ( HttpServletRequest  request,  HttpServletResponse
response) throws Exception {
       ModelAndView modelAndView = new ModelAndView();
       modelAndView.setStatus(HttpStatus.OK);
       return modelAndView;
   }
}
```

完成实现类的编写后需要修改 SpringXML 文件，文件位于 spring-source-mvc-demo/src/main/webapp/WEB-INF/applicationContext.xml，向该文件添加如下内容。

```
<bean id="controllerImpl" class="com.source.hot.mvc.ctr.ControllerImpl"/>

<bean class="org.springframework.web.servlet.handler.SimpleUrlHandlerMapping">
   <property name="order" value="1"/>
   <property name="mappings">
      <value>
         /hello=controllerImpl
      </value>
   </property>
</bean>
```

完成上述代码编写后可以发送一个请求，请求为 http://localhost:8080/hello，此时就会进入 org.springframework.web.servlet.handler.AbstractUrlHandlerMapping#getHandlerInternal()方法，具体处理代码如下。

```
@Override
@Nullable
protected Object getHandlerInternal(HttpServletRequest request) throws Exception {
   //提取请求地址
   String lookupPath = getUrlPathHelper().getLookupPathForRequest(request);
   //设置请求地址
   request.setAttribute(LOOKUP_PATH, lookupPath);
   //查询 handler 对象
   Object handler = lookupHandler(lookupPath, request);
   if (handler == null) {
      Object rawHandler = null;
      //对于访问路径是 / 的处理
      if ("/".equals(lookupPath)) {
```

```
            //获取根 handler 对象
            rawHandler = getRootHandler();
        }
        //handler 还是空
        if (rawHandler == null) {
            //获取默认的 handler 对象
            rawHandler = getDefaultHandler();
        }
        //rawHandler 不为空
        if (rawHandler != null) {
            //类型是 String,从容器中获取
            if (rawHandler instanceof String) {
                String handlerName = (String) rawHandler;
                rawHandler = obtainApplicationContext().getBean(handlerName);
            }
            //验证 handler
            validateHandler(rawHandler, request);
            //构建 handler 对象
            handler = buildPathExposingHandler(rawHandler, lookupPath, lookupPath, null);
        }
    }
    return handler;
}
```

在上述方法中主要处理过程如下。

(1) 提取请求地址,将请求地址放入 request 的属性表中。

(2) 通过请求地址和请求对象搜索 handler 对象,如果搜索成功会直接放回,搜索失败会进入下面的操作。

① 确定 rawHandler 对象,首先会判断请求地址是否是"/",如果是,rawHandler 对象会采用根 handler 对象,如果此时获取 rawHandler 失败,会将默认的 handler 对象设置给 rawHandler 对象。

② 在确定完成 rawHandler 对象后会进行返回值对象的创建,在创建之前需要对 rawHandler 变量进行处理:当 rawHandler 类型是 String 时,从 Spring 容器中获取 Bean 实例;验证 rawHandler 对象,通过验证就会进行创建。

在上述方法中主要的处理方法有以下三个。

(1) lookupHandler():该方法是用来寻找对应的 handler 对象。

(2) validateHandler():该方法是用来进行 handler 对象的验证。

(3) buildPathExposingHandler():该方法用来创建 handler 对象。

接下来的分析将围绕上述三个处理方法展开。

3.3.1 lookupHandler()分析

接下来将对 AbstractUrlHandlerMapping#lookupHandler()方法进行分析,该方法的作用是通过 URL 找到对应的 handler 对象,在这个方法中可以分为三部分进行分析。下面是第一部分的处理代码。

```
Object handler = this.handlerMap.get(urlPath);
//不为空的处理情况
if (handler != null) {
    if (handler instanceof String) {
        String handlerName = (String) handler;
        handler = obtainApplicationContext().getBean(handlerName);
    }
    //验证 handler 对象
    validateHandler(handler, request);
    //创建 handler 对象
    return buildPathExposingHandler(handler, urlPath, urlPath, null);
}
```

在第一部分代码中会尝试从 handlerMap 容器中根据 URL 进行获取 handler 对象，可以先观察 handlerMap 的数据内容，具体信息如图 3.15 所示。

```
∨ oo handlerMap = {LinkedHashMap@4977} size = 1
  ∨ ≡ "/hello" -> {ControllerImpl@4988}
    > ≡ key = "/hello"
    ∨ ≡ value = {ControllerImpl@4988}
        Class has no fields
```

图 3.15 handlerMap 数据信息

在本例中可以发现 handlerMap 数据存在并且 value 并不是字符串，在这两个条件下会进行 handler 验证和 handler 对象创建，如果 handler 是字符串会进行对象创建(容器中获取)。接下来查看第二部分代码。

```
//URL 正则匹配集合
List<String> matchingPatterns = new ArrayList<>();
//循环处理 handlerMap 的 key 列表，将符合正则表达式的数据放入容器中
for (String registeredPattern : this.handlerMap.keySet()) {
    if (getPathMatcher().match(registeredPattern, urlPath)) {
        matchingPatterns.add(registeredPattern);
    }
    else if (useTrailingSlashMatch()) {
        if (!registeredPattern.endsWith("/") && getPathMatcher().match(registeredPattern +
"/", urlPath)) {
            matchingPatterns.add(registeredPattern + "/");
        }
    }
}
```

在第二部分代码中会进行 URL 路由匹配的处理，将符合路由匹配标准的数据放入 matchingPatterns 容器中，匹配类是 AntPathMatcher。

最后是第三部分代码的分析，在第二部分基础上会进行如下处理。

(1) 将 matchingPatterns 数据集合进行排序操作，获取第一个元素作为后续的推论

数据。

(2) 通过第一步得到推论数据(bestMatch 变量)后从 handlerMap 中获取 handler 对象。

(3) 处理 matchingPatterns 数量大于 1 的情况,进行 URL 比对,如果 URL 比对成功会将比较结果放入 uriTemplateVariables 容器。

(4) 创建返回对象。

上述 4 步对应的处理代码如下。

```
String bestMatch = null;
//第一步,容器排序
//创建 URL 比较器
Comparator<String> patternComparator = getPathMatcher().getPatternComparator(urlPath);
if (!matchingPatterns.isEmpty()) {
   matchingPatterns.sort(patternComparator);
   if (logger.isTraceEnabled() && matchingPatterns.size() > 1) {
      logger.trace("Matching patterns " + matchingPatterns);
   }
   bestMatch = matchingPatterns.get(0);
}
//需要进行匹配的对象存在的情况
if (bestMatch != null) {
   //第二步:通过最佳匹配的 URL 获取对应的 handler 对象
   handler = this.handlerMap.get(bestMatch);
   if (handler == null) {
      if (bestMatch.endsWith("/")) {
         handler = this.handlerMap.get(bestMatch.substring(0, bestMatch.length() - 1));
      }
      if (handler == null) {
         throw new IllegalStateException(
               "Could not find handler for best pattern match [" + bestMatch + "]");
      }
   }
   if (handler instanceof String) {
      String handlerName = (String) handler;
      handler = obtainApplicationContext().getBean(handlerName);
   }
   validateHandler(handler, request);
   String pathWithinMapping = getPathMatcher().extractPathWithinPattern(bestMatch,
urlPath);

   //第三步:matchingPatterns 数量超过 1 个的情况处理
   Map<String, String> uriTemplateVariables = new LinkedHashMap<>();
   for (String matchingPattern : matchingPatterns) {
      if (patternComparator.compare(bestMatch, matchingPattern) == 0) {
         Map<String, String> vars =
getPathMatcher().extractUriTemplateVariables(matchingPattern, urlPath);
         Map<String, String> decodedVars =
getUrlPathHelper().decodePathVariables(request, vars);
         uriTemplateVariables.putAll(decodedVars);
```

```
        }
    }
    if (logger.isTraceEnabled() && uriTemplateVariables.size() > 0) {
        logger.trace("URI variables " + uriTemplateVariables);
    }
    return buildPathExposingHandler(handler, bestMatch, pathWithinMapping,
uriTemplateVariables);
}
```

上述代码便是第三步操作的核心，在完成这个操作后 lookupHandler()方法执行完成。validateHandler()方法在 Spring MVC 中还是一个空方法，并未做处理。

3.3.2 buildPathExposingHandler()分析

接下来将对 org.springframework.web.servlet.handler.AbstractUrlHandlerMapping #buildPathExposingHandler()方法进行分析，该方法的作用是创建 HandlerExecutionChain 对象，具体创建代码如下。

```
protected Object buildPathExposingHandler(Object rawHandler, String bestMatchingPattern,
        String pathWithinMapping, @Nullable Map<String, String> uriTemplateVariables) {

    //通过 handler 对象创建 HandlerExecutionChain
    HandlerExecutionChain chain = new HandlerExecutionChain(rawHandler);
    //添加 PathExposingHandlerInterceptor 拦截器
    chain.addInterceptor(new PathExposingHandlerInterceptor(bestMatchingPattern,
pathWithinMapping));
    if (!CollectionUtils.isEmpty(uriTemplateVariables)) {
        //添加 UriTemplateVariablesHandlerInterceptor 拦截器
        chain.addInterceptor(new UriTemplateVariablesHandlerInterceptor
(uriTemplateVariables));
    }
    return chain;
}
```

在 buildPathExposingHandler()方法中主要目的是添加两个拦截器，第一个拦截器是 PathExposingHandlerInterceptor，第二个拦截器是 UriTemplateVariablesHandlerInterceptor。在添加完成拦截器后整体的处理流程也就告一段落了，下面将对 HandlerMapping 的初始化相关内容进行分析。

3.4 HandlerMapping 初始化

在 Spring MVC 中负责处理这段代码的方法是 org.springframework.web.servlet.DispatcherServlet#initHandlerMappings()，具体处理代码如下。

```
private void initHandlerMappings(ApplicationContext context) {
    this.handlerMappings = null;
```

```
    if (this.detectAllHandlerMappings) {
        Map<String, HandlerMapping> matchingBeans =
                BeanFactoryUtils.beansOfTypeIncludingAncestors(context, HandlerMapping.class,
true, false);
        if (!matchingBeans.isEmpty()) {
            this.handlerMappings = new ArrayList<>(matchingBeans.values());
            AnnotationAwareOrderComparator.sort(this.handlerMappings);
        }
    }
    else {
        try {
            HandlerMapping hm = context.getBean(HANDLER_MAPPING_BEAN_NAME, HandlerMapping.
class);
            this.handlerMappings = Collections.singletonList(hm);
        }
        catch (NoSuchBeanDefinitionException ex) {
        }
    }

    if (this.handlerMappings == null) {
        this.handlerMappings = getDefaultStrategies(context, HandlerMapping.class);
        if (logger.isTraceEnabled()) {
            logger.trace("No HandlerMappings declared for servlet '" + getServletName() +
                    "': using default strategies from DispatcherServlet.properties");
        }
    }
}
```

在这段代码中需要关注 detectAllHandlerMappings 变量的含义，该变量的数据类型是布尔值（boolean），当该数据为 true 时会在 Spring 容器中根据类型（类型是 HandlerMapping 接口）寻找存在的数据，当该数据为 false 时会在 Spring 容器中根据 BeanName 和类型获取一个唯一的 Bean。此外，如果通过上述两个获取操作还不能够获取数据，Spring MVC 会从 DispatcherServlet.properties 文件中读取数据，将这些数据进行实例化并交给 Spring 管理，在 Spring MVC 中关于 HandlerMapping 的默认配置如下。

```
org.springframework.web.servlet.HandlerMapping=org.springframework.web.servlet.handler.
BeanNameUrlHandlerMapping,\
    org.springframework.web.servlet.mvc.method.annotation.RequestMappingHandlerMapping,\
    org.springframework.web.servlet.function.support.RouterFunctionMapping
```

在 DispatcherServlet.properties 文件中可以看到三个类，这三个类会被存储在 org.springframework.web.servlet.DispatcherServlet#handlerMappings 中，这个数据会在 getHandler()方法调用时提供帮助。接下来将对上述三个类进行细节分析。

3.5 BeanNameUrlHandlerMapping 分析

接下来将对 BeanNameUrlHandlerMapping 类进行分析。首先需要观察类图，通过类图了解 BeanNameUrlHandlerMapping 对象的整体结构，类图如图 3.16 所示。

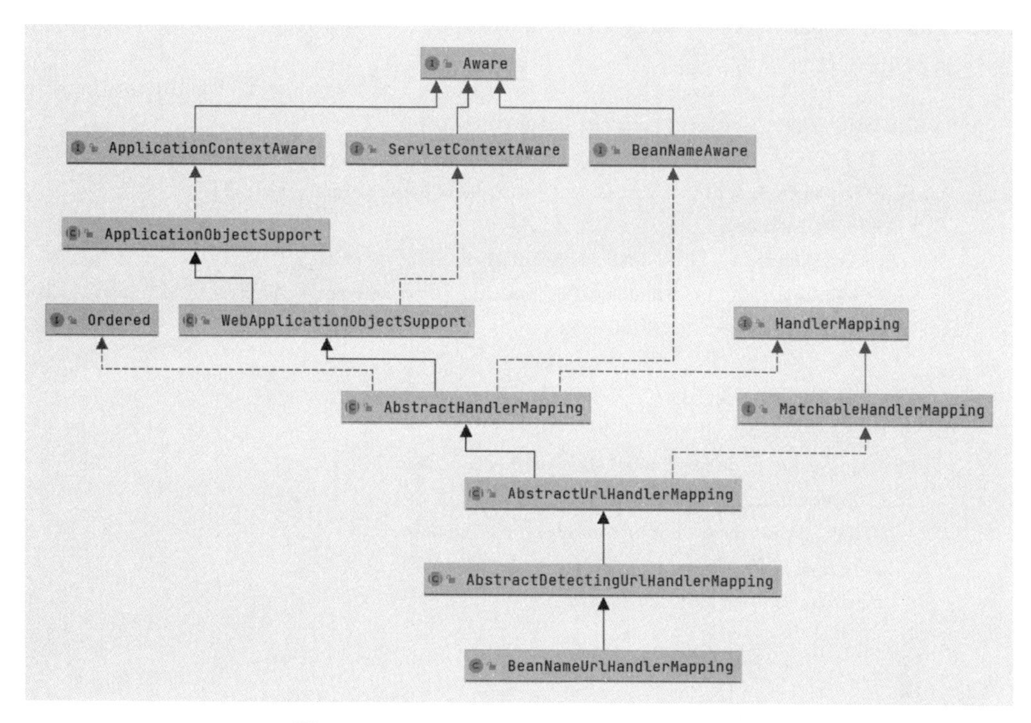

图 3.16 BeanNameUrlHandlerMapping 类图

在类图中需要关注的重点类有 AbstractDetectingUrlHandlerMapping 和 AbstractUrlHandlerMapping。下面从 BeanNameUrlHandlerMapping 类出发向上搜索从而找到这些类的处理逻辑，查看 BeanNameUrlHandlerMapping 类的代码，在 BeanNameUrlHandlerMapping 类中只有一个方法，该方法的具体代码如下。

```
@Override
protected String[] determineUrlsForHandler(String beanName) {
   //URL 列表
   List<String> urls = new ArrayList<>();
   if (beanName.startsWith("/")) {
      urls.add(beanName);
   }
   //获取 beanName 的别名
   String[] aliases = obtainApplicationContext().getAliases(beanName);
   for (String alias : aliases) {
      if (alias.startsWith("/")) {
         urls.add(alias);
      }
   }
   return StringUtils.toStringArray(urls);
}
```

在 determineUrlsForHandler()方法中其实是根据参数 beanName 在 Spring 容器中寻找带有斜杠的别名列表将这些数据放入返回结果集合中。分析完成 determineUrlsForHandler()方法后寻找它的调用位置，在父类 org.springframework.web.

servlet.handler.AbstractDetectingUrlHandlerMapping#detectHandlers()方法中会进行该方法的调用，具体处理方法如下。

```
protected void detectHandlers() throws BeansException {
   //提取上下文
   ApplicationContext applicationContext = obtainApplicationContext();
   //获取所有的 BeanName
   String[] beanNames = (this.detectHandlersInAncestorContexts ?
         BeanFactoryUtils.beanNamesForTypeIncludingAncestors(applicationContext, Object.
class) :applicationContext.getBeanNamesForType(Object.class));

   //循环处理 BeanName 找到以/开头的数据
   for (String beanName : beanNames) {
      String[] urls = determineUrlsForHandler(beanName);
      if (!ObjectUtils.isEmpty(urls)) {
         //URL paths found: Let's consider it a handler.
         //注册处理器
         registerHandler(urls, beanName);
      }
   }

   if ((logger.isDebugEnabled() && !getHandlerMap().isEmpty()) || logger.isTraceEnabled()) {
      logger.debug("Detected " + getHandlerMap().size() + " mappings in " +
formatMappingName());
   }
}
```

在 detectHandlers()方法中可以看到具体操作有下面两个。

(1) 从 Spring 容器中获取所有的 BeanName。

(2) 对 BeanName 集合进行处理，如果 BeanName 是以斜杠("/")字符串开头的就会被采集并进行注册操作。

在 detectHandlers()方法中需要关注 registerHandler()方法，该方法的作用是进行注册，具体处理方法如下。

```
protected void registerHandler(String[] urlPaths, String beanName) throws BeansException,
IllegalStateException {
   Assert.notNull(urlPaths, "URL path array must not be null");
   for (String urlPath : urlPaths) {
      registerHandler(urlPath, beanName);
   }
}
```

在上述代码中可以看到同名方法 registerHandler()，这个方法才是最终进行单个 URL 和 handler 的注册核心。做完上述分析后接下来将对这段代码进行测试用例模拟，首先编写 HttpRequestHandler 接口的实现类，具体代码如下。

```
public class HttpRequestHandlerFirst implements HttpRequestHandler {
   @Override
```

```
    public void handleRequest(HttpServletRequest request, HttpServletResponse response) throws
ServletException, IOException {
        PrintWriter writer = response.getWriter();
        writer.write("HttpRequestHandlerFirst");
    }
}
```

在完成实现类编写后将其注册到 Spring 容器中，修改 applicationContext. xml 文件添加如下代码。

```
<bean name = "/hrh"
class = "com.source.hot.mvc.httpRequestHandler.HttpRequestHandlerFirst" />
```

完成测试环境搭建后进行调试，首先关注 beanNames 数据，信息如图 3.17 所示。

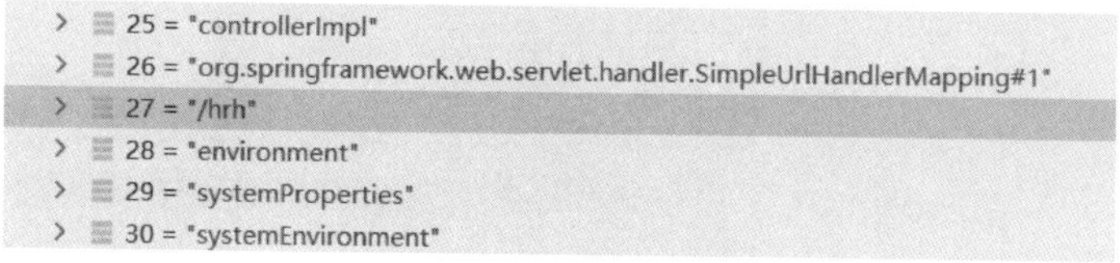

```
> 25 = "controllerImpl"
> 26 = "org.springframework.web.servlet.handler.SimpleUrlHandlerMapping#1"
> 27 = "/hrh"
> 28 = "environment"
> 29 = "systemProperties"
> 30 = "systemEnvironment"
```

图 3.17　beanNames 数据集合

从图 3.17 中可以看到"/hrh"信息，这个数据是需要持续关注的数据，在 handlerMap 中这个信息也会出现，详细信息如图 3.18 所示。

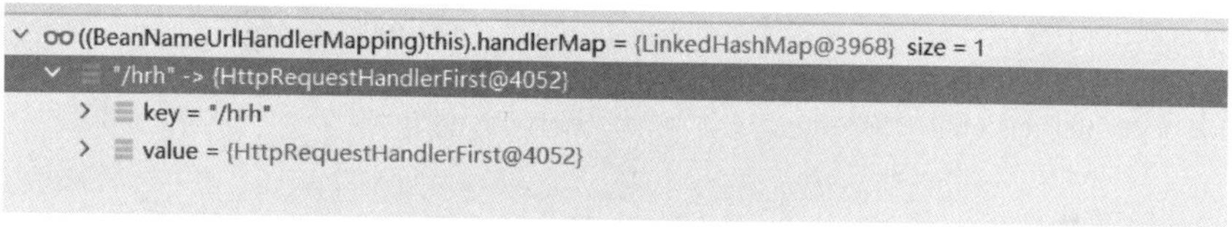

```
∨ oo ((BeanNameUrlHandlerMapping)this).handlerMap = {LinkedHashMap@3968} size = 1
  ∨ "/hrh" -> {HttpRequestHandlerFirst@4052}
    > key = "/hrh"
    > value = {HttpRequestHandlerFirst@4052}
```

图 3.18　hrh 在 handlerMap 中的数据信息

从图 3.18 可以发现"/hrh"和 HttpRequestHandlerFirst 对象的关系已经建立完成。类 BeanNameUrlHandlerMapping 的处理目标是将 BeanName 以"/"开头的数据提取，提取内容包括 BeanName 和别名列表，将 BeanName 和别名列表及对应的 Bean 进行绑定，数据存储在 handlerMap 中。

3.6　RequestMappingHandlerMapping 分析

接下来对 RequestMappingHandlerMapping 类进行分析，首先需要阅读它的类图，具体类图如图 3.19 所示。

在 RequestMappingHandlerMapping 的类图中需要重点关注的类是 InitializingBean，下面将对该接口的实现方法进行分析，首先查看 RequestMappingHandlerMapping 类的实现方法，具体代码如下。

```
@Override
public void afterPropertiesSet() {
    this.config = new RequestMappingInfo.BuilderConfiguration();
```

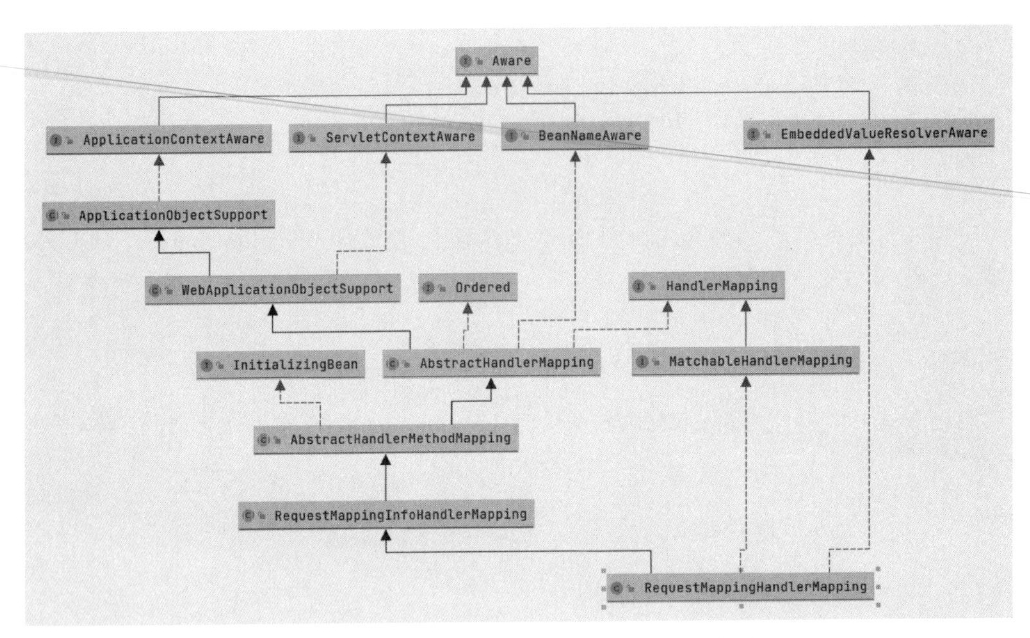

图 3.19　RequestMappingHandlerMapping 类图

```
    this.config.setUrlPathHelper(getUrlPathHelper());
    this.config.setPathMatcher(getPathMatcher());
    this.config.setSuffixPatternMatch(this.useSuffixPatternMatch);
    this.config.setTrailingSlashMatch(this.useTrailingSlashMatch);
    this.config.setRegisteredSuffixPatternMatch(this.useRegisteredSuffixPatternMatch);
    this.config.setContentNegotiationManager(getContentNegotiationManager());
    super.afterPropertiesSet();
}
```

在 RequestMappingHandlerMapping 类中对于 InitializingBean 接口的实现主要目的是初始化 config 对象，初始化的内容有下面 6 个。

(1) UrlPathHelper：URL 地址解析器。

(2) PathMatcher：地址匹配器。

(3) suffixPatternMatch：是否使用后缀模式匹配，假设现在有一个地址是"/test"，将该数据设置为 true 会将"/test.a"和"/test.b"映射到"/test"中，如果设置为 false 则不会进行映射。

(4) trailingSlashMatch：设置路径后是否包含"/"，假设现在有一个地址是"/test"，将该数据设置为 true 会处理"/test"和"/test/"的请求，如果设置为 false 则只会处理"/test"请求。

(5) registeredSuffixPatternMatch：是否使用注册的后缀匹配。

(6) ContentNegotiationManager：内容协商管理器。

如果需要进行上述数据的设置可以参考下面的配置信息进行自定义设置。

```
<mvc:annotation-driven>
    <mvc:path-matching path-helper="" path-matcher="" registered-suffixes-only="" 、
suffix-pattern="" trailing-slash=""/>
```

```
</mvc:annotation-driven>
```

在介绍了 config 的初始化内容后下面需要关注此时配置对象的数据内容，如图 3.20 所示。

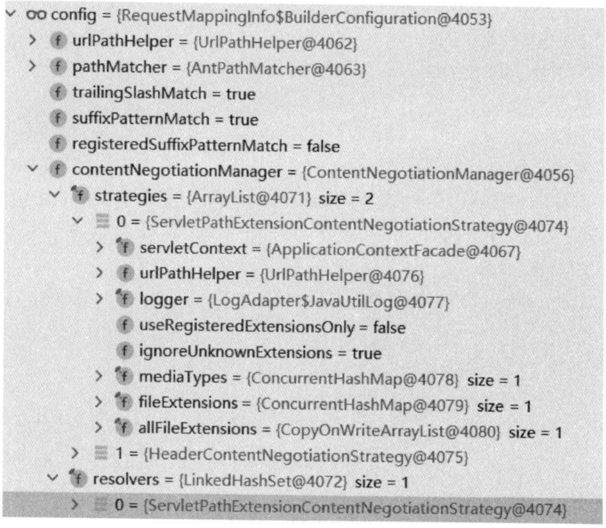

```
∨ oo config = {RequestMappingInfo$BuilderConfiguration@4053}
  > f urlPathHelper = {UrlPathHelper@4062}
  > f pathMatcher = {AntPathMatcher@4063}
    f trailingSlashMatch = true
    f suffixPatternMatch = true
    f registeredSuffixPatternMatch = false
  ∨ f contentNegotiationManager = {ContentNegotiationManager@4056}
    ∨ f strategies = {ArrayList@4071} size = 2
      ∨ ≡ 0 = {ServletPathExtensionContentNegotiationStrategy@4074}
        > f servletContext = {ApplicationContextFacade@4067}
        > f urlPathHelper = {UrlPathHelper@4076}
        > f logger = {LogAdapter$JavaUtilLog@4077}
          f useRegisteredExtensionsOnly = false
          f ignoreUnknownExtensions = true
        > f mediaTypes = {ConcurrentHashMap@4078} size = 1
        > f fileExtensions = {ConcurrentHashMap@4079} size = 1
        > f allFileExtensions = {CopyOnWriteArrayList@4080} size = 1
      > ≡ 1 = {HeaderContentNegotiationStrategy@4075}
    ∨ f resolvers = {LinkedHashSet@4072} size = 1
      > ≡ 0 = {ServletPathExtensionContentNegotiationStrategy@4074}
```

图 3.20　RequestMappingInfo 配置信息

在完成 config 的配置信息处理后就会进入父类的处理方法中，父类的处理方法如下。

```
@Override
public void afterPropertiesSet() {
   initHandlerMethods();
}
protected void initHandlerMethods() {
    for (String beanName : getCandidateBeanNames()) {
        if (!beanName.startsWith(SCOPED_TARGET_NAME_PREFIX)) {
            processCandidateBean(beanName);
        }
    }
    handlerMethodsInitialized(getHandlerMethods());
}
```

在父类 AbstractHandlerMethodMapping 中的处理核心是 initHandlerMethod()方法，该方法会将 handlerMethod 对象进行初始化，具体存储的地方是 org.springframework.web.servlet.handler.AbstractHandlerMethodMapping.MappingRegistry 对象。在 initHandlerMethods()的处理过程中分为下面两个操作步骤。

（1）提取容器中存在的 Bean 对象，如果 BeanName 不是以"scopedTarget."开头的会进行单个对象的处理操作，具体操作是 processCandidateBean()方法负责。

（2）handlerMethodsInitialized()方法执行，该方法的主要目的是进行日志输出。

下面将对 processCandidateBean 方法进行分析，具体处理代码如下。

```
protected void processCandidateBean(String beanName) {
   Class<?> beanType = null;
```

```
    try {
        //获取 BeanName 对应的 Bean 类型
        beanType = obtainApplicationContext().getType(beanName);
    }
    catch (Throwable ex) {
        if (logger.isTraceEnabled()) {
            logger.trace("Could not resolve type for bean '" + beanName + "'", ex);
        }
    }
    //判断类型是否是 handler 对象
    //主要判断是否具备 Controller 或者 RequestMapping 注解
    if (beanType != null && isHandler(beanType)) {
        //确定 handlerMethod
        detectHandlerMethods(beanName);
    }
}
```

在 processCandidateBean()方法中核心方法是 detectHandlerMethods()，在执行 detectHandlerMethods()方法之前需要对数据进行判断，判断内容有两个。

(1) 判断 beanName 对应的 beanType 是否存在。

(2) 判断 beanType 是否是 handler 对象。

第二个判断的处理方法是 isHandler()，具体实现类是 RequestMappingHandlerMapping，详细代码如下。

```
@Override
protected boolean isHandler(Class<?> beanType) {
    return (AnnotatedElementUtils.hasAnnotation(beanType, Controller.class) ||
            AnnotatedElementUtils.hasAnnotation(beanType, RequestMapping.class));
}
```

在 isHandler()方法中可以确定判断依据是类是否包含 Controller 和 RequestMapping 的其中一个注解，只要存在一个就会返回 true。当通过两个判断内容后会执行 detectHandlerMethods()方法，下面将对该方法进行分析，首先查看源代码。

```
protected void detectHandlerMethods(Object handler) {
    //获取 handler 的类型
    Class<?> handlerType = (handler instanceof String ?
            obtainApplicationContext().getType((String) handler) : handler.getClass());

    if (handlerType != null) {
        //反射加载类
        Class<?> userType = ClassUtils.getUserClass(handlerType);
        Map<Method, T> methods = MethodIntrospector.selectMethods(userType,
                (MethodIntrospector.MetadataLookup<T>) method -> {
                    try {
                        //处理单个 method
                        return getMappingForMethod(method, userType);
                    }
                    catch (Throwable ex) {
```

```
                throw new IllegalStateException("Invalid mapping on handler class [" +
                        userType.getName() + "]: " + method, ex);
            }
        });
        if (logger.isTraceEnabled()) {
            logger.trace(formatMappings(userType, methods));
        }
        //进行 handlerMethod 注册
        methods.forEach((method, mapping) -> {
            Method invocableMethod = AopUtils.selectInvocableMethod(method, userType);
            registerHandlerMethod(handler, invocableMethod, mapping);
        });
    }
}
```

在 detectHandlerMethods()方法处理中有三大部分处理。

(1) 获取 handler 的类型，获取方式是从 Spring 容器中获取或者直接获取类数据。

(2) 处理 handler 对象中的每个方法，将方法转换成 RequestMappingInfo 对象。

(3) 将第二部分得到的数据进行注册。

在第二部分中需要关注的方法是 getMappingForMethod()，具体处理代码如下。

```
@Override
@Nullable
protected RequestMappingInfo getMappingForMethod(Method method, Class<?>
handlerType) {
    //创建 method 对应的 RequestMappingInfo
    RequestMappingInfo info = createRequestMappingInfo(method);
    if (info != null) {
        //handler 类的数据处理
        RequestMappingInfo typeInfo = createRequestMappingInfo(handlerType);
        if (typeInfo != null) {
            //类数据和方法数据整合
            info = typeInfo.combine(info);
        }
        //前缀处理
        String prefix = getPathPrefix(handlerType);
        if (prefix != null) {
            info =
RequestMappingInfo.paths(prefix).options(this.config).build().combine(info);
        }
    }
    return info;
}
```

在 getMappingForMethod()方法中主要处理目标有以下三个。

(1) method 的处理。

(2) 类本身的处理。

(3) URL 前缀的处理。

首先查看 method 的处理和类本身的处理，在 Spring MVC 中对于这两种数据的处理都是交给 createRequestMappingInfo()方法进行，具体处理代码如下。

```
@Nullable
private RequestMappingInfo createRequestMappingInfo(AnnotatedElement element) {
    //提取 RequestMapping 注解数据
    RequestMapping requestMapping =
AnnotatedElementUtils.findMergedAnnotation(element, RequestMapping.class);
    //提取 RequestCondition 数据
    RequestCondition<?> condition = (element instanceof Class ?
                                getCustomTypeCondition((Class<?>) element) :
getCustomMethodCondition((Method) element));
    //创建对象
    return (requestMapping != null ? createRequestMappingInfo(requestMapping,
condition) : null);
}
```

在 createRequestMappingInfo()方法中主要目的是创建 RequestMappingInfo 对象，创建步骤分为下面三个操作。

(1) 获取 RequestMapping 注解数据，可以提取类也可以提取方法上的数据。

(2) 获取 RequestCondition 接口，目前获取得到的数据为 null，getCustomTypeCondition()方法和 getCustomMethodCondition()方法返回值都为 null。

(3) 创建 RequestMappingInfo 对象。

方法 createRequestMappingInfo()的具体代码如下。

```
protected RequestMappingInfo createRequestMappingInfo(
      RequestMapping requestMapping, @Nullable RequestCondition<?>
customCondition) {

   RequestMappingInfo.Builder builder = RequestMappingInfo
         .paths(resolveEmbeddedValuesInPatterns(requestMapping.path()))
         .methods(requestMapping.method())
         .params(requestMapping.params())
         .headers(requestMapping.headers())
         .consumes(requestMapping.consumes())
         .produces(requestMapping.produces())
         .mappingName(requestMapping.name());
   if (customCondition != null) {
      builder.customCondition(customCondition);
   }
   return builder.options(this.config).build();
}
```

在对 createRequestMappingInfo()方法的处理进行了解后，将进入到实际对象的处理操作，本例的测试类代码如下。

```
@RestController
public class HandleNoMatchController {
   @RequestMapping(value = "/getMapping", method = RequestMethod.GET)
   public String getMapping() {
      return "data";
```

```
    }
}
```

在 getMappingForMethod()方法中首先处理的是 method，对应到 HandleNoMatchController 类中的方法是 getMapping()，它的处理结果如图 3.21 所示。

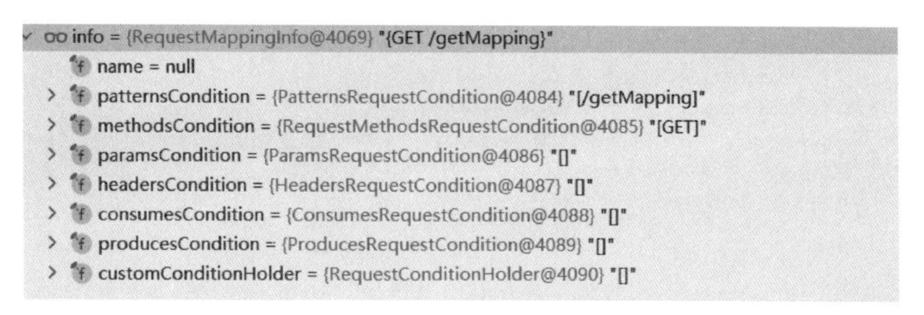

图 3.21　RequestMappingInfo 数据信息

从图 3.21 中可以发现，RequestMapping 注解的数据都已经转换成功，下面查看类的处理结果，具体信息如图 3.22 所示。

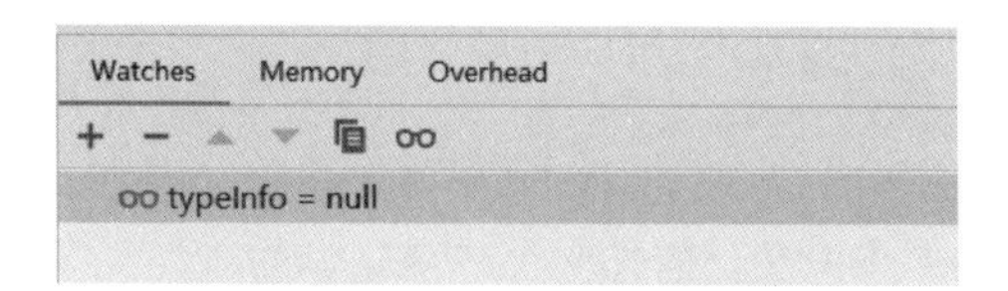

图 3.22　typeInfo 数据信息

从图 3.22 中可以发现，类的 RequestMappingInfo 数据为空，如果需要出现数据可以在类上添加 RequestMapping 注解，修改后代码如下。

```
@RestController
@RequestMapping("/demo")
public class HandleNoMatchController {
    @RequestMapping(value = "/getMapping", method = RequestMethod.GET)
    public String getMapping() {
        return "data";
    }
}
```

通过上述代码编辑后的 typeInfo 数据信息如图 3.23 所示。

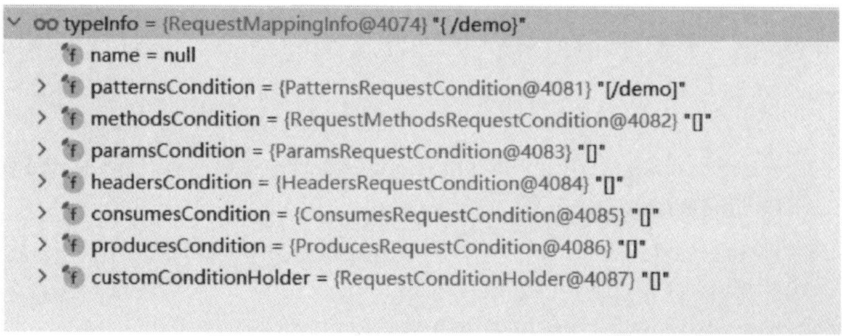

typeInfo = {RequestMappingInfo@4074} "{ /demo}"
name = null
patternsCondition = {PatternsRequestCondition@4081} "[/demo]"
methodsCondition = {RequestMethodsRequestCondition@4082} "[]"
paramsCondition = {ParamsRequestCondition@4083} "[]"
headersCondition = {HeadersRequestCondition@4084} "[]"
consumesCondition = {ConsumesRequestCondition@4085} "[]"
producesCondition = {ProducesRequestCondition@4086} "[]"
customConditionHolder = {RequestConditionHolder@4087} "[]"

图 3.23　编辑后的 typeInfo 对象

在经过编辑(修改 Controller 代码)后会进行 typeInfo 的合并操作,合并后数据信息如图 3.24 所示。

```
∨ oo info = {RequestMappingInfo@4073} "{GET /demo/getMapping}"
    name = null
  > patternsCondition = {PatternsRequestCondition@4096} "[/demo/getMapping]"
  > methodsCondition = {RequestMethodsRequestCondition@4097} "[GET]"
  > paramsCondition = {ParamsRequestCondition@4098} "[]"
  > headersCondition = {HeadersRequestCondition@4099} "[]"
  > consumesCondition = {ConsumesRequestCondition@4085} "[]"
  > producesCondition = {ProducesRequestCondition@4086} "[]"
  > customConditionHolder = {RequestConditionHolder@4100} "[]"
```

图 3.24　合并后的 typeInfo 对象

通过对图 3.24 的观察可以将合并操作简单理解为各个数据的相加操作。最后还需要进行 URL 前缀的处理,URL 前缀的处理也是对 URL 字符串的相加操作,在这些数据处理完成后将 info 对象返回完成处理。下面将进入 handler 注册操作,具体处理代码如下。

```
methods.forEach((method, mapping) -> {
   //获取执行方法,
   Method invocableMethod = AopUtils.selectInvocableMethod(method, userType);
   registerHandlerMethod(handler, invocableMethod, mapping);
});
```

上述代码有两个处理操作,第一个操作是获取 method,注意这个 method 并不一定是原始 method,有可能是代理对象的 method;第二个操作是进行注册,具体方法是 registerHandlerMethod(),该方法有两个实现类,第一个实现类是 AbstractHandlerMethodMapping,第二个实现类是 RequestMappingHandlerMapping。首先对 RequestMappingHandlerMapping 类的处理进行分析,下面是具体处理代码。

```
@Override
protected void registerHandlerMethod (Object handler, Method method, RequestMappingInfo
mapping) {
   super.registerHandlerMethod(handler, method, mapping);
   updateConsumesCondition(mapping, method);
}
```

从上述代码可以看到它需要执行父类方法和 updateConsumesCondition()方法,先关注 updateConsumesCondition()方法的处理内容,再关注父类的处理。updateConsumesCondition()方法代码如下。

```
private void updateConsumesCondition(RequestMappingInfo info, Method method) {
   //提取 ConsumesRequestCondition 数据
   ConsumesRequestCondition condition = info.getConsumesCondition();
   if (!condition.isEmpty()) {
      for (Parameter parameter : method.getParameters()) {
         //提取参数的 RequestBody 注解
         MergedAnnotation<RequestBody> annot =
MergedAnnotations.from(parameter).get(RequestBody.class);
```

```
            if (annot.isPresent()) {
                //设置是否必填
                condition.setBodyRequired(annot.getBoolean("required"));
                break;
            }
        }
    }
}
```

对于上述代码的调试需要用到下面的代码。

```
@PostMapping(value = "/postMapping/",
             consumes = {MediaType.APPLICATION_JSON_VALUE},
             produces = {"text/plain"}
            )
public Object postMapping(
    @RequestBody(required = false) Map<String, String> map
) {
    return "";
}
```

上述代码对应的 RequestMappingInfo 对象数据如图 3.25 所示。

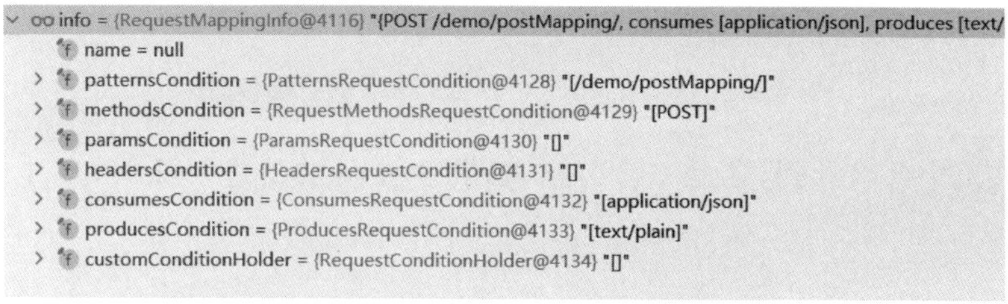

```
∨ info = {RequestMappingInfo@4116} "{POST /demo/postMapping/, consumes [application/json], produces [text/
    name = null
  > patternsCondition = {PatternsRequestCondition@4128} "[/demo/postMapping/]"
  > methodsCondition = {RequestMethodsRequestCondition@4129} "[POST]"
  > paramsCondition = {ParamsRequestCondition@4130} "[]"
  > headersCondition = {HeadersRequestCondition@4131} "[]"
  > consumesCondition = {ConsumesRequestCondition@4132} "[application/json]"
  > producesCondition = {ProducesRequestCondition@4133} "[text/plain]"
  > customConditionHolder = {RequestConditionHolder@4134} "[]"
```

图 3.25 postMapping()方法对应的 info 数据

了解 RequestMappingInfo 对象后关注 updateConsumesCondition()方法中 condition 的数据值，它其实是 info 的一个数据结点，在这个方法中会处理该数据结点下的 bodyRequired 属性，具体处理方式是获取当前方法(postMapping())上参数的 RequestBody 注解，将注解中的 required 数据提取并赋值给 bodyRequired 数据，从而使 RequestMappingInfo 属性得到修改，postMapping()方法处理前的数据信息如图 3.26 所示。

经过 postMapping()方法处理后的数据信息如图 3.27 所示。

通过观察执行 updateConsumesCondition()方法时 RequestMappingInfo 的数据变化可以确定 updateConsumesCondition()方法的作用是根据 Controller 方法的参数进行数据修正，修正的数据是 ConsumesRequestCondition # bodyRequired。接下来回到方法 registerHandlerMethod()中查看父类 AbstractHandlerMethodMapping 的处理，具体代码如下。

```
protected void registerHandlerMethod(Object handler, Method method, T mapping) {
    this.mappingRegistry.register(mapping, handler, method);
}
```

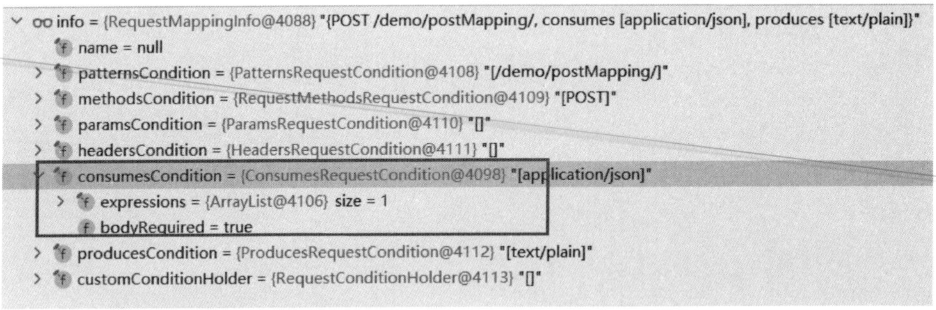

```
∨ oo info = {RequestMappingInfo@4088} "{POST /demo/postMapping/, consumes [application/json], produces [text/plain]}"
    name = null
  > patternsCondition = {PatternsRequestCondition@4108} "[/demo/postMapping/]"
  > methodsCondition = {RequestMethodsRequestCondition@4109} "[POST]"
  > paramsCondition = {ParamsRequestCondition@4110} "[]"
  > headersCondition = {HeadersRequestCondition@4111} "[]"
  ∨ consumesCondition = {ConsumesRequestCondition@4098} "[application/json]"
    > expressions = {ArrayList@4106} size = 1
      bodyRequired = true
  > producesCondition = {ProducesRequestCondition@4112} "[text/plain]"
  > customConditionHolder = {RequestConditionHolder@4113} "[]"
```

图 3.26 postMapping()方法处理前的数据信息

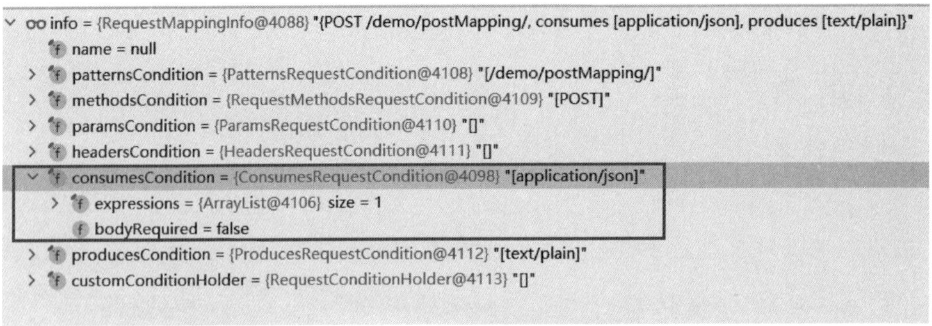

```
∨ oo info = {RequestMappingInfo@4088} "{POST /demo/postMapping/, consumes [application/json], produces [text/plain]}"
    name = null
  > patternsCondition = {PatternsRequestCondition@4108} "[/demo/postMapping/]"
  > methodsCondition = {RequestMethodsRequestCondition@4109} "[POST]"
  > paramsCondition = {ParamsRequestCondition@4110} "[]"
  > headersCondition = {HeadersRequestCondition@4111} "[]"
  ∨ consumesCondition = {ConsumesRequestCondition@4098} "[application/json]"
    > expressions = {ArrayList@4106} size = 1
      bodyRequired = false
  > producesCondition = {ProducesRequestCondition@4112} "[text/plain]"
  > customConditionHolder = {RequestConditionHolder@4113} "[]"
```

图 3.27 postMapping()方法处理后的数据信息

从上述代码中可以看到，这是一个方法调用，主要目的是进行注册，具体的注册方法如下。

```
public void register(T mapping, Object handler, Method method) {
   if (KotlinDetector.isKotlinType(method.getDeclaringClass()) &&
KotlinDelegate.isSuspend(method)) {
      throw new IllegalStateException("Unsupported suspending handler method detected: " +
method);
   }
   this.readWriteLock.writeLock().lock();
   try {
      //handler method 创建
      HandlerMethod handlerMethod = createHandlerMethod(handler, method);
      //验证 method mapping
      validateMethodMapping(handlerMethod, mapping);
      //放入缓存
      this.mappingLookup.put(mapping, handlerMethod);

      //通过 requestMappingInfo 找到 url
      List<String> directUrls = getDirectUrls(mapping);
      for (String url : directUrls) {
         this.urlLookup.add(url, mapping);
      }

      String name = null;
```

```
        if (getNamingStrategy() != null) {
            //获取名字
            //类名#方法名
            name = getNamingStrategy().getName(handlerMethod, mapping);
            //设置 handlerMethod + name 的关系
            addMappingName(name, handlerMethod);
        }

         //跨域配置信息处理
        CorsConfiguration corsConfig = initCorsConfiguration(handler, method, mapping);
        if (corsConfig != null) {
            this.corsLookup.put(handlerMethod, corsConfig);
        }

        this.registry.put(mapping, new MappingRegistration<>(mapping, handlerMethod,
directUrls, name));
    }
    finally {
        this.readWriteLock.writeLock().unlock();
    }
}
```

在这个方法中主要操作的数据对象有 4 个，分别是 mappingLookup、urlLookup、corsLookup 和 registry。下面对这 4 个对象进行说明。

（1）mappingLookup 对象是 Map 结构，key 表示 mapping 对象，value 表示处理对象，在本例中 key 是 RequestMappingInfo 对象，value 是 Controller 中的某一个方法。具体数据如图 3.28 所示。

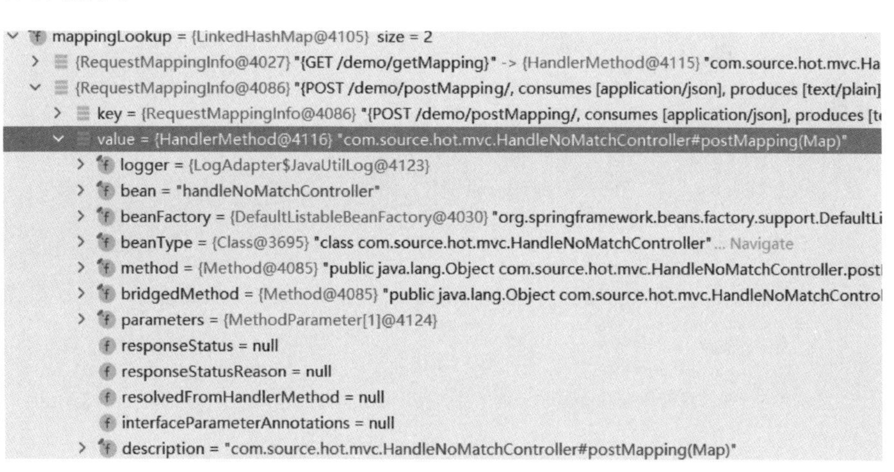

图 3.28 mappingLookup 对象信息

（2）urlLookup 对象是 Map 结构，key 表示 URL，value 表示 mapping 对象，本例中 key 是具体的 URL 值“/demo/postMapping/”，value 是 RequestMappingInfo 对象，具体数据如图 3.29 所示。

（3）corsLookup 对象是 Map 结构，key 表示处理方法（Controller 中的某个方法），value 表示跨域配置，本例中没有进行跨域注解的使用，因此数据不存在。如果需要看到跨域数

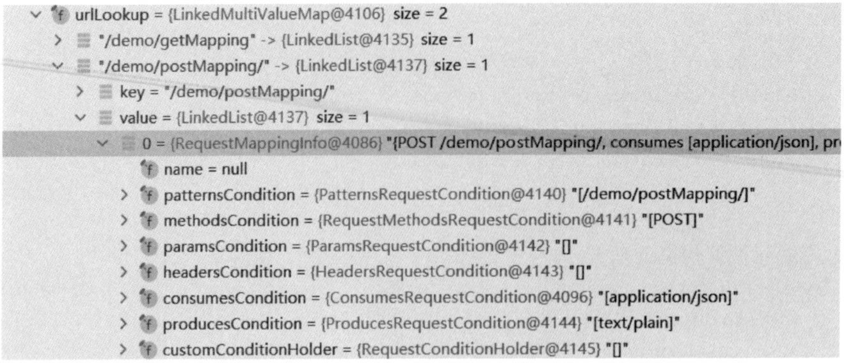

```
urlLookup = {LinkedMultiValueMap@4106} size = 2
  "/demo/getMapping" -> {LinkedList@4135} size = 1
  "/demo/postMapping/" -> {LinkedList@4137} size = 1
    key = "/demo/postMapping/"
    value = {LinkedList@4137} size = 1
      0 = {RequestMappingInfo@4086} "{POST /demo/postMapping/, consumes [application/json], pr
        name = null
        patternsCondition = {PatternsRequestCondition@4140} "[/demo/postMapping/]"
        methodsCondition = {RequestMethodsRequestCondition@4141} "[POST]"
        paramsCondition = {ParamsRequestCondition@4142} "[]"
        headersCondition = {HeadersRequestCondition@4143} "[]"
        consumesCondition = {ConsumesRequestCondition@4096} "[application/json]"
        producesCondition = {ProducesRequestCondition@4144} "[text/plain]"
        customConditionHolder = {RequestConditionHolder@4145} "[]"
```

图 3.29　urlLookup 对象信息

据，可以在 method 上添加@CrossOrigin 注解，具体代码如下。

```
@PostMapping(value = "/postMapping/",
        consumes = {MediaType.APPLICATION_JSON_VALUE},
        produces = {"text/plain"}
)
@CrossOrigin
public Object postMapping(
        @RequestBody(required = false) Map<String, String> map
) {
    return "";
}
```

当具备跨域注解标记后，此时 corsLookup 数据信息如图 3.30 所示。

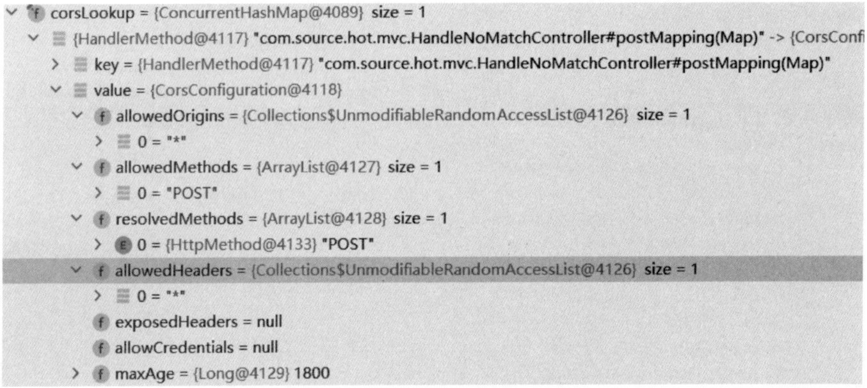

```
corsLookup = {ConcurrentHashMap@4089} size = 1
  {HandlerMethod@4117} "com.source.hot.mvc.HandleNoMatchController#postMapping(Map)" -> {CorsConfi
    key = {HandlerMethod@4117} "com.source.hot.mvc.HandleNoMatchController#postMapping(Map)"
    value = {CorsConfiguration@4118}
      allowedOrigins = {Collections$UnmodifiableRandomAccessList@4126} size = 1
        0 = "*"
      allowedMethods = {ArrayList@4127} size = 1
        0 = "POST"
      resolvedMethods = {ArrayList@4128} size = 1
        0 = {HttpMethod@4133} "POST"
      allowedHeaders = {Collections$UnmodifiableRandomAccessList@4126} size = 1
        0 = "*"
      exposedHeaders = null
      allowCredentials = null
      maxAge = {Long@4129} 1800
```

图 3.30　corsLookup 对象信息

（4）registry 对象是 Map 结构，key 表示 mapping 对象，value 表示 MappingRegistration 对象，本例中的数据信息如图 3.31 所示。

介绍完成 4 个对象的信息后查看 4 个对象在 MappingRegistry 对象中的相关定义，具体代码如下。

```
class MappingRegistry {
```

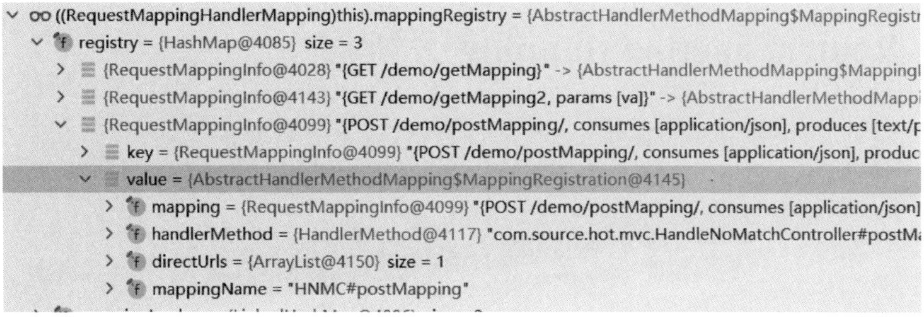

图 3.31 registry 对象信息

```
/**
  * key:mapping
  * value: mapping registration
  */
private final Map<T, MappingRegistration<T>> registry = new HashMap<>();

/**
  * key: mapping
  * value: handlerMethod
  */
private final Map<T, HandlerMethod> mappingLookup = new LinkedHashMap<>();

/**
  * key: url
  * value: list mapping
  */
private final MultiValueMap<String, T> urlLookup = new LinkedMultiValueMap<>();

/**
  * key: name
  * value: handler method
  */
  private final Map<String, List<HandlerMethod>> nameLookup = new
ConcurrentHashMap<>();

 /**
  * key:handler method
  * value: 跨域配置
  */
 private final Map<HandlerMethod, CorsConfiguration> corsLookup = new
ConcurrentHashMap<>();
}
```

在 AbstractHandlerMethodMapping 类中的 registerHandlerMethod 方法操作目的是设置 MappingRegistry 对象的数据内容。至此对 RequestMappingHandlerMapping 类的核心处理方法分析完毕。

3.7 RouterFunctionMapping 分析

下面将对 RouterFunctionMapping 类进行分析，首先查看它的类图，具体信息如图 3.32 所示。

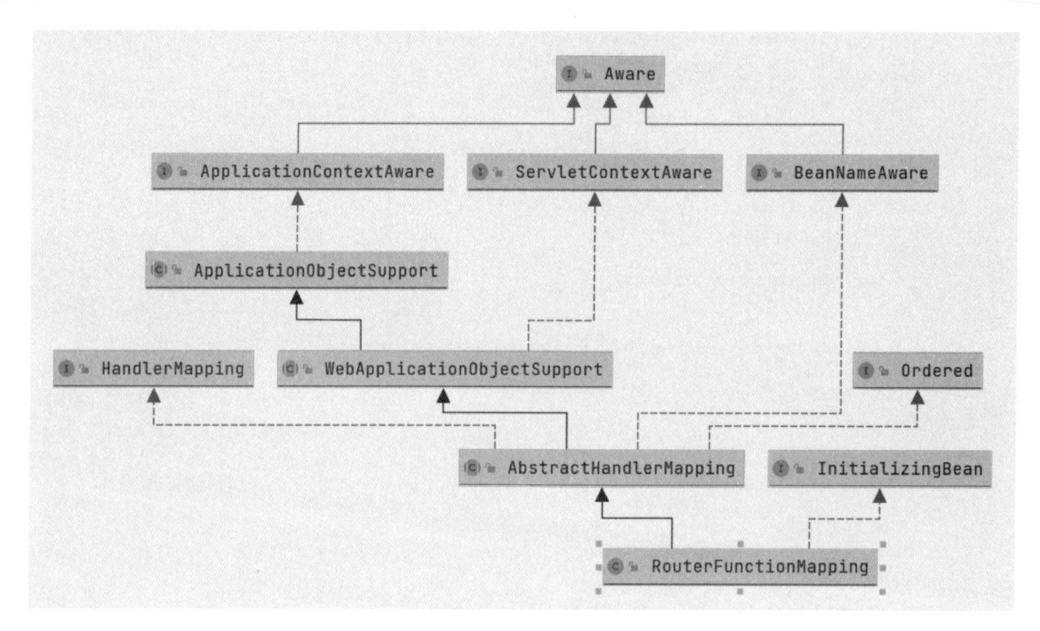

图 3.32 RouterFunctionMapping 类图

从类图上可以看到它实现了 InitializingBean 接口，第一个重点分析目标就是该接口的实现方法，具体实现代码如下。

```
@Override
public void afterPropertiesSet() throws Exception {
   if (this.routerFunction == null) {
      //初始化 routerFunction 对象
      initRouterFunction();
   }
   if (CollectionUtils.isEmpty(this.messageConverters)) {
      //初始化 messageConverters 对象
      initMessageConverters();
   }
}
```

在上述方法中有两个执行操作，第一个执行操作的目的是将 routerFunction 成员变量进行初始化，第二个执行操作是初始化 messageConverters 对象。下面将模拟执行上述代码，首先需要搭建测试环境，本次测试环境使用的包管理工具是 Maven，完整处理流程如下。

(1) 编写 POM 文件，文件名为 pom.xml，具体代码如下。

```
<?xml version = "1.0" encoding = "UTF - 8"?>
```

```
<project xmlns = "http://maven.apache.org/POM/4.0.0"
  xmlns:xsi = "http://www.w3.org/2001/XMLSchema-instance"
  xsi:schemaLocation = "http://maven.apache.org/POM/4.0.0 http://maven.apache.org/xsd/maven-
4.0.0.xsd">
  <modelVersion>4.0.0</modelVersion>
  <parent>
    <groupId>org.springframework.boot</groupId>
    <artifactId>spring-boot-starter-parent</artifactId>
    <version>2.2.4.RELEASE</version>

    <relativePath/> <!-- lookup parent from repository -->
  </parent>
  <groupId>com.source.hot</groupId>
  <artifactId>webflux-ex</artifactId>
  <version>1.0-SNAPSHOT</version>

  <properties>
    <maven.compiler.source>8</maven.compiler.source>
    <maven.compiler.target>8</maven.compiler.target>
  </properties>
  <dependencies>
    <dependency>
      <groupId>org.springframework.boot</groupId>
      <artifactId>spring-boot-starter-web</artifactId>
    </dependency>
  </dependencies>

</project>
```

(2) 编写启动类，由于本次使用的是 Spring Boot 依赖，因此不需要进行 Tomcat 相关配置，启动类类名为 App，具体代码如下。

```
@Spring BootApplication
public class App {

   public static void main(String[] args) {
      SpringApplication.run(App.class, args);
   }


   @Bean
   public RouterFunction<ServerResponse> productListing() {
      return route().GET("/product", req -> ok().body("hello"))
            .build();
   }

}
```

完成上述两个操作后 debug 启动项目，在 RouterFunctionMapping#afterPropertiesSet()方法中打上断点进行调试操作，主要关注 routerFunction 对象，经过 initRouterFunction()方法后数据信息如图 3.33 所示。

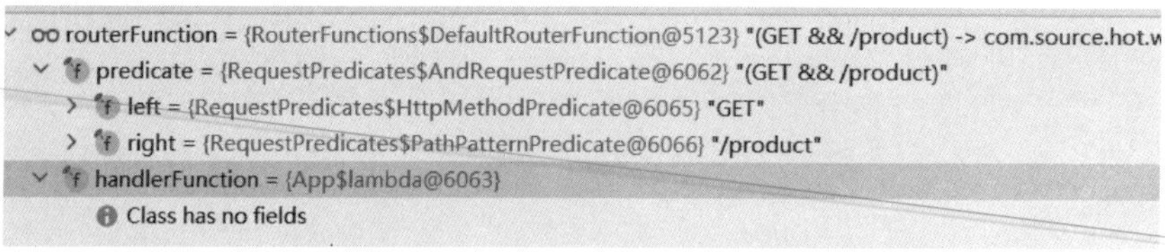

```
∨ oo routerFunction = {RouterFunctions$DefaultRouterFunction@5123} "(GET && /product) -> com.source.hot.w
  ∨ f predicate = {RequestPredicates$AndRequestPredicate@6062} "(GET && /product)"
    > f left = {RequestPredicates$HttpMethodPredicate@6065} "GET"
    > f right = {RequestPredicates$PathPatternPredicate@6066} "/product"
  ∨ f handlerFunction = {App$lambda@6063}
      Class has no fields
```

图 3.33 routerFunction 对象信息

下面查看关于 initRouterFunction 的处理方法，代码如下。

```
@SuppressWarnings({"rawtypes", "unchecked"})
private void initRouterFunction() {
    ApplicationContext applicationContext = obtainApplicationContext();
    //获取容器中 RouterFunction 对象
    Map<String, RouterFunction> beans =
        (this.detectHandlerFunctionsInAncestorContexts ?
         BeanFactoryUtils. beansOfTypeIncludingAncestors ( applicationContext,  RouterFunction.
class) :
         applicationContext.getBeansOfType(RouterFunction.class));


    //待处理的返回值
    List<RouterFunction> routerFunctions = new ArrayList<>(beans.values());
    if (!CollectionUtils.isEmpty(routerFunctions) && logger.isInfoEnabled()) {
        routerFunctions.forEach(routerFunction -> logger.info("Mapped " +
routerFunction));
    }
    //routerFunctions 数据处理
    this.routerFunction = routerFunctions.stream()
        .reduce(RouterFunction::andOther)
        .orElse(null);
}
```

在 initRouterFunction()方法中处理流程有两个，第一个处理是提取容器中类型是 RouterFunction 的 Bean 对象，第二个处理是将提取得到的 RouterFunction 转换成 routerFunction 对象。在 afterPropertiesSet()方法中还有另一个方法 initMessageConverters()，该方法的目标是初始化 HttpMessageConverter 对象，具体处理代码如下。

```
private void initMessageConverters() {
   List<HttpMessageConverter<?>> messageConverters = new ArrayList<>(4);
   messageConverters.add(new ByteArrayHttpMessageConverter());
   messageConverters.add(new StringHttpMessageConverter());

   try {
      messageConverters.add(new SourceHttpMessageConverter<>());
   }
   catch (Error err) {
   }
   messageConverters.add(new AllEncompassingFormHttpMessageConverter());
```

```
    this.messageConverters = messageConverters;
}
```

在这段代码中可以看到有 4 个消息转换器加入到集合中，它们分别是 ByteArrayHttpMessageConverter、StringHttpMessageConverter、SourceHttpMessageConverter 和 AllEncompassingFormHttpMessageConverter。在完成注册信息处理后会等待客户端的唤醒，即处理客户端发起的请求，在 RouterFunctionMapping 类中有提供搜索处理对象的方法 getHandlerInternal()，具体处理代码如下。

```
@Nullable
@Override
protected Object getHandlerInternal(HttpServletRequest servletRequest) throws Exception {
    //获取请求地址
    String lookupPath = getUrlPathHelper().getLookupPathForRequest(servletRequest);
    //设置属性
    servletRequest.setAttribute(LOOKUP_PATH, lookupPath);
    if (this.routerFunction != null) {
        //创建 ServerRequest 对象
        ServerRequest request = ServerRequest.create(servletRequest,
this.messageConverters);
        servletRequest.setAttribute(RouterFunctions.REQUEST_ATTRIBUTE, request);
        //从 routerFunction 中找到对应的数据
        return this.routerFunction.route(request).orElse(null);
    } else {
        return null;
    }
}
```

使用前文中的测试用例将项目启动访问 http://localhost:8080/product 接口查看上述方法中每个阶段的数据内容。首先关注 lookupPath，该数据从请求中获取，得到的数据内容如图 3.34 所示。

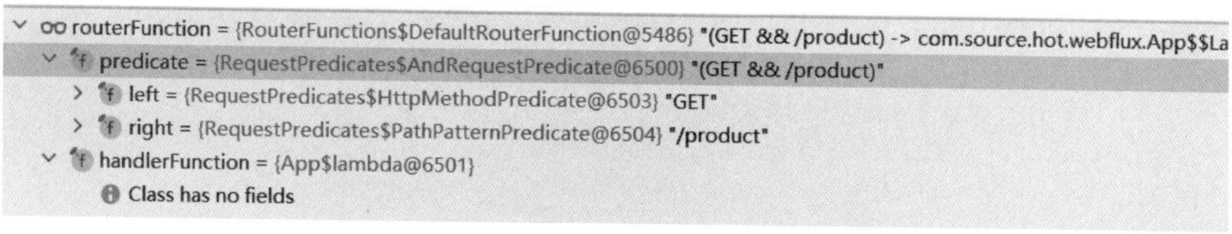

```
∨ oo routerFunction = {RouterFunctions$DefaultRouterFunction@5486} "(GET && /product) -> com.source.hot.webflux.App$$La
  ∨ f predicate = {RequestPredicates$AndRequestPredicate@6500} "(GET && /product)"
    > f left = {RequestPredicates$HttpMethodPredicate@6503} "GET"
    > f right = {RequestPredicates$PathPatternPredicate@6504} "/product"
  ∨ f handlerFunction = {App$lambda@6501}
      Class has no fields
```

图 3.34 product 对应的 routerFunction 对象

在得到 lookupPath 数据后会将其设置到请求对象中，后续的处理操作是创建 ServerRequest 对象，创建后数据内容如图 3.35 所示。

在得到 ServerRequest 对象后需要在 RouterFunction 集合中搜索对应的处理对象，在本例中处理对象是下面这段代码。

```
GET("/product", req -> ok().body("hello"))
```

注意，RouterFunctionMapping 对象的使用需要在 Spring 5.2 以后的版本，包括 5.2 版本。

```
∨ oo request = {DefaultServerRequest@6545}
  > f serverHttpRequest = {ServletServerHttpRequest@6552}
  > f headers = {DefaultServerRequest$DefaultRequestHeaders@6553} "[host:"localhost:8080", connection:"keep-alive", sec-ch-
  > f messageConverters = {Collections$UnmodifiableRandomAccessList@6554} size = 10
  > f allSupportedMediaTypes = {ArrayList@6555} size = 21
    f params = {CollectionUtils$MultiValueMapAdapter@6556} size = 0
  > f attributes = {DefaultServerRequest$ServletAttributesMap@6557} size = 13
```

图 3.35　ServerRequest 对象信息

3.8　注解模式下 HandlerMethod 创建

下面将介绍在注解模式下 HandlerMethod 的创建流程，在 Spring MVC 中关于 HandlerMethod 的创建代码如下。

```
protected HandlerMethod createHandlerMethod(Object handler, Method method) {
    //是否是字符串
    if (handler instanceof String) {
        //创建对象
        return new HandlerMethod((String) handler,
                obtainApplicationContext().getAutowireCapableBeanFactory(), method);
    }
    return new HandlerMethod(handler, method);
}
```

从上述代码可以发现，对于 HandlerMethod 的创建提供了两种方式，第一种是当 handler 为字符串的处理，第二种则是非字符串处理，在这两种处理逻辑之下所调用的都是 new 关键字的使用。首先对第二种创建方式进行探讨，第二种方式对应的处理代码如下。

```
public HandlerMethod(Object bean, Method method) {
    Assert.notNull(bean, "Bean is required");
    Assert.notNull(method, "Method is required");
    this.bean = bean;
    this.beanFactory = null;
    this.beanType = ClassUtils.getUserClass(bean);
    this.method = method;
    this.bridgedMethod = BridgeMethodResolver.findBridgedMethod(method);
    this.parameters = initMethodParameters();
    evaluateResponseStatus();
    this.description = initDescription(this.beanType, this.method);
}
```

从这段代码中可以看到基本操作就是成员变量赋值，在这段代码中需要关注下面 4 个方法。

(1) BridgeMethodResolver.findBridgedMethod(method)。

(2) initMethodParameters()。

(3) evaluateResponseStatus()。

(4) initDescription()。

下面查看第一种处理的代码内容。

```
public HandlerMethod(String beanName, BeanFactory beanFactory, Method method) {
   Assert.hasText(beanName, "Bean name is required");
   Assert.notNull(beanFactory, "BeanFactory is required");
   Assert.notNull(method, "Method is required");
   this.bean = beanName;
   this.beanFactory = beanFactory;
   Class<?> beanType = beanFactory.getType(beanName);
   if (beanType == null) {
      throw new IllegalStateException("Cannot resolve bean type for bean with name '" +
beanName + "'");
   }
   this.beanType = ClassUtils.getUserClass(beanType);
   this.method = method;
   this.bridgedMethod = BridgeMethodResolver.findBridgedMethod(method);
   this.parameters = initMethodParameters();
   evaluateResponseStatus();
   this.description = initDescription(this.beanType, this.method);
}
```

从上述代码中可以发现,在处理过程中和第二种方式进行对比发现数据源不一样,此时的数据源是 BeanFactory,其他核心处理方法还是不变。

3.8.1 findBridgedMethod()分析

下面对 findBridgedMethod()方法进行分析,该方法的作用是寻找桥接方法,具体处理代码如下。

```
public static Method findBridgedMethod(Method bridgeMethod) {
   if (!bridgeMethod.isBridge()) {
      return bridgeMethod;
   }
   Method bridgedMethod = cache.get(bridgeMethod);
   if (bridgedMethod == null) {
      List<Method> candidateMethods = new ArrayList<>();
      MethodFilter filter = candidateMethod ->
            isBridgedCandidateFor(candidateMethod, bridgeMethod);
      ReflectionUtils.doWithMethods(bridgeMethod.getDeclaringClass(), candidateMethods::
add, filter);
      if (!candidateMethods.isEmpty()) {
         bridgedMethod = candidateMethods.size() == 1 ?
               candidateMethods.get(0) :
               searchCandidates(candidateMethods, bridgeMethod);
      }
      if (bridgedMethod == null) {
         bridgedMethod = bridgeMethod;
      }
```

```
        cache.put(bridgeMethod, bridgedMethod);
    }
    return bridgedMethod;
}
```

在上述代码处理过程中关于 bridgedMethod 的获取可以通过以下两种方式。

(1) 通过缓存进行获取。

(2) 通过推论进行获取。

首先是通过缓存获取,缓存结构: key 是 Method,value 是 Method。具体缓存定义代码如下。

```
private static final Map<Method, Method> cache = new ConcurrentReferenceHashMap<>();
```

其次介绍推论获取的细节,在推论进行前需要先找出可能的 Method 对象,具体处理方法如下。

```
ReflectionUtils.doWithMethods(bridgeMethod.getDeclaringClass(), candidateMethods::add,
filter)
```

这段代码的主要过程是通过类和方法过滤器进行搜索,得到的对象是 Method 集合,在得到集合对象后关于返回值的确认存在以下两个方式。

(1) 集合数量只有一个,直接将其作为返回值。

(2) 集合数量大于一个,通过 isBridgeMethodFor()方法进行判断,如果判断结果为 true 将其作为返回值,如果在整个集合中没有符合的对象则获取第一个元素作为返回值。

3.8.2 initMethodParameters()分析

下面对 initMethodParameters()方法进行分析,该方法的作用是创建 MethodParameter 数组,具体处理代码如下。

```
private MethodParameter[] initMethodParameters() {
    int count = this.bridgedMethod.getParameterCount();
    MethodParameter[] result = new MethodParameter[count];
    for (int i = 0; i < count; i++) {
        result[i] = new HandlerMethodParameter(i);
    }
    return result;
}
```

在上述代码处理过程中需要依赖 bridgedMethod 对象,具体的创建对象是 HandlerMethodParameter,在该对象中存储了参数的注解列表和其他一些和方法参数有关的内容。

3.8.3 evaluateResponseStatus()分析

下面对 evaluateResponseStatus()方法进行分析,该方法的作用是设置成员变量

responseStatus 和 responseStatusReason，具体处理代码如下。

```
private void evaluateResponseStatus() {
   ResponseStatus annotation = getMethodAnnotation(ResponseStatus.class);
   if (annotation == null) {
      annotation = AnnotatedElementUtils.findMergedAnnotation(getBeanType(),
ResponseStatus.class);
   }
   if (annotation != null) {
      this.responseStatus = annotation.code();
      this.responseStatusReason = annotation.reason();
   }
}
```

在上述代码中主要处理流程如下。

(1) 从方法上获取 ResponseStatus 注解对象。

(2) 如果从方法上获取 ResponseStatus 注解对象失败则从类上进行获取。

(3) 获取到 ResponseStatus 注解后，将注解的 code 属性和 reason 属性设置给成员变量。

3.8.4 initDescription()分析

下面对 initDescription()方法进行分析，该方法的作用是初始化描述信息，具体处理代码如下。

```
private static String initDescription(Class<?> beanType, Method method) {
   StringJoiner joiner = new StringJoiner(", ", "(", ")");
   for (Class<?> paramType : method.getParameterTypes()) {
      joiner.add(paramType.getSimpleName());
   }
   return beanType.getName() + "#" + method.getName() + joiner.toString();
}
```

在这段代码处理中可以发现，返回对象是对象类型+"#"+方法名称+参数类型列表。

3.9 拦截器相关分析

接下来将对拦截器相关内容进行分析，在前文看到的拦截器有 PathExposingHandlerInterceptor 和 UriTemplateVariablesHandlerInterceptor。下面先来看 UriTemplateVariablesHandlerInterceptor 拦截器中的处理，在这个拦截器的处理中主要将一些数据放在请求中，具体设置数据方法如下。

```
protected void exposeUriTemplateVariables(Map<String, String> uriTemplateVariables,
HttpServletRequest request) {
   request.setAttribute(URI_TEMPLATE_VARIABLES_ATTRIBUTE, uriTemplateVariables);
}
```

最后对 PathExposingHandlerInterceptor 拦截器进行分析，在这个拦截器中主要处理操作也是进行数据设置，具体设置代码如下。

```
@Override
public boolean preHandle(HttpServletRequest request, HttpServletResponse response, Object
handler) {
   exposePathWithinMapping(this.bestMatchingPattern, this.pathWithinMapping, request);
   request.setAttribute(BEST_MATCHING_HANDLER_ATTRIBUTE, handler);
   request.setAttribute(INTROSPECT_TYPE_LEVEL_MAPPING, supportsTypeLevelMappings());
   return true;
}
```

3.9.1 拦截器添加

在 Spring MVC 中关于拦截器的添加可以通过 SpringXML 进行配置，具体配置内容如下。

```
<mvc:interceptors>
   <mvc:interceptor>
      <mvc:mapping path="/**"/>
      <bean id="AllHandlerInterceptor"
class="com.source.hot.mvc.handlerInterceptor.AllHandlerInterceptor"/>
   </mvc:interceptor>
</mvc:interceptors>
```

这是一个自定义标签，对于 Spring IoC 来说，它是 Spring MVC 特有的标签，具体的处理类是 InterceptorsBeanDefinitionParser，在这个类中会将上述配置信息放入 Spring 容器中，首先关注 interceptors 在 XML 中的数据内容，具体信息如图 3.36 所示。

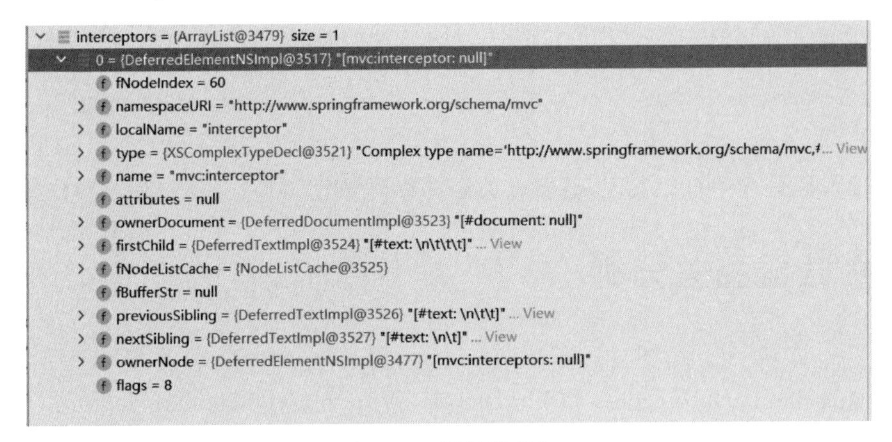

图 3.36 拦截器列表

注册后的数据信息会存储在 org.springframework.web.servlet.handler.AbstractHandlerMapping#adaptedInterceptors 上，具体信息如图 3.37 所示。

得到这些数据的处理方法是 org.springframework.web.servlet.handler.AbstractHandlerMapping#detectMappedInterceptors，处理代码如下。

```
adaptedInterceptors = {ArrayList@5063} size = 2
  0 = {MappedInterceptor@5268}
    includePatterns = null
    excludePatterns = null
    interceptor = {ConversionServiceExposingInterceptor@5120}
    pathMatcher = null
  1 = {MappedInterceptor@5263}
    includePatterns = {String[1]@5270} ["/**"]
    excludePatterns = {String[0]@5271} []
    interceptor = {AllHandlerInterceptor@5130}
    pathMatcher = null
```

图 3.37 adaptedInterceptors 对象信息

```
protected void detectMappedInterceptors(List < HandlerInterceptor > mappedInterceptors) {
   mappedInterceptors.addAll(
         BeanFactoryUtils.beansOfTypeIncludingAncestors(
               obtainApplicationContext(), MappedInterceptor.class, true,
false).values());
}
```

这个方法的主要处理目的是从容器中获取拦截器实例,可以理解为根据类型获取对象,类型是 HandlerInterceptor,获取成功后会将这些数据放入 adaptedInterceptors 中,获取得到的数据内容如图 3.38 所示。

```
BeanFactoryUtils.beansOfTypeIncludingAncestors( \t\t\t\t\tobtainApplicationContext(), MappedInterceptor. = {LinkedH...
  "org.springframework.web.servlet.handler.MappedInterceptor#0" -> {MappedInterceptor@4359}
    key = "org.springframework.web.servlet.handler.MappedInterceptor#0"
    value = {MappedInterceptor@4359}
  "org.springframework.web.servlet.handler.MappedInterceptor#1" -> {MappedInterceptor@4361}
    key = "org.springframework.web.servlet.handler.MappedInterceptor#1"
    value = {MappedInterceptor@4361}
      includePatterns = {String[1]@4362} ["/**"]
      excludePatterns = {String[0]@4363} []
      interceptor = {AllHandlerInterceptor@4364}
      pathMatcher = null
```

图 3.38 容器中的拦截器信息

3.9.2 拦截器执行

接下来将对拦截器的执行进行分析,拦截器执行的具体方法是 org.springframework.web.servlet.HandlerExecutionChain#applyPreHandle(),具体处理代码如下。

```
boolean applyPreHandle ( HttpServletRequest request, HttpServletResponse response) throws
Exception {
   HandlerInterceptor[] interceptors = getInterceptors();
   if (!ObjectUtils.isEmpty(interceptors)) {
      for (int i = 0; i < interceptors.length; i++) {
         HandlerInterceptor interceptor = interceptors[i];
         if (!interceptor.preHandle(request, response, this.handler)) {
            triggerAfterCompletion(request, response, null);
            return false;
         }
```

```
            this.interceptorIndex = i;
        }
    }
    return true;
}
```

在 applyPreHandle()方法中可以看到如下操作。

(1) 提取拦截器列表。

(2) 执行拦截器的 preHandle()方法,如果该方法的返回值为 false 就会进行异常处理,反之则正常执行。

在拦截器 preHandle()方法执行后的返回值为 false 后会进入 triggerAfterCompletion()方法的处理,具体处理代码如下。

```
void triggerAfterCompletion (HttpServletRequest request, HttpServletResponse response,
@Nullable Exception ex)
        throws Exception {

    HandlerInterceptor[] interceptors = getInterceptors();
    if (!ObjectUtils.isEmpty(interceptors)) {
        for (int i = this.interceptorIndex; i >= 0; i--) {
            HandlerInterceptor interceptor = interceptors[i];
            try {
                interceptor.afterCompletion(request, response, this.handler, ex);
            }
            catch (Throwable ex2) {
                logger.error("HandlerInterceptor.afterCompletion threw exception", ex2);
            }
        }
    }
}
```

在 triggerAfterCompletion()方法中会执行拦截器中的 afterCompletion()方法,该方法的处理内容由 HandlerInterceptor 的实现类实现。

小结

本章围绕 HandlerMapping 接口做分析,在 Spring MVC 中这个接口的实现类主要入口是 org.springframework.web.servlet.handler.AbstractHandlerMapping#getHandler,AbstractHandlerMapping 类中的这个实现是整个 Spring MVC 的核心之一,在这个方法中产生分支处理的是 getHandlerInternal()方法,在 Spring 中有 AbstractHandlerMethodMapping 和 AbstractUrlHandlerMapping,前者的定位相对准确。除此之外,在 AbstractHandlerMapping 类中还有关于拦截器的相关处理。

第4章

HandlerAdapter分析

本章将对 HandlerAdapter 接口(org. springframework. web. servlet. HandlerAdapter)进行分析。

4.1 初识 HandlerAdapter

在 Spring MVC 中 HandlerAdapter 是一个接口,具体定义如下。

```
public interface HandlerAdapter {

   boolean supports(Object handler);

   @Nullable
   ModelAndView handle (HttpServletRequest request, HttpServletResponse response, Object
handler) throws Exception;


   long getLastModified(HttpServletRequest request, Object handler);

}
```

上述三个方法的含义分别如下。

(1) supports()方法:判断当前适配器是否支持当前 handler 的处理。

(2) handle()方法:处理请求。

(3) getLastModified()方法:获取最后的文件修改时间。

在 spring-webmvc/src/main/resources/org/springframework/web/servlet/DispatcherServlet.properties 文件中关于 HandlerAdapter 的数据设置有如下信息。

```
org. springframework. web. servlet. HandlerAdapter = org. springframework. web. servlet. mvc.
```

```
HttpRequestHandlerAdapter,\
    org.springframework.web.servlet.mvc.SimpleControllerHandlerAdapter,\
    org.springframework.web.servlet.mvc.method.annotation.RequestMappingHandlerAdapter,\
    org.springframework.web.servlet.function.support.HandlerFunctionAdapter
```

在配置文件中可以看到 HandlerAdapter 有四个对应实现类，它们分别是 HttpRequestHandlerAdapter、SimpleControllerHandlerAdapter、RequestMappingHandlerAdapter 和 HandlerFunctionAdapter，在这四个类中比较常见的是前面三个，下面将对上述类进行说明。

（1）HttpRequestHandlerAdapter 是 HTTP 请求处理器适配器，主要处理对象是 HttpRequestHandler 接口的实现类。

（2）SimpleControllerHandlerAdapter 是简单控制器处理器适配器，主要处理对象是 Controller 接口的实现类。

（3）RequestMappingHandlerAdapter 是注解方法处理器适配器，主要处理的对象是具有@RequestMapping 注解的类或方法，包括@GetMapping、@PostMapping 注解。

（4）HandlerFunctionAdapter 是用于处理实现 HandlerFunction 接口的实现类。

4.2 初始化 HandlerAdapter

本节将介绍 HandlerAdapters 的初始化，具体处理方法签名为 org.springframework.web.servlet.DispatcherServlet#initHandlerAdapters()，具体处理方法如下。

```
private void initHandlerAdapters(ApplicationContext context) {
    this.handlerAdapters = null;

    //是否只加载 beanName 为 handlerAdapter 的对象
    //detectAllHandlerAdapters 表示加载方式，如果是 true 则按类型加载，如果是 false 则按
BeanName + 类型加载
    if (this.detectAllHandlerAdapters) {
        //寻找类型为 HandlerAdapters 的 Bean
        Map<String, HandlerAdapter> matchingBeans =
                BeanFactoryUtils.beansOfTypeIncludingAncestors(context, HandlerAdapter.class,
true, false);
        if (!matchingBeans.isEmpty()) {
            this.handlerAdapters = new ArrayList<>(matchingBeans.values());
            //对 HandlerAdapters 排序
            AnnotationAwareOrderComparator.sort(this.handlerAdapters);
        }
    }
    else {
        try {
            HandlerAdapter ha = context.getBean(HANDLER_ADAPTER_BEAN_NAME, HandlerAdapter.
class);
            this.handlerAdapters = Collections.singletonList(ha);
        }
        catch (NoSuchBeanDefinitionException ex) {
        }
    }

    if (this.handlerAdapters == null) {
```

```
        this.handlerAdapters = getDefaultStrategies(context, HandlerAdapter.class);
        if (logger.isTraceEnabled()) {
            logger.trace("No HandlerAdapters declared for servlet '" + getServletName() +
                    "': using default strategies from DispatcherServlet.properties");
        }
    }
}
```

在这段方法中需要重点关注 detectAllHandlerAdapters 变量，该变量的类型是一个布尔值，当它为 true 时会根据类型在容器中进行搜索，搜索的内容是 HandlerAdapter 接口的实现类，当它为 false 时会根据 BeanName＋类型进行搜索，BeanName 是 handlerAdapter，这个值默认为 true。在这段方法中可以分为两段代码进行分析，第一段代码是第一组 if else，在第一段代码中主要目的是将 handlerAdapters 数据初始化；第二段代码是当第一段代码获取 handlerAdapters 失败后的补救措施。如果进入第一段代码可以得到如图 4.1 所示数据。

```
oo BeanFactoryUtils.beansOfTypeIncludingAncestors(context, HandlerAdapter.class, true, false) = {LinkedHashMap@5349} size = 3
 > "org.springframework.web.servlet.mvc.HttpRequestHandlerAdapter" -> {HttpRequestHandlerAdapter@5356}
 > "org.springframework.web.servlet.mvc.SimpleControllerHandlerAdapter" -> {SimpleControllerHandlerAdapter@5358}
 > "org.springframework.web.servlet.mvc.method.annotation.RequestMappingHandlerAdapter" -> {RequestMappingHandlerAdapter@5360}
```

图 4.1　handlerAdapters 数据集合

下面将对第二段代码进行分析，主要处理方法是 getDefaultStrategies()，具体处理方法如下。

```
@SuppressWarnings("unchecked")
protected <T> List<T> getDefaultStrategies(ApplicationContext context, Class<T>
strategyInterface) {
    //获取类名
    String key = strategyInterface.getName();
    //获取属性值
    String value = defaultStrategies.getProperty(key);
    if (value != null) {
        //将属性值进行拆分
        String[] classNames = StringUtils.commaDelimitedListToStringArray(value);
        List<T> strategies = new ArrayList<>(classNames.length);
        for (String className : classNames) {
            try {
                //反射获取类
                Class<?> clazz = ClassUtils.forName(className,
DispatcherServlet.class.getClassLoader());
                //创建对象
                Object strategy = createDefaultStrategy(context, clazz);
                strategies.add((T) strategy);
            }
            catch (ClassNotFoundException ex) {
                throw new BeanInitializationException(
                        "Could not find DispatcherServlet's default strategy class [" +
className +
```

```
                        "] for interface [" + key + "]", ex);
            }
            catch (LinkageError err) {
                throw new BeanInitializationException(
                        "Unresolvable class definition for DispatcherServlet's default strategy
class [" +
                        className + "] for interface [" + key + "]", err);
            }
        }
        return strategies;
    }
    else {
        return new LinkedList<>();
    }
}
```

在这段方法中可以关注 defaultStrategies 变量的数据内容，它的数据内容来自 spring-webmvc/src/main/resources/org/springframework/web/servlet/DispatcherServlet.properties 文件，目前需要进行初始化的对象类型是 HandlerAdapter 类型，通过这段代码会将下面的对象进行实例化，具体实例化方法是 org.springframework.web.servlet.DispatcherServlet#createDefaultStrategy()，该方法的底层其实是 getBean()的调用。当经过初始化 HandlerAdapter 数据后具体数据如图 4.2 所示。

```
∨ oo handlerAdapters = {ArrayList@4952} size = 3
  > ≡ 0 = {HttpRequestHandlerAdapter@4961}
  > ≡ 1 = {SimpleControllerHandlerAdapter@4962}
  > ≡ 2 = {RequestMappingHandlerAdapter@4963}
```

图 4.2 获取默认的 HandlerAdapter 数据信息

4.3 获取 HandlerAdapter

本节将介绍 HandlerAdapter 的获取，具体处理方法签名为 org.springframework.web.servlet.DispatcherServlet#getHandlerAdapter()，具体处理代码如下。

```
protected HandlerAdapter getHandlerAdapter(Object handler) throws ServletException {
    if (this.handlerAdapters != null) {
        for (HandlerAdapter adapter : this.handlerAdapters) {
            if (adapter.supports(handler)) {
                return adapter;
            }
        }
    }
    throw new ServletException("No adapter for handler [" + handler +
            "]: The DispatcherServlet configuration needs to include a HandlerAdapter that
supports this handler");
}
```

在这段方法中可以看到，通过 supports()方法来进行判断是否支持处理，如果该方法的返回值为 true 就会将 handlerAdapter 对象返回，该方法整体处理难度不高。

4.4 HttpRequestHandlerAdapter 分析

下面将对 HttpRequestHandlerAdapter 类进行分析，首先查看完整代码，具体代码如下。

```
public class HttpRequestHandlerAdapter implements HandlerAdapter {

   @Override
   public boolean supports(Object handler) {
      return (handler instanceof HttpRequestHandler);
   }

   @Override
   @Nullable
   public ModelAndView handle(HttpServletRequest request, HttpServletResponse
response, Object handler)
         throws Exception {

      ((HttpRequestHandler) handler).handleRequest(request, response);
      return null;
   }

   @Override
   public long getLastModified(HttpServletRequest request, Object handler) {
      if (handler instanceof LastModified) {
         return ((LastModified) handler).getLastModified(request);
      }
      return -1L;
   }

}
```

在这段方法中可以看到 HttpRequestHandlerAdapter 的处理对象是围绕 HttpRequestHandler 接口进行的，如果需要调试这段代码，可以编写 HttpRequestHandler 接口的实现类。本例实现类类名为 HttpRequestHandlerFirst，具体代码如下。

```
public class HttpRequestHandlerFirst implements HttpRequestHandler {
   @Override
   public void handleRequest(HttpServletRequest request, HttpServletResponse response) throws
ServletException, IOException {
      PrintWriter writer = response.getWriter();
      writer.write("HttpRequestHandlerFirst");
   }
}
```

在这段代码中对请求的处理是直接写出 HttpRequestHandlerFirst 数据作为返回值，在完成实现类编写后需要将其注册到 Spring 中，即编写 bean 标签，修改 spring-source-mvc-demo/src/main/webapp/WEB-INF/applicationContext.xml文件，在文件中添加如下内容。

```
<bean name = "/hrh"
class = "com.source.hot.mvc.httpRequestHandler.HttpRequestHandlerFirst" />
```

编写上述内容后进行网络请求，具体请求信息如下。

```
GET http://localhost:8080/hrh

HTTP/1.1 200
Vary: Origin
Vary: Access - Control - Request - Method
Vary: Access - Control - Request - Headers
Content - Length: 23
Date: Tue, 30 Mar 2021 01:00:40 GMT
Keep - Alive: timeout = 20
Connection: keep - alive

HttpRequestHandlerFirst
```

下面将对该请求的处理流程进行分析。首先当请求发起后进入到Spring MVC中会进入DispatcherServlet#doDispatch()方法，在该方法中会有下面的代码。

```
HandlerAdapter ha = getHandlerAdapter(mappedHandler.getHandler());
```

Spring MVC需要通过上述代码在Spring容器中寻找对应的HandlerAdapter实现类，在本例中ha的数据信息如图4.3所示。

图4.3 ha数据信息

在得到ha对象后需要执行的主要操作是handle()方法的调用，及调用org.springframework.web.servlet.mvc.HttpRequestHandlerAdapter#handle()方法，在该方法中需要关注handler对象的类型，在本例中handler数据信息如图4.4所示。

图4.4 handler对象数据

从图4.4中可以确认，此时会进入到测试类HttpRequestHandlerFirst中，具体处理方法就是前文所编写的内容，方法执行完成后即可看到请求的返回值。

在前文分析HttpRequestHandlerAdapter对象时采用的方式是独立编写HttpRequestHandler接口从而进行简单分析，但是在Spring MVC中关于HttpRequestHandler接口的实现有很多内容，具体类列表如图4.5所示。

在这些实现类中最为频繁使用的实现类是DefaultServletHttpRequestHandler，当一个

图 4.5 HttpRequestHandler 类图

Spring MVC 项目启动后访问 index 页面就会使用到这个实现类，下面将对这个实现类中的处理细节进行分析，具体处理方法代码如下。

```
@Override
public void handleRequest(HttpServletRequest request, HttpServletResponse response)
      throws ServletException, IOException {

   Assert.state(this.servletContext != null, "No ServletContext set");
   //从 Servlet 上下文中根据 ServletName 获取 RequestDispatcher 对象
   RequestDispatcher rd =
this.servletContext.getNamedDispatcher(this.defaultServletName);
   if (rd == null) {
       throw new IllegalStateException ( " A RequestDispatcher could not be located for the
default servlet '" +
            this.defaultServletName + "'");
   }
   //RequestDispatcher 进行处理请求
   rd.forward(request, response);
}
```

在上述方法中主要目的是找到 RequestDispatcher 对象，该对象是一个接口，具体实现会由 Servlet 容器实现，例如，本例中使用的 Servlet 容器是 Tomcat，这里关于 Tomcat 的细节实现不做展开，可以简单理解为将请求处理后通过 HttpServletResponse 对象将数据返回。

4.5 SimpleControllerHandlerAdapter 分析

下面将对 SimpleControllerHandlerAdapter 类进行分析，首先查看完整代码。

```
public class SimpleControllerHandlerAdapter implements HandlerAdapter {

   @Override
   public boolean supports(Object handler) {
      return (handler instanceof Controller);
   }

   @Override
   @Nullable
```

```
    public ModelAndView handle(HttpServletRequest request, HttpServletResponse
response, Object handler)
            throws Exception {

        return ((Controller) handler).handleRequest(request, response);
    }

    @Override
    public long getLastModified(HttpServletRequest request, Object handler) {
        if (handler instanceof LastModified) {
            return ((LastModified) handler).getLastModified(request);
        }
        return -1L;
    }

}
```

在这段方法中可以看到 SimpleControllerHandlerAdapter 的处理对象是围绕 Controller 接口进行的，如果需要调试这段代码可以编写 Controller 接口的实现类，本例实现类类名为 ControllerImpl，具体代码如下。

```
public class ControllerImpl implements Controller {
    @Override
     public  ModelAndView  handleRequest ( HttpServletRequest  request,  HttpServletResponse
response) throws Exception {
        ModelAndView modelAndView = new ModelAndView();
        modelAndView.setStatus(HttpStatus.OK);
        return modelAndView;
    }
}
```

完成 Controller 接口实现类的编写后需要将其注入到 Spring 容器中，修改 spring-source-mvc-demo/src/main/webapp/WEB-INF/applicationContext.xml 文件，在文件中添加如下内容。

```
<bean id="controllerImpl" class="com.source.hot.mvc.ctr.ControllerImpl"/>
<bean class="org.springframework.web.servlet.handler.SimpleUrlHandlerMapping">
    <property name="order" value="1"/>
    <property name="mappings">
        <value>
            /hello=controllerImpl
        </value>
    </property>
</bean>
```

编写上述内容后进行网络请求，具体请求信息如下。

```
GET http://localhost:8080/hello

HTTP/1.1 200
Set-Cookie: JSESSIONID=AEE2E40AF9D62DB53F68A039B7F64EEF; Path=/; HttpOnly
```

```
Content - Type: text/html;charset = UTF - 8
Content - Language: zh - CN
Content - Length: 92
Date: Thu, 01 Apr 2021 02:20:51 GMT
Keep - Alive: timeout = 20
Connection: keep - alive

<html>
<head>
  <title>Title</title>
</head>
<body>
<h3>hello - jsp</h3>

</body>
</html>
```

当发起该请求时,Spring MVC 会做如下三个操作。

(1) 接收请求,将请求转换成 handler 对象,本例中得到的 handler 对象数据如图 4.6 所示。

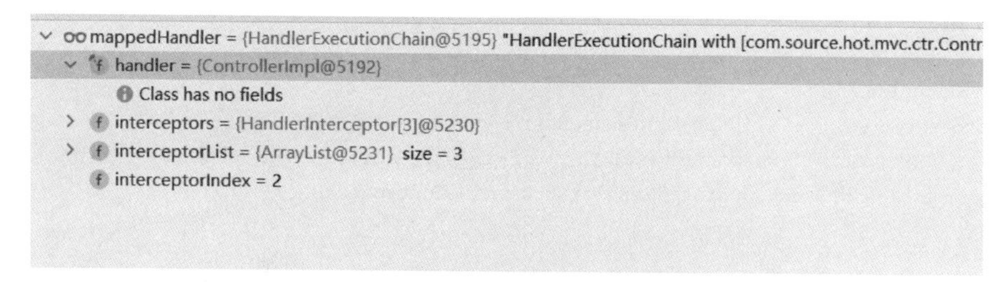

图 4.6 mappedHandler 对象信息

(2) 根据 handler 对象找到 HandlerAdapter 对象,本例中 HandlerAdapter 对象的数据信息如图 4.7 所示。

图 4.7 实际的 ha 对象

(3) 调用 HandlerAdapter 对象的 handler( )方法,此时的 HandlerAdapter 对象是 SimpleControllerHandlerAdapter 类型,调用的方法其实是调用 Controller 接口实现类的方法。

4.6 Controller 接口分析

在前文介绍了 Controller 接口的直接实现在 Spring MVC 中的处理过程,下面将对 Controller 接口的其他实现类进行分析,Controller 接口的实现类信息如图 4.8 所示。

接下来将对 ServletForwardingController、ParameterizableViewController、ServletWrappingController 和 UrlFilenameViewController 进行相关分析。

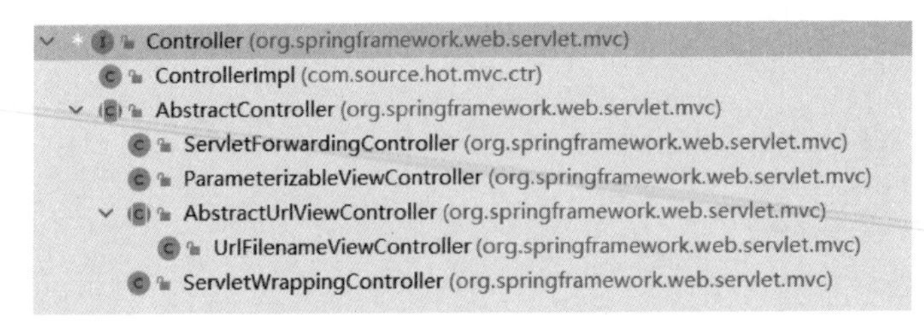

图 4.8　Controller 接口类图

4.6.1　ServletForwardingController 分析

本节将对 Controller 接口的 ServletForwardingController 实现类进行分析，开始进行分析前需要编写测试用例。

(1) 编写 Servlet 对象，编写该对象的目的是各个 Servlet 环境隔离，类名为 ServletForwardingControllerServlet，具体代码如下。

```
public class ServletForwardingControllerServlet extends HttpServlet {
   private static final long serialVersionUID = 1L;

   @Override
   protected void doGet(HttpServletRequest req,
         HttpServletResponse resp) throws ServletException, IOException {
      resp.getWriter().print("ServletForwardingControllerServlet!");
   }
}
```

注意：本例主要目标是用例演示并不是实际使用，因此只做 doGet()方法的处理。

(2) 编写 SpringXML 配置文件，注意此时的配置文件不能在原有的 applicationContext.xml 文件中修改，需要创建 servlet-forwarding-dispatcher-servlet.xml 文件，该文件与 web.xml 是同级文件，文件内容如下。

```
<?xml version = "1.0" encoding = "UTF - 8"?>
< beans xmlns = "http://www.springframework.org/schema/beans"
   xmlns:xsi = "http://www.w3.org/2001/XMLSchema - instance"
   xsi:schemaLocation = "http://www.springframework.org/schema/beans
   http://www.springframework.org/schema/beans/spring - beans - 4.3.xsd">

   < bean class = "org.springframework.web.servlet.handler.SimpleUrlHandlerMapping">
      < property name = "mappings">
         < props >
            < prop key = "/"> servletForwardingController </prop >
         </props >
      </property >
   </bean >

   < bean id = "servletForwardingController"
      class = "org.springframework.web.servlet.mvc.ServletForwardingController">
```

```
        <property name = "servletName">
            <value> ServletForwardingControllerServlet </value>
        </property>
    </bean>
</beans>
```

(3) 修改 web.xml，本次修改的主要目的是将第一步编写的 Servlet 进行注册，添加的代码如下。

```
<servlet>
    <servlet-name> ServletForwardingControllerServlet </servlet-name>
    <servlet-class> com.source.hot.mvc.servlet.ServletForwardingControllerServlet
</servlet-class>
</servlet>

<servlet>
    <servlet-name> servlet-forwarding-dispatcher </servlet-name>
    <servlet-class> org.springframework.web.servlet.DispatcherServlet </servlet-class>
    <load-on-startup> 1 </load-on-startup>
</servlet>
<servlet-mapping>
    <servlet-name> servlet-forwarding-dispatcher </servlet-name>
    <url-pattern>/servlet-forwarding/* </url-pattern>
</servlet-mapping>
```

(4) 发起请求，具体请求信息如下。

```
GET http://localhost:8080/servlet-forwarding/

HTTP/1.1 200
Content-Length: 35
Date: Thu, 01 Apr 2021 06:05:59 GMT
Keep-Alive: timeout = 20
Connection: keep-alive

ServletForwardingControllerServlet!
```

准备工作完成后需要进行调试操作，在 SimpleControllerHandlerAdapter#handle()方法上进行调试，首先关注 handler 参数，具体信息如图 4.9 所示。

从图 4.9 中可以发现，此时 handler 是 ServletForwardingController 类型，下面对 handler 操作进行分析。ServletForwardingController 对象是 AbstractController 的子类，核心入口是 org.springframework.web.servlet.mvc.AbstractController#handleRequest()方法，具体处理方法如下。

```
public ModelAndView handleRequest(HttpServletRequest request, HttpServletResponse response)
        throws Exception {

    //请求方式验证
    if (HttpMethod.OPTIONS.matches(request.getMethod())) {
        response.setHeader("Allow", getAllowHeader());
```

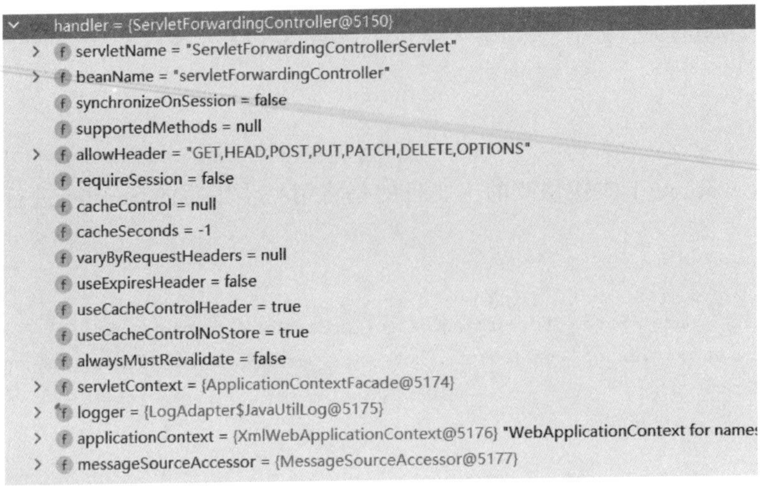

```
handler = {ServletForwardingController@5150}
  > servletName = "ServletForwardingControllerServlet"
  > beanName = "servletForwardingController"
    synchronizeOnSession = false
    supportedMethods = null
  > allowHeader = "GET,HEAD,POST,PUT,PATCH,DELETE,OPTIONS"
    requireSession = false
    cacheControl = null
    cacheSeconds = -1
    varyByRequestHeaders = null
    useExpiresHeader = false
    useCacheControlHeader = true
    useCacheControlNoStore = true
    alwaysMustRevalidate = false
  > servletContext = {ApplicationContextFacade@5174}
  > logger = {LogAdapter$JavaUtilLog@5175}
  > applicationContext = {XmlWebApplicationContext@5176} "WebApplicationContext for name
  > messageSourceAccessor = {MessageSourceAccessor@5177}
```

图 4.9　ServletForwardingController 中的 handler 数据信息

```
        return null;
    }

    //是否需要同步执行
    if (this.synchronizeOnSession) {
        HttpSession session = request.getSession(false);
        if (session != null) {
            Object mutex = WebUtils.getSessionMutex(session);
            synchronized (mutex) {
                //处理请求
                return handleRequestInternal(request, response);
            }
        }
    }

    //处理请求
    return handleRequestInternal(request, response);
}
```

在上述方法中的主要处理流程有下面 4 项。

(1) 对请求方式进行验证，如果是 OPTIONS 会直接返回 null。

(2) 检查请求，检查内容有两个，第一个是对请求类型是否支持的验证，第二个是对 Session 的验证。

(3) 准备返回结果。

(4) 处理请求。

在上述 4 项操作中，第 4 项操作会进入到子类的方法中，也就是执行下面这段代码。

```
@Override
protected ModelAndView handleRequestInternal(HttpServletRequest request,
HttpServletResponse response)
        throws Exception {
```

```
    ServletContext servletContext = getServletContext();
    Assert.state(servletContext != null, "No ServletContext");
    RequestDispatcher rd = servletContext.getNamedDispatcher(this.servletName);
    if (rd == null) {
        throw new ServletException("No servlet with name '" + this.servletName + "' defined
in web.xml");
    }

    if (useInclude(request, response)) {
        rd.include(request, response);
        if (logger.isTraceEnabled()) {
            logger.trace("Included servlet [" + this.servletName +
                    "] in ServletForwardingController '" + this.beanName + "'");
        }
    }
    else {
        rd.forward(request, response);
        if (logger.isTraceEnabled()) {
            logger.trace("Forwarded to servlet [" + this.servletName +
                    "] in ServletForwardingController '" + this.beanName + "'");
        }
    }

    return null;
}
```

在上述方法中核心目标是提取 RequestDispatcher 对象并进行请求处理，具体处理方法是 include()或者 forward()，这两个方法属于接口方法，具体实现代码在 Servlet 容器中。

4.6.2　ParameterizableViewController 分析

本节将对 Controller 接口的 ParameterizableViewController 实现类进行分析，开始进行分析前需要编写测试用例。

(1) 定义一个新的 Servlet，这里可以直接通过 web.xml 文件的 servlet 相关标签进行配置，具体配置信息如下。

```
<servlet>
    <servlet-name>parameterizable-view-dispatcher</servlet-name>
    <servlet-class>org.springframework.web.servlet.DispatcherServlet</servlet-class>
    <load-on-startup>1</load-on-startup>
</servlet>
<servlet-mapping>
    <servlet-name>parameterizable-view-dispatcher</servlet-name>
    <url-pattern>/parameterizable-view/*</url-pattern>
</servlet-mapping>
```

(2) 创建一个 JSP 文件，该文件主要目的是用于显示内容，文件路径为 spring-source-mvc-demo/src/main/webapp/WEB-INF/parameterizable-view/static.jsp，文件内容如下。

```
<!DOCTYPE html>
<html>
<head>
<title>ParameterizableViewController</title>
</head>
<body>
  <h1>org.springframework.web.servlet.mvc.ParameterizableViewController</h1>
</body>
</html>
```

（3）创建 parameterizable-view-dispatcher.xml 文件，该文件和 web.xml 同级，具体代码如下。

```
<?xml version="1.0" encoding="UTF-8"?>
<beans xmlns="http://www.springframework.org/schema/beans"
  xmlns:xsi="http://www.w3.org/2001/XMLSchema-instance"
  xsi:schemaLocation="http://www.springframework.org/schema/beans
  http://www.springframework.org/schema/beans/spring-beans-4.3.xsd">

  <bean id="viewResolver"
    class="org.springframework.web.servlet.view.InternalResourceViewResolver">
    <property name="prefix">
      <value>/WEB-INF/parameterizable-view/</value>
    </property>
    <property name="suffix">
      <value>.jsp</value>
    </property>
  </bean>

  <bean class="org.springframework.web.servlet.handler.SimpleUrlHandlerMapping">
    <property name="mappings">
      <props>
        <prop key="/">parameterizableViewController</prop>
      </props>
    </property>
  </bean>

  <bean id="parameterizableViewController"
    class="org.springframework.web.servlet.mvc.ParameterizableViewController">
    <property name="viewName" value="static" />
  </bean>
</beans>
```

（4）发送请求，具体请求信息如下。

```
GET http://localhost:8080/parameterizable-view/

HTTP/1.1 200
Set-Cookie: JSESSIONID=A61288673DB2AD1BC322387878A9B6A2; Path=/; HttpOnly
Content-Type: text/html;charset=ISO-8859-1
Content-Language: zh-CN
```

```
Content-Length: 189
Date: Thu, 01 Apr 2021 06:51:17 GMT
Keep-Alive: timeout=20
Connection: keep-alive

<!DOCTYPE html>
<html>
<head>
  <title>ParameterizableViewController</title>
</head>
<body>
<h1>org.springframework.web.servlet.mvc.ParameterizableViewController</h1>
</body>
</html>
```

通过对 ServletForwardingController 对象的分析可以知道，继承 AbstractController 类的子类主要入口在父类（方法签名：org.springframework.web.servlet.mvc.AbstractController#handleRequest），具体处理的差异细节是 handleRequestInternal()方法，ParameterizableViewController 中具体实现代码如下。

```
@Override
protected ModelAndView handleRequestInternal(HttpServletRequest request,
HttpServletResponse response)
      throws Exception {

   //获取视图名称
   String viewName = getViewName();

   //状态相关处理
   if (getStatusCode() != null) {
      if (getStatusCode().is3xxRedirection()) {
         request.setAttribute(View.RESPONSE_STATUS_ATTRIBUTE, getStatusCode());
      }
      else {
         response.setStatus(getStatusCode().value());
         if (getStatusCode().equals(HttpStatus.NO_CONTENT) && viewName == null) {
            return null;
         }
      }
   }

   if (isStatusOnly()) {
      return null;
   }

   //组装 ModelAndView 对象
   ModelAndView modelAndView = new ModelAndView();
   modelAndView.addAllObjects(RequestContextUtils.getInputFlashMap(request));
   if (viewName != null) {
      modelAndView.setViewName(viewName);
```

```
    }
    else {
        modelAndView.setView(getView());
    }
    return modelAndView;
}
```

在上述方法中主要处理操作有以下三项。

(1) 获取视图名称。viewName 数据是通过 parameterizable-view-dispatcher-servlet.xml 文件进行配置的,具体数据如图 4.10 所示。

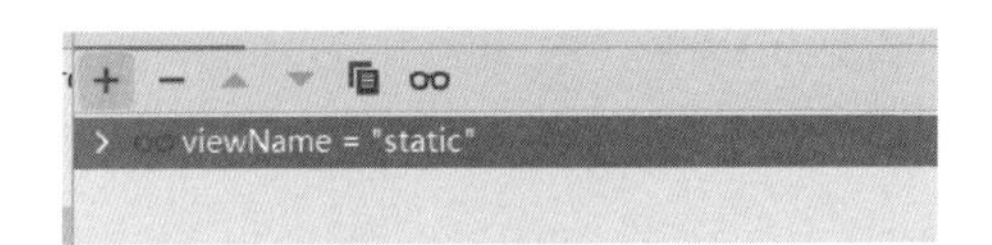

图 4.10　视图名称

(2) 处理状态相关内容：①将状态数据设置给 request 或者 response；②对 statusOnly 属性是否为 true 进行判断。本例中有两个数据很关键,第一个是 statusCode,第二个是 statusOnly,这两项数据同样可以通过 parameterizable-view-dispatcher-servlet.xml 文件进行配置,数据信息如图 4.11 所示。

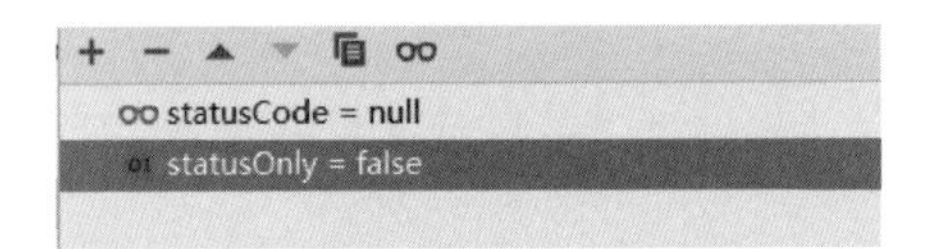

图 4.11　statusCode 和 statusOnly

(3) 组装 ModelAndViews 对象。在本例中 ModelAndViews 的数据信息如图 4.12 所示。

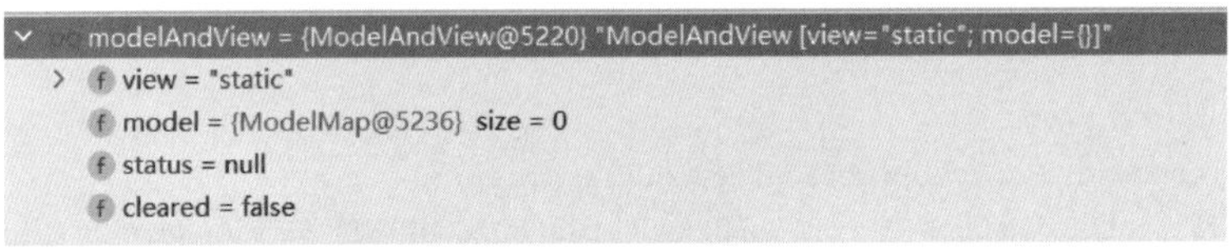

modelAndView = {ModelAndView@5220} "ModelAndView [view="static"; model={}]"
view = "static"
model = {ModelMap@5236} size = 0
status = null
cleared = false

图 4.12　ModelAndView 对象信息

当 ModelAndViews 数据组装完成就会将数据返回完成本次请求的处理。

4.6.3　ServletWrappingController 分析

本节将对 Controller 接口的 ServletWrappingController 实现类进行分析,开始进行分析前需要编写测试用例。

(1) 编写 Servlet 对象,编写该对象的目的是各个 Servlet 环境隔离,类名为 ServletWrappingControllerServlet,具体代码如下。

```
public class ServletWrappingControllerServlet extends HttpServlet {
```

```
    private static final long serialVersionUID = 1L;

    @Override
    protected void doGet(HttpServletRequest req,
          HttpServletResponse resp) throws ServletException, IOException {
       resp.getWriter().print("ServletWrappingControllerServlet!");
    }
}
```

（2）编写 SpringXML 配置文件，注意此时的配置文件不能在原有的 applicationContext.xml 文件中修改，需要创建 servlet-wrapping-dispatcher-servlet.xml 文件，该文件与 web.xml 是同级文件，文件内容如下。

```
<?xml version = "1.0" encoding = "UTF - 8"?>
< beans xmlns = "http://www.springframework.org/schema/beans"
   xmlns:xsi = "http://www.w3.org/2001/XMLSchema - instance"
   xsi:schemaLocation = "http://www.springframework.org/schema/beans
   http://www.springframework.org/schema/beans/spring - beans - 4.3.xsd">

   < bean class = "org.springframework.web.servlet.handler.SimpleUrlHandlerMapping">
      < property name = "mappings">
         < props >
            < prop key = "/"> servletWrappingController </prop >
         </props >
      </property >
   </bean >

   < bean id = "servletWrappingController"
      class = "org.springframework.web.servlet.mvc.ServletWrappingController">
      < property name = "servletClass">
         < value >
            com.source.hot.mvc.servlet.ServletWrappingControllerServlet
         </value >
      </property >
   </bean >
</beans >
```

（3）定义一个新的 Servlet，这里可以直接通过 web.xml 文件的 servlet 相关标签进行配置，具体配置信息如下。

```
< servlet >
   < servlet - name > servlet - wrapping - dispatcher </servlet - name >
   < servlet - class > org.springframework.web.servlet.DispatcherServlet </servlet - class >
   < load - on - startup > 1 </load - on - startup >
</servlet >
< servlet - mapping >
   < servlet - name > servlet - wrapping - dispatcher </servlet - name >
   < url - pattern >/servlet - wrapping/ * </url - pattern >
</servlet - mapping >
```

(4) 发送请求,具体请求信息如下。

```
GET http://localhost:8080/servlet-wrapping/

HTTP/1.1 200
Content-Length: 33
Date: Thu, 01 Apr 2021 07:29:01 GMT
Keep-Alive: timeout=20
Connection: keep-alive

ServletWrappingControllerServlet!
```

在 ServletWrappingController 对象中需要关注的方法有两个:第一个是由 InitializingBean 接口提供的 afterPropertiesSet()方法,第二个是父类需要子类实现的 handleRequestInternal()方法。首先查看 afterPropertiesSet()方法,具体代码如下。

```
@Override
public void afterPropertiesSet() throws Exception {
   if (this.servletClass == null) {
      throw new IllegalArgumentException("'servletClass' is required");
   }
   if (this.servletName == null) {
      this.servletName = this.beanName;
   }
    this.servletInstance = ReflectionUtils.accessibleConstructor(this.servletClass).
newInstance();
   this.servletInstance.init(new DelegatingServletConfig());
}
```

在这个方法中主要目标是进行 Servlet 对象的实例化操作,在本例中通过配置文件配置的 Servlet 对象是 com.source.hot.mvc.servlet.ServletWrappingControllerServlet,通过调试查看 servletClass、servletName 和 servletInstance 的数据信息,详细信息如图 4.13 所示。

```
> oo servletClass = {Class@4445} "class com.source.hot.mvc.servlet.ServletWrappingControllerServlet" ... Navigate
> oo servletName = "servletWrappingController"
> oo servletInstance = {ServletWrappingControllerServlet@4493}
```

图 4.13 servletClass、servletName 和 servletInstance 数据信息

当 servletInstance 对象完成创建后执行 init()方法就会完成 Servlet 的基本初始化。初始化完成后会等待请求进入,在测试用例中发送了"http://localhost:8080/servlet-wrapping/"请求,该请求进入到 Spring MVC 后会进入 ServletWrappingController#handleRequestInternal()方法,具体处理代码如下。

```
@Override
protected ModelAndView handleRequestInternal(HttpServletRequest request,
HttpServletResponse response)
      throws Exception {

   Assert.state(this.servletInstance != null, "No Servlet instance");
```

```
        this.servletInstance.service(request, response);
        return null;
    }
```

通过前文的分析知道，servletInstance 是 ServletWrappingControllerServlet 类型，具体 service 的方法也在 ServletWrappingControllerServlet 对象之中，具体实现代码就是前文编写的 ServletWrappingControllerServlet#doGet()方法。

4.6.4　UrlFilenameViewController 分析

本节将对 Controller 接口的 UrlFilenameViewController 实现类进行分析，开始进行分析前需要编写测试用例。

(1) 定义一个新的 Servlet，这里可以直接通过 web.xml 文件的 servlet 相关标签进行配置，具体配置信息如下。

```
<servlet>
    <servlet-name>url-filename-view-dispatcher</servlet-name>
    <servlet-class>org.springframework.web.servlet.DispatcherServlet</servlet-class>
    <load-on-startup>1</load-on-startup>
</servlet>
<servlet-mapping>
    <servlet-name>url-filename-view-dispatcher</servlet-name>
    <url-pattern>/url-filename-view/*</url-pattern>
</servlet-mapping>
```

(2) 创建一个 JSP 文件，该文件主要目的是用于显示内容，文件路径为 spring-source-mvc-demo/src/main/webapp/WEB-INF/url-filename-view/static.jsp，文件内容如下。

```
<!DOCTYPE html>
<html>
<head>
<title>UrlFilenameViewController</title>
</head>
<body>

    <h1>org.springframework.web.servlet.mvc.UrlFilenameViewController</h1>

</body>
</html>
```

(3) 创建 url-filename-view-dispatcher-servlet.xml 文件，该文件和 web.xml 同级，具体代码如下。

```
<?xml version="1.0" encoding="UTF-8"?>
<beans xmlns="http://www.springframework.org/schema/beans"
    xmlns:xsi="http://www.w3.org/2001/XMLSchema-instance"
    xsi:schemaLocation="http://www.springframework.org/schema/beans
    http://www.springframework.org/schema/beans/spring-beans-4.3.xsd">
```

```
    <bean id = "viewResolver"
        class = "org.springframework.web.servlet.view.InternalResourceViewResolver">
        <property name = "prefix">
            <value>/WEB-INF/url-filename-view/</value>
        </property>
        <property name = "suffix">
            <value>.jsp</value>
        </property>
    </bean>

    <bean class = "org.springframework.web.servlet.handler.SimpleUrlHandlerMapping">
        <property name = "mappings">
            <props>
                <prop key = "/static">urlFilenameViewController</prop>
            </props>
        </property>
    </bean>

    <bean id = "urlFilenameViewController"
        class = "org.springframework.web.servlet.mvc.UrlFilenameViewController" />
</beans>
```

(4) 发送请求，具体请求信息如下。

```
GET http://localhost:8080/url-filename-view/static

HTTP/1.1 200
Set-Cookie: JSESSIONID = DEC6391E8F56C5C3BDEC0AF01E598E9C; Path = /; HttpOnly
Content-Type: text/html;charset = ISO-8859-1
Content-Language: zh-CN
Content-Length: 185
Date: Fri, 02 Apr 2021 02:40:56 GMT
Keep-Alive: timeout = 20
Connection: keep-alive

<!DOCTYPE html>
<html>
<head>
  <title>UrlFilenameViewController</title>
</head>
<body>

<h1>org.springframework.web.servlet.mvc.UrlFilenameViewController</h1>

</body>
</html>
```

下面进入 UrlFilenameViewController 对象的分析，在 UrlFilenameViewController 对象之中关键的方法是 getViewNameForRequest()，该方法的作用是从请求中提取视图名称，具体处理代码如下。

```
@Override
protected String getViewNameForRequest(HttpServletRequest request) {
   //获取 uri
   String uri = extractOperableUrl(request);
   //获取视图名称
   return getViewNameForUrlPath(uri);
}
```

在 getViewNameForRequest()方法中会通过两个操作获取视图名称。

(1) 提取 uri 数据,具体处理代码如下。

```
protected String extractOperableUrl(HttpServletRequest request) {
   //提取 HandlerMapping.PATH_WITHIN_HANDLER_MAPPING_ATTRIBUTE 对应的数据信息
   String urlPath = (String)
request.getAttribute(HandlerMapping.PATH_WITHIN_HANDLER_MAPPING_ATTRIBUTE);
   if (!StringUtils.hasText(urlPath)) {
      //解析真正的 URL 地址
      urlPath =
getUrlPathHelper().getLookupPathForRequest(request, HandlerMapping.LOOKUP_PATH);
   }
   return urlPath;
}
```

通过上述代码可以知道具体处理操作有以下两个。

① 从请求对象中提取 HandlerMapping.PATH_WITHIN_HANDLER_MAPPING_ATTRIBUTE 对应的数据信息。

② 第一个操作中无法得到数据依靠 UrlPathHelper 对象对请求进行处理得到 urlPath 数据。

在本例中 request 对象的属性信息如图 4.14 所示。

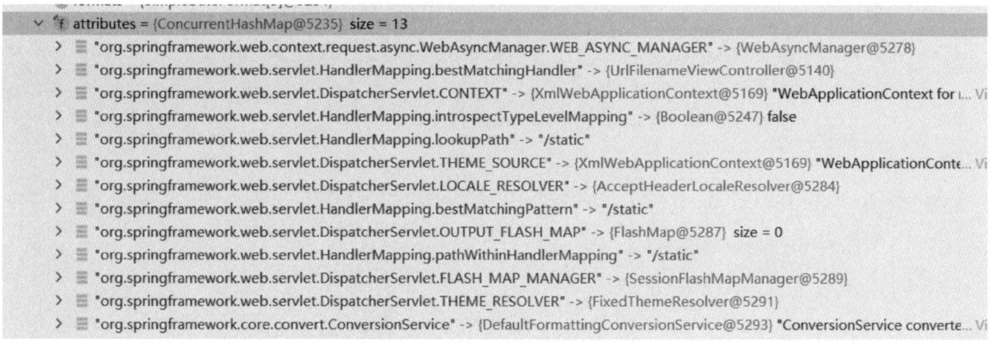

```
attributes = {ConcurrentHashMap@5235} size = 13
> "org.springframework.web.context.request.async.WebAsyncManager.WEB_ASYNC_MANAGER" -> {WebAsyncManager@5278}
> "org.springframework.web.servlet.HandlerMapping.bestMatchingHandler" -> {UrlFilenameViewController@5140}
> "org.springframework.web.servlet.DispatcherServlet.CONTEXT" -> {XmlWebApplicationContext@5169} "WebApplicationContext for ... Vi
> "org.springframework.web.servlet.HandlerMapping.introspectTypeLevelMapping" -> {Boolean@5247} false
> "org.springframework.web.servlet.HandlerMapping.lookupPath" -> "/static"
> "org.springframework.web.servlet.DispatcherServlet.THEME_SOURCE" -> {XmlWebApplicationContext@5169} "WebApplicationConte... Vi
> "org.springframework.web.servlet.DispatcherServlet.LOCALE_RESOLVER" -> {AcceptHeaderLocaleResolver@5284}
> "org.springframework.web.servlet.HandlerMapping.bestMatchingPattern" -> "/static"
> "org.springframework.web.servlet.DispatcherServlet.OUTPUT_FLASH_MAP" -> {FlashMap@5287} size = 0
> "org.springframework.web.servlet.HandlerMapping.pathWithinHandlerMapping" -> "/static"
> "org.springframework.web.servlet.DispatcherServlet.FLASH_MAP_MANAGER" -> {SessionFlashMapManager@5289}
> "org.springframework.web.servlet.DispatcherServlet.THEME_RESOLVER" -> {FixedThemeResolver@5291}
> "org.springframework.core.convert.ConversionService" -> {DefaultFormattingConversionService@5293} "ConversionService converte... Vi
```

图 4.14 request 中的属性表

在图 4.14 中需要关注 org.springframework.web.servlet.HandlerMapping.pathWithinHandlerMapping 所对应的数据"/static",此时第一个操作即可获取数据。urlPath 的数据为"/static"。

(2) 从 uri 中提取视图名称,具体会从视图缓存或者 uri 解析得到,具体处理代码如下。

```
protected String getViewNameForUrlPath(String uri) {
```

```
    //视图缓存中获取
    String viewName = this.viewNameCache.get(uri);
    if (viewName == null) {
        //从 URL 中提取文件名称
        viewName = extractViewNameFromUrlPath(uri);
        //处理文件名,处理方式: 前缀 + viewName + 后缀
        viewName = postProcessViewName(viewName);
        this.viewNameCache.put(uri, viewName);
    }
    return viewName;
}
```

在上述代码中具体处理流程如下。

① 从视图缓存中获取视图名称。

② 从 uri 中寻找对应的视图名称,总共分为以下三个处理细节。

- 从 uri 数据中提取视图名称。
- 将 uri 中得到的视图名称和前缀后缀相加,相加公式为:前缀+视图名称+后缀。
- 放入视图缓存。

现在对于 getViewNameForRequest()方法分析完成,下面需要在父类中找该方法的调用位置,父类的调用位置是一个熟悉的方法 handleRequestInternal(),具体处理代码如下。

```
@Override
protected ModelAndView handleRequestInternal(HttpServletRequest request,
                                             HttpServletResponse response) {
    //从请求中获取视图名称
    String viewName = getViewNameForRequest(request);
    if (logger.isTraceEnabled()) {
        logger.trace("Returning view name '" + viewName + "'");
    }
    //创建 ModelAndView
    return new ModelAndView(viewName,
RequestContextUtils.getInputFlashMap(request));
}
```

在这个方法中主要处理流程有以下两个。

(1) 从请求中获取视图名称。

(2) 创建 ModelAndView 对象。

通过上述两个操作将返回对象完成组装从而可以看到请求结果。

4.7 RequestMappingHandlerAdapter 分析

下面将对 RequestMappingHandlerAdapter 类进行分析,首先查看它的类图,具体类图如图 4.15 所示。

在类图上可以发现它实现了 InitializingBean 接口,该接口的实现方法是需要分析的几个方法之一,它的处理代码如下。

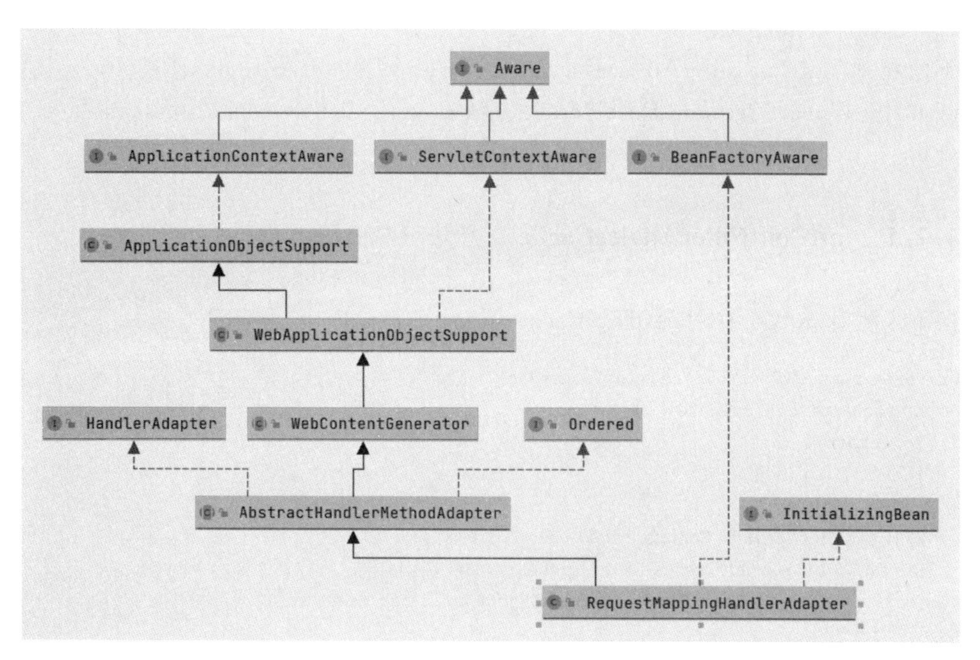

图 4.15 RequestMappingHandlerAdapter 类图

```
@Override
public void afterPropertiesSet() {
   //初始化 ControllerAdviceCache 相关内容
   initControllerAdviceCache();

   //部分成员变量初始化
   if (this.argumentResolvers == null) {
      List<HandlerMethodArgumentResolver> resolvers =
getDefaultArgumentResolvers();
      this.argumentResolvers = new
HandlerMethodArgumentResolverComposite().addResolvers(resolvers);
   }
   if (this.initBinderArgumentResolvers == null) {
      List<HandlerMethodArgumentResolver> resolvers =
getDefaultInitBinderArgumentResolvers();
      this.initBinderArgumentResolvers = new
HandlerMethodArgumentResolverComposite().addResolvers(resolvers);
   }
   if (this.returnValueHandlers == null) {
      List<HandlerMethodReturnValueHandler> handlers =
getDefaultReturnValueHandlers();
      this.returnValueHandlers = new
HandlerMethodReturnValueHandlerComposite().addHandlers(handlers);
   }
}
```

在 afterPropertiesSet()方法中主要处理事项有两个。

(1) 初始化 ControllerAdvice 注解相关数据。

（2）设置部分成员变量。

下面将对 initControllerAdviceCache()方法、getDefaultArgumentResolvers()方法、getDefaultInitBinderArgumentResolvers()方法和 getDefaultReturnValueHandlers()方法进行分析。

4.7.1 initControllerAdviceCache()方法分析

接下来将对 initControllerAdviceCache()方法进行分析，首先查看方法源代码。

```
private void initControllerAdviceCache() {
   if (getApplicationContext() == null) {
      return;
   }

   //在容器中寻找具有 ControllerAdvice 注解的对象
   List<ControllerAdviceBean> adviceBeans =
ControllerAdviceBean.findAnnotatedBeans(getApplicationContext());

   List<Object> requestResponseBodyAdviceBeans = new ArrayList<>();

   for (ControllerAdviceBean adviceBean : adviceBeans) {
      Class<?> beanType = adviceBean.getBeanType();
      if (beanType == null) {
         throw new IllegalStateException("Unresolvable type for ControllerAdviceBean: " +
adviceBean);
      }
      //在 ControllerAdviceBean 对应的原始类中找到符合 MODEL_ATTRIBUTE_METHODS 过滤器的
      //数据
       Set<Method> attrMethods = MethodIntrospector.selectMethods(beanType, MODEL_
ATTRIBUTE_METHODS);
      if (!attrMethods.isEmpty()) {
         this.modelAttributeAdviceCache.put(adviceBean, attrMethods);
      }
      //在 ControllerAdviceBean 对应的原始类中找到符合 INIT_BINDER_METHODS 过滤器的数据
      Set<Method> binderMethods = MethodIntrospector.selectMethods(beanType,
INIT_BINDER_METHODS);
      if (!binderMethods.isEmpty()) {
         this.initBinderAdviceCache.put(adviceBean, binderMethods);
      }
      if (RequestBodyAdvice.class.isAssignableFrom(beanType) ||
            ResponseBodyAdvice.class.isAssignableFrom(beanType)) {
         requestResponseBodyAdviceBeans.add(adviceBean);
      }
   }

   //设置 ControllerAdvice 对象数据给 requestResponseBodyAdvice
   if (!requestResponseBodyAdviceBeans.isEmpty()) {
      this.requestResponseBodyAdvice.addAll(0, requestResponseBodyAdviceBeans);
   }
```

```
        //日志输出
        if (logger.isDebugEnabled()) {
            int modelSize = this.modelAttributeAdviceCache.size();
            int binderSize = this.initBinderAdviceCache.size();
            int reqCount = getBodyAdviceCount(RequestBodyAdvice.class);
            int resCount = getBodyAdviceCount(ResponseBodyAdvice.class);
            if (modelSize == 0 && binderSize == 0 && reqCount == 0 && resCount == 0) {
                logger.debug("ControllerAdvice beans: none");
            }
            else {
                logger.debug("ControllerAdvice beans: " + modelSize + " @ModelAttribute, " +
binderSize + " @InitBinder, " + reqCount + " RequestBodyAdvice, " + resCount +
" ResponseBodyAdvice");
            }
        }
    }
```

在开始分析上述方法之前需要编写一个具备 ControllerAdvice 注解的 Controller 类，类名为 CustomExceptionHandler，具体代码如下。

```
@ControllerAdvice
public class CustomExceptionHandler {
    @ResponseBody
    @ExceptionHandler(value = Exception.class)
    public Map<String, Object> errorHandler(Exception ex) {
        Map<String, Object> map = new HashMap<>();
        map.put("code", 400);
        map.put("msg", ex.getMessage());
        return map;
    }
}
```

完成测试代码编写后进行 initControllerAdviceCache()方法分析，在该方法中主要处理内容如下。

(1) 在 Spring 容器中寻找具有 ControllerAdvice 注解的 Bean 对象，将其转换成 ControllerAdviceBean 对象。本例中转换后的数据对象如图 4.16 所示。

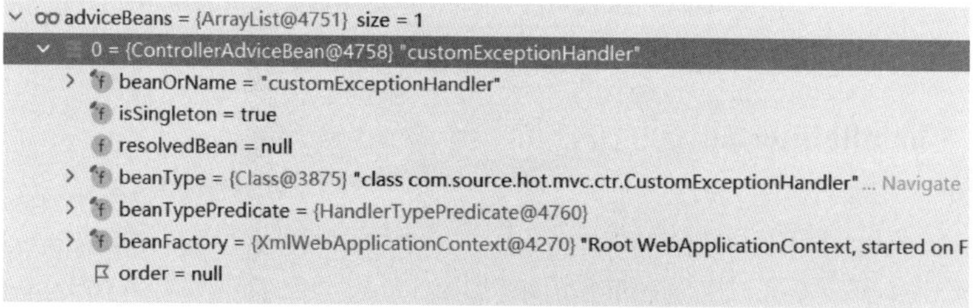

```
∨ oo adviceBeans = {ArrayList@4751} size = 1
  ∨ 0 = {ControllerAdviceBean@4758} "customExceptionHandler"
    > f beanOrName = "customExceptionHandler"
      f isSingleton = true
      f resolvedBean = null
    > f beanType = {Class@3875} "class com.source.hot.mvc.ctr.CustomExceptionHandler"... Navigate
    > f beanTypePredicate = {HandlerTypePredicate@4760}
    > f beanFactory = {XmlWebApplicationContext@4270} "Root WebApplicationContext, started on F
      order = null
```

图 4.16 adviceBeans 对象信息

(2) 对第(1)步中得到的数据进行处理，主要处理的内容有以下两个。

① 在 ControllerAdviceBean 的原始类型中寻找符合 MODEL_ATTRIBUTE_METHODS 条件的函数，将这些函数放在 modelAttributeAdviceCache 对象中。

② 在 ControllerAdviceBean 的原始类型中寻找符合 INIT_BINDER_METHODS 条件的函数，将这些函数放在 initBinderAdviceCache 对象中。

如果 ControllerAdviceBean 的原始类型是 RequestBodyAdvice 的实现或者是 ResponseBodyAdvice 的实现，将其放入到 requestResponseBodyAdviceBeans 集合中。

原始类型是指被 ControllerAdvice 注解标记的类，在本例中所使用的类并不符合这些条件，本例中三个变量的数据信息如图 4.17 所示。

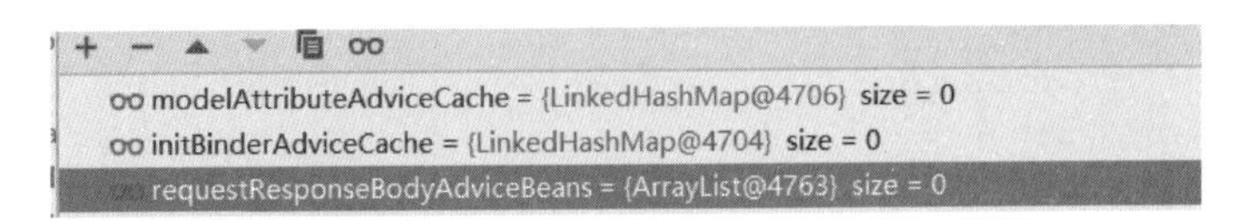

图 4.17 modelAttributeAdviceCache、initBinderAdviceCache 和 requestResponseBydoAdviceBeans 数据信息

(3) 为 requestResponseBodyAdvice 集合设置属性。

4.7.2 部分成员变量初始化

在 afterPropertiesSet()方法中除了 initControllerAdviceCache()方法的调用以外还有 getDefaultArgumentResolvers()方法、getDefaultInitBinderArgumentResolvers()方法和 getDefaultReturnValueHandlers()方法的调用，这些方法的目的都是进行数据初始化，在这些数据初始化方法中都是进行 new 关键字的调用，实际操作难度和理解难度不高，处理后的数据信息如图 4.18 所示。

```
argumentResolvers = {HandlerMethodArgumentResolverComposite@4328}
  argumentResolvers = {LinkedList@4387} size = 26
  argumentResolverCache = {ConcurrentHashMap@4388} size = 0
initBinderArgumentResolvers = {HandlerMethodArgumentResolverComposite@4329}
  argumentResolvers = {LinkedList@4389} size = 12
  argumentResolverCache = {ConcurrentHashMap@4390} size = 0
returnValueHandlers = {HandlerMethodReturnValueHandlerComposite@4330}
  logger = {LogAdapter$JavaUtilLog@4391}
  returnValueHandlers = {ArrayList@4392} size = 15
```

图 4.18 RequestMappingHandlerAdapter 部分成员变量信息

4.7.3 handleInternal()方法分析

在 RequestMappingHandlerAdapter 对象中还有一个需要关注的方法，这个方法是 handleInternal()，该方法的职责是进行请求处理，将请求转换成 ModelAndView 对象，具体处理代码如下。

```
@Override
```

```
protected ModelAndView handleInternal(HttpServletRequest request,
        HttpServletResponse response, HandlerMethod handlerMethod) throws Exception {

    ModelAndView mav;
    //检查请求
    checkRequest(request);

    //是否需要在同步代码块中执行
    if (this.synchronizeOnSession) {
        HttpSession session = request.getSession(false);
        if (session != null) {
            Object mutex = WebUtils.getSessionMutex(session);
            synchronized (mutex) {
                mav = invokeHandlerMethod(request, response, handlerMethod);
            }
        }
        else {
            mav = invokeHandlerMethod(request, response, handlerMethod);
        }
    }
    else {
        mav = invokeHandlerMethod(request, response, handlerMethod);
    }

    //请求头中包含 Cache - Control 数据的处理
    if (!response.containsHeader(HEADER_CACHE_CONTROL)) {
        //获取 session 属性
        if (getSessionAttributesHandler(handlerMethod).hasSessionAttributes()) {
            //应用缓存的有效时间
            applyCacheSeconds(response, this.cacheSecondsForSessionAttributeHandlers);
        }
        else {
            //返回值准备
            prepareResponse(response);
        }
    }

    return mav;
}
```

在这段代码中的主要执行流程有如下三个步骤。

(1) 对请求进行检查,检查内容有请求方式的检查和 Session 的检查。

(2) 执行 handler 对象的方法。

(3) 处理请求头中未出现 Cache-Control 的操作,处理操作有缓存的有效期处理和返回值的准备。

在上述流程处理中需要关注的方法有三个,分别是 invokeHandlerMethod()、applyCacheSeconds() 和 prepareResponse()。在这三个方法中相对重要的方法是 invokeHandlerMethod()。

1. invokeHandlerMethod()分析

在开始 invokeHandlerMethod()方法的调试及源码分析之前，需要先进行基本测试环境的搭建，该环境返回值采用 JSON 进行返回，不返回视图模型对象。下面将创建模拟环境，具体步骤如下。

(1) 首先需要引入 jackson-databind 依赖，修改 build. gradle 文件，向其中添加如下内容。

```
compile 'com.fasterxml.jackson.core:jackson-databind:2.9.6'
```

(2) 修改 web. xml 文件，添加一个新的 servlet 标签用来处理返回 JSON 的情况，添加的代码如下。

```
<servlet>
    <servlet-name>servlet-annotation-dispatcher</servlet-name>
    <servlet-class>org.springframework.web.servlet.DispatcherServlet</servlet-class>
    <load-on-startup>1</load-on-startup>
</servlet>
<servlet-mapping>
    <servlet-name>servlet-annotation-dispatcher</servlet-name>
    <url-pattern>/servlet-annotation/*</url-pattern>
</servlet-mapping>
```

(3) 在 web. xml 的同级目录下创建 servlet-annotation-dispatcher-servlet. xml 文件，向该文件内添加如下代码。

```
<?xml version="1.0" encoding="UTF-8"?>
<beans xmlns="http://www.springframework.org/schema/beans"
       xmlns:xsi="http://www.w3.org/2001/XMLSchema-instance" xmlns:mvc="http://www.springframework.org/schema/mvc"
       xmlns:context="http://www.springframework.org/schema/context" xmlns:p="http://www.springframework.org/schema/p"
        xsi:schemaLocation="http://www.springframework.org/schema/beans http://www.springframework.org/schema/beans/spring-beans.xsd http://www.springframework.org/schema/mvc https://www.springframework.org/schema/mvc/spring-mvc.xsd http://www.springframework.org/schema/context https://www.springframework.org/schema/context/spring-context.xsd">
    <context:component-scan base-package="com.source.hot.mvc.ann.ctr"/>

    <mvc:annotation-driven/>
     <bean class="org.springframework.web.servlet.mvc.method.annotation.RequestMappingHandlerAdapter"
         p:ignoreDefaultModelOnRedirect="true" >
        <property name="messageConverters">
            <list>
                <bean class="org.springframework.http.converter.json.MappingJackson2HttpMessageConverter"/>
            </list>
        </property>
    </bean>
</beans>
```

（4）发送请求，具体请求信息如下。

```
GET http://localhost:8080/servlet-annotation/json

HTTP/1.1 200
Content-Type: application/json
Transfer-Encoding: chunked
Date: Tue, 06 Apr 2021 01:28:58 GMT
Keep-Alive: timeout=20
Connection: keep-alive

{
  "demo": "demo"
}
```

在完成上述测试用例编写后需要进行方法的分析，首先查看代码。

```java
@Nullable
protected ModelAndView invokeHandlerMethod(HttpServletRequest request,
      HttpServletResponse response, HandlerMethod handlerMethod) throws Exception {

   //创建 ServletWebRequest
   ServletWebRequest webRequest = new ServletWebRequest(request, response);
   try {
      //数据绑定工厂
      WebDataBinderFactory binderFactory = getDataBinderFactory(handlerMethod);
      //获取模型工厂
      ModelFactory modelFactory = getModelFactory(handlerMethod, binderFactory);

      //请求处理器
      ServletInvocableHandlerMethod invocableMethod =
createInvocableHandlerMethod(handlerMethod);
      //设置参数解析类
      if (this.argumentResolvers != null) {
         invocableMethod.setHandlerMethodArgumentResolvers(this.argumentResolvers);
      }
      //设置返回值解析类
      if (this.returnValueHandlers != null) {
         invocableMethod.setHandlerMethodReturnValueHandlers(this.returnValueHandlers);
      }
      //设置数据绑定工厂
      invocableMethod.setDataBinderFactory(binderFactory);
      //设置参数名称发现器
      invocableMethod.setParameterNameDiscoverer(this.parameterNameDiscoverer);

      //数据传递对象,数据上下文
      ModelAndViewContainer mavContainer = new ModelAndViewContainer();
      //添加属性表
      mavContainer.addAllAttributes(RequestContextUtils.getInputFlashMap(request));
      //初始化模型对象
      modelFactory.initModel(webRequest, mavContainer, invocableMethod);
```

```
        //设置重定向时是否需要忽略原有默认数据模型
        mavContainer.setIgnoreDefaultModelOnRedirect(this.ignoreDefaultModelOnRedirect);

        //创建异步请求对象
        AsyncWebRequest asyncWebRequest =
WebAsyncUtils.createAsyncWebRequest(request, response);
        //设置超时时间
        asyncWebRequest.setTimeout(this.asyncRequestTimeout);

        //管理异步的网络请求
        WebAsyncManager asyncManager = WebAsyncUtils.getAsyncManager(request);
        //设置执行器
        asyncManager.setTaskExecutor(this.taskExecutor);
        //设置异步请求
        asyncManager.setAsyncWebRequest(asyncWebRequest);
        //设置可调用拦截器列表
        asyncManager.registerCallableInterceptors(this.callableInterceptors);
        //注册延迟结果处理拦截器列表
        asyncManager.registerDeferredResultInterceptors(this.deferredResultInterceptors);

        if (asyncManager.hasConcurrentResult()) {
            //获取处理结果
            Object result = asyncManager.getConcurrentResult();
            //获取处理的数据上下文
            mavContainer = (ModelAndViewContainer)
asyncManager.getConcurrentResultContext()[0];
            //清空数据
            asyncManager.clearConcurrentResult();
            LogFormatUtils.traceDebug(logger, traceOn -> {
                String formatted = LogFormatUtils.formatValue(result, !traceOn);
                return "Resume with async result [" + formatted + "]";
            });
            //包装返回对象
            invocableMethod = invocableMethod.wrapConcurrentResult(result);
        }

        //执行处理器方法
        invocableMethod.invokeAndHandle(webRequest, mavContainer);
        if (asyncManager.isConcurrentHandlingStarted()) {
            return null;
        }

        //获取视图对象
        return getModelAndView(mavContainer, modelFactory, webRequest);
    }
    finally {
        //发出请求处理完成通知
        webRequest.requestCompleted();
    }
}
```

在 invokeHandlerMethod()方法执行过程中主要的处理操作流程有如下内容。

(1) 创建 ServletWebRequest 对象。

(2) 获取数据绑定工厂。

(3) 获取模型工厂。

(4) 创建请求处理器对象,设置请求处理器对象的参数解析对象、设置返回值解析对象、设置参数绑定工厂、设置参数名称发现器。

(5) 创建数据传递对象(数据上下文对象),为数据传递对象添加属性表、初始化模型对象,设置重定向时是否需要忽略原有的默认模型(默认为 false,即不忽略)。

(6) 创建异步请求对象,为异步请求对象设置处理超时时间。

(7) 创建异步请求建管理对象,为其设置执行器,设置异步请求处理对象,设置可调用拦截器列表,设置延迟结果处理拦截器列表。

(8) 判断是否存在异步处理结果,如果存在则进行如下操作。

① 从异步请求管理对象中获取处理结果。

② 从异步请求管理对象中获取数据上下文。

③ 清空异步请求管理对象中的返回值。

④ 包装返回值对象。

(9) 执行处理器方法,通常执行的是 Controller()方法。

(10) 获取视图对象。

(11) 发出请求处理完成的通知。

上述 11 个操作流程就是 invokeHandlerMethod()方法的核心处理逻辑,其中还有一些细节方法和对象需要进一步探索。首先简单概述在这段代码中出现的一些对象的作用。

(1) ServletWebRequest:封装了 request 和 response 的对象。

(2) WebDataBinderFactory:数据绑定工厂,用于绑定请求数据,工厂生成 WebDataBinder 对象,该对象是数据绑定结果。

(3) ModelFactory:模型工厂,主要包含两个能力,第一个是初始化 Model,第二个是将 Model 中的参数更新到 SessionAttributes 中。

(4) ServletInvocableHandlerMethod:请求处理器,用于处理 HTTP 请求。

(5) ModelAndViewContainer:用户传递数据的对象。

(6) AsyncWebRequest:异步请求对象。

(7) WebAsyncManager:异步请求管理对象。

上述 7 个对象大部分都是直接交互的数据对象,而 ModelAndViewContainer 中的数据对象在该方法中难以直接查看,因此对 ModelAndViewContainer 的成员变量进行说明,详细说明见表 4.1。

表 4.1 ModelAndViewContainer 成员变量

变量名称	变量类型	变量含义
ignoreDefaultModelOnRedirect	boolean	重定向时是否需要忽略原有默认数据模型
view	Object	视图对象
defaultModel	ModelMap	默认数据模型

续表

变量名称	变量类型	变量含义
redirectModel	ModelMap	重定向时需要使用的模型
redirectModelScenario	boolean	标记是否返回重定向模型
status	HttpStatus	HTTP 状态码
noBinding	Set < String >	没有绑定的数据
bindingDisabled	Set < String >	不进行绑定的数据
sessionStatus	SessionStatus	该对象用来发出会话处理完毕的信号
requestHandled	boolean	标记是否完成处理

2. modelFactory. initModel()分析

根据 invokeHandlerMethod()方法的执行流程可以看到有一段关于模型工厂的初始化代码。

```
modelFactory.initModel(webRequest, mavContainer, invocableMethod)
```

在上述方法中需要进一步查阅 initModel()方法，具体代码如下。

```
public void initModel(NativeWebRequest request, ModelAndViewContainer container,
HandlerMethod handlerMethod)
      throws Exception {

   //获取 session 属性表
   Map<String, ?> sessionAttributes =
this.sessionAttributesHandler.retrieveAttributes(request);
   //数据上下文中的数据和 session 属性表进行合并
   container.mergeAttributes(sessionAttributes);
   //ModelAttribute 注解处理
   invokeModelAttributeMethods(request, container);

   //处理 ModelAttribute 和 session 属性表中存在的数据
   for (String name : findSessionAttributeArguments(handlerMethod)) {
      if (!container.containsAttribute(name)) {
         Object value = this.sessionAttributesHandler.retrieveAttribute(request, name);
         if (value == null) {
            throw new HttpSessionRequiredException("Expected session attribute '" + name +
"'", name);
         }
         //向数据上下文添加属性
         container.addAttribute(name, value);
      }
   }
}
```

在 initModel()方法处理过程中存在如下处理操作。

(1) 从 session 属性持有器中通过 request 获取 session 属性表。

(2) 将数据上下文中的数据和 session 属性表进行合并。

(3) 对注解 ModelAttribute 进行处理。

（4）处理使用注解 ModelAttribute 和属性持有器中同时存在的数据，处理方式是将符合的数据放入数据上下文对象中。

在这段代码中出现了两个注解 SessionAttributes 和 ModelAttribute，在前文所创建的测试用例中并没有进行使用，因此在上述代码执行流程中，sessionAttributes 变量和 container 变量都可以理解为空数据，具体信息如图 4.19 所示。

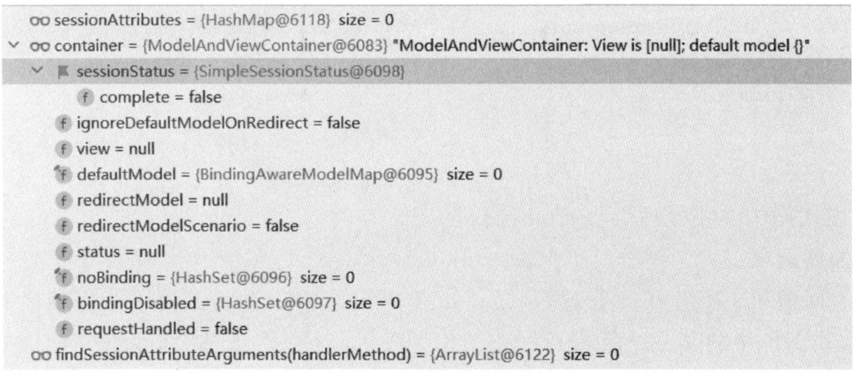

```
oo sessionAttributes = {HashMap@6118} size = 0
∨ oo container = {ModelAndViewContainer@6083} "ModelAndViewContainer: View is [null]; default model {}"
  ∨ sessionStatus = {SimpleSessionStatus@6098}
      f complete = false
    f ignoreDefaultModelOnRedirect = false
    f view = null
    f defaultModel = {BindingAwareModelMap@6095} size = 0
    f redirectModel = null
    f redirectModelScenario = false
    f status = null
    f noBinding = {HashSet@6096} size = 0
    f bindingDisabled = {HashSet@6097} size = 0
    f requestHandled = false
oo findSessionAttributeArguments(handlerMethod) = {ArrayList@6122} size = 0
```

图 4.19　container 对象信息

3. invokeAndHandle()分析

接下来将对 invokeAndHandle()方法进行分析，主要处理代码如下。

```
public void invokeAndHandle(ServletWebRequest webRequest, ModelAndViewContainer mavContainer,Object... providedArgs) throws Exception {

    //处理请求
    Object returnValue = invokeForRequest(webRequest, mavContainer, providedArgs);
    //设置返回对象的状态
    setResponseStatus(webRequest);

    if (returnValue == null) {
        if (isRequestNotModified(webRequest) || getResponseStatus() != null ||
mavContainer.isRequestHandled()) {
            //进行缓存禁用的处理
            disableContentCachingIfNecessary(webRequest);
            mavContainer.setRequestHandled(true);
            return;
        }
    }
    else if (StringUtils.hasText(getResponseStatusReason())) {
        mavContainer.setRequestHandled(true);
        return;
    }

    //设置是否处理完成
    mavContainer.setRequestHandled(false);
    Assert.state(this.returnValueHandlers != null, "No return value handlers");
```

```
        try {
           //返回对象处理
           this.returnValueHandlers.handleReturnValue(
                 returnValue, getReturnValueType(returnValue), mavContainer, webRequest);
        }
        catch (Exception ex) {
           if (logger.isTraceEnabled()) {
              logger.trace(formatErrorForReturnValue(returnValue), ex);
           }
           throw ex;
        }
     }
```

在这段代码中主要处理流程有如下 4 个步骤。

(1) 处理请求。

(2) 返回值对象不存在的处理,判断请求是否未修改或者状态码不为空或者请求已处理,满足这些条件中的某一个就进行缓存禁用处理,同时设置处理状态为 true。

(3) 处理 ResponseStatus 注解中 reason 数据存在的情况,将处理状态设置为 true 返回。

(4) 返回值二次处理。

在这 4 个处理步骤中需要重点关注的步骤是第一个,具体处理方法是 invokeForRequest(),具体代码如下。

```
@Nullable
public Object invokeForRequest(NativeWebRequest request, @Nullable
ModelAndViewContainer mavContainer,Object... providedArgs) throws Exception {

   //获取请求参数
   Object[] args = getMethodArgumentValues(request, mavContainer, providedArgs);
   if (logger.isTraceEnabled()) {
      logger.trace("Arguments: " + Arrays.toString(args));
   }
   //执行处理方法
   return doInvoke(args);
}
```

在 invokeForRequest()方法执行过程中有以下两个操作。

(1) 获取请求参数。

(2) 执行方法。

在目前的测试用例中第一个操作所获得的数据对象是空数组对象(没有任何元素),主体核心目前先放在执行方法上,执行方法的核心代码如下。

```
return getBridgedMethod().invoke(getBean(), args);
```

在这段代码中主要关注 bridgedMethod()(桥接函数),具体数据对象如图 4.20 所示。

除了 bridgedMethod 对象以外,还需要关注 getBean()方法获取的对象,根据 Java 反射执行函数的参数可以知道,getBean()返回的是方法所在的类,具体信息如图 4.21 所示。

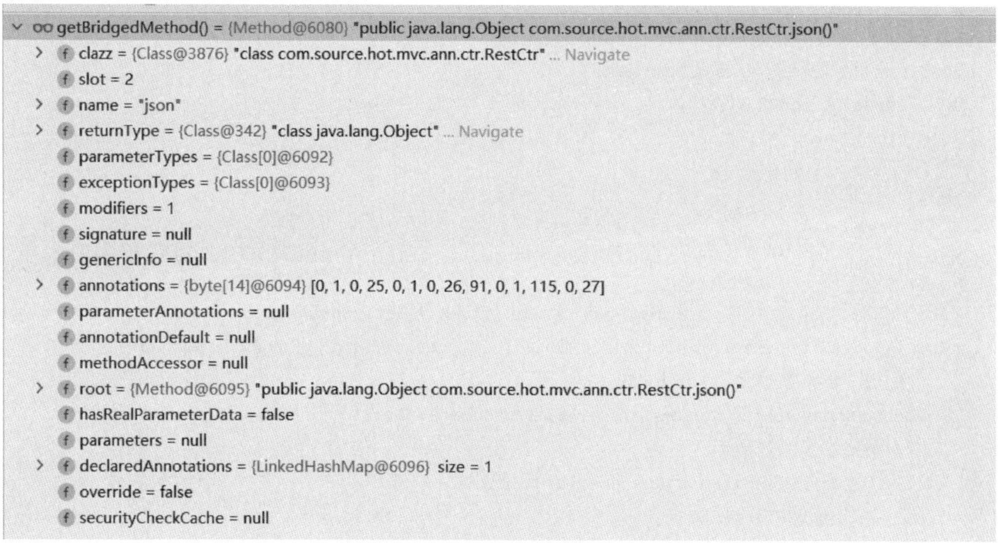

```
∨ oo getBridgedMethod() = {Method@6080} "public java.lang.Object com.source.hot.mvc.ann.ctr.RestCtr.json()"
  > f clazz = {Class@3876} "class com.source.hot.mvc.ann.ctr.RestCtr" ... Navigate
    f slot = 2
  > f name = "json"
  > f returnType = {Class@342} "class java.lang.Object" ... Navigate
    f parameterTypes = {Class[0]@6092}
    f exceptionTypes = {Class[0]@6093}
    f modifiers = 1
    f signature = null
    f genericInfo = null
  > f annotations = {byte[14]@6094} [0, 1, 0, 25, 0, 1, 0, 26, 91, 0, 1, 115, 0, 27]
    f parameterAnnotations = null
    f annotationDefault = null
    f methodAccessor = null
  > f root = {Method@6095} "public java.lang.Object com.source.hot.mvc.ann.ctr.RestCtr.json()"
    f hasRealParameterData = false
    f parameters = null
  > f declaredAnnotations = {LinkedHashMap@6096} size = 1
    f override = false
    f securityCheckCache = null
```

图 4.20 桥接函数信息

```
∨ oo getBean() = {RestCtr@6079}
    Class has no fields
```

图 4.21 获取 RestCtr 数据信息

至此各项数据准备已经完成，下面就进入反射调用，即可得到返回值，处理结果如图 4.22 所示。

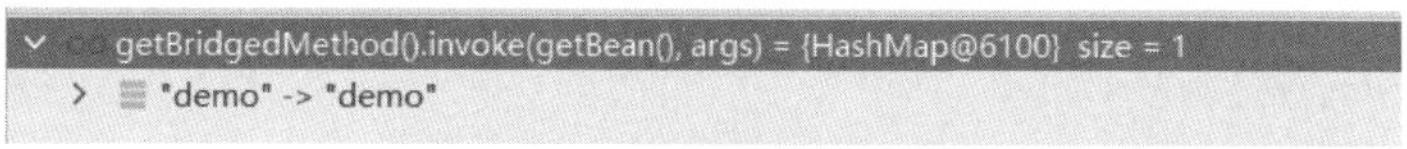

```
∨ oo getBridgedMethod().invoke(getBean(), args) = {HashMap@6100} size = 1
  > "demo" -> "demo"
```

图 4.22 桥接函数执行结果

如图 4.22 所示的数据表示方法已经执行完成，接下来将对 getMethodArgumentValues()方法进行分析，首先编写一个测试用的 Controller()方法，具体代码如下。

```
@GetMapping("/data_param")
public Object dataParam(
        String data
) {
    return data;
}
```

对上述编写代码进行模拟请求，具体请求信息如下。

```
GET http://localhost:8080/data_param?data = 123

HTTP/1.1 200
Vary: Origin
Vary: Access - Control - Request - Method
Vary: Access - Control - Request - Headers
```

```
Content-Type: text/plain;charset=ISO-8859-1
Content-Length: 3
Date: Tue, 06 Apr 2021 05:11:29 GMT
Keep-Alive: timeout=20
Connection: keep-alive

123
```

测试用例准备完毕，下面先查看 getMethodArgumentValues()方法的完整内容。

```
protected Object[] getMethodArgumentValues(NativeWebRequest request, @Nullable
ModelAndViewContainer mavContainer, Object... providedArgs) throws Exception {
    //获取方法参数集合
    MethodParameter[] parameters = getMethodParameters();
    //判断是不是空数组
    if (ObjectUtils.isEmpty(parameters)) {
        return EMPTY_ARGS;
    }

    //数据结果对象
    Object[] args = new Object[parameters.length];
    for (int i = 0; i < parameters.length; i++) {
        //方法参数对象
        MethodParameter parameter = parameters[i];
        //初始化参数发现器
        parameter.initParameterNameDiscovery(this.parameterNameDiscoverer);
        //设置属性对象
        args[i] = findProvidedArgument(parameter, providedArgs);
        if (args[i] != null) {
            continue;
        }
        if (!this.resolvers.supportsParameter(parameter)) {
             throw new IllegalStateException(formatArgumentError(parameter, "No suitable
resolver"));
        }
        try {
            //设置属性对象
             args[i] = this.resolvers.resolveArgument(parameter, mavContainer, request,
this.dataBinderFactory);
        }
        catch (Exception ex) {
            if (logger.isDebugEnabled()) {
                String exMsg = ex.getMessage();
                if (exMsg != null
&& !exMsg.contains(parameter.getExecutable().toGenericString())) {
                    logger.debug(formatArgumentError(parameter, exMsg));
                }
            }
            throw ex;
```

```
            }
        }
        return args;
    }
```

在 getMethodArgumentValues()方法中主要处理流程如下。

(1) 获取当前需要执行方法的参数列表。

(2) 对参数列表进行空数组判断,如果不存在参数列表则返回空数组。

(3) 参数列表存在则进行请求参数的提取并按照顺序(方法的参数顺序)进行放置。

在上述三个处理流程中首先关注方法参数列表,测试用例中对应的数据如图 4.23 所示。

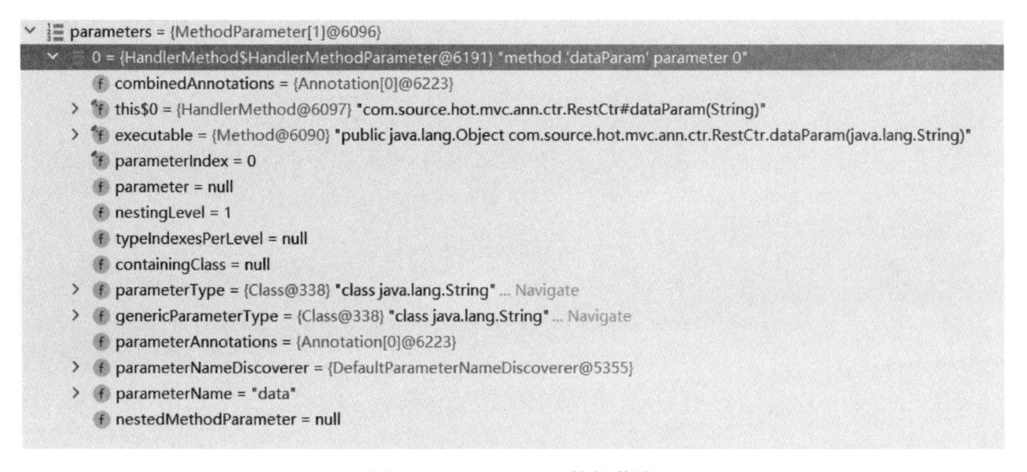

图 4.23　parmeters 数据信息

在得到 parameters 对象之后需要进行参数值提取,在这个方法中提供了以下两个方式进行操作。

(1) findProvidedArgument()方法。该方法会进行值数据的类型比较,如果当前值的类型和参数类型相同则将其作为返回值,具体处理代码如下。

```
@Nullable
protected static Object findProvidedArgument(MethodParameter parameter, @Nullable Object...
providedArgs) {
    if (!ObjectUtils.isEmpty(providedArgs)) {
        for (Object providedArg : providedArgs) {
            //获取参数类型, 当前数据值是否是该类型
            if (parameter.getParameterType().isInstance(providedArg)) {
                return providedArg;
            }
        }
    }
    return null;
}
```

在本例中 providedArgs 数据对象不存在,因此返回值为 null。

(2) this.resolvers.resolveArgument()方法。该方法的主要操作有以下两个。

① 在已知的 HandlerMethodArgumentResolver 集合中寻找到一个可以处理当前参数的对象。

② 通过第一个操作中得到的对象进行参数解析。

上述具体操作代码如下。

```
@Override
@Nullable
public Object resolveArgument(MethodParameter parameter, @Nullable
ModelAndViewContainer mavContainer,
        NativeWebRequest webRequest, @Nullable WebDataBinderFactory binderFactory) throws
Exception {

    //获取参数解析器
    HandlerMethodArgumentResolver resolver = getArgumentResolver(parameter);
    if (resolver == null) {
        throw new IllegalArgumentException("Unsupported parameter type [" +
                parameter.getParameterType().getName() + "]. supportsParameter should be called
first.");
    }
    //参数解析器进行参数解析
    return resolver.resolveArgument(parameter, mavContainer, webRequest, binderFactory);
}
```

在本例中 resolver 对象的实际类型是 RequestParamMethodArgumentResolver,具体提供该方法的类是 AbstractNamedValueMethodArgumentResolver,具体处理代码如下。

```
@Override
@Nullable
public final Object resolveArgument(MethodParameter parameter, @Nullable
ModelAndViewContainer mavContainer,
        NativeWebRequest webRequest, @Nullable WebDataBinderFactory binderFactory) throws
Exception {

    //方法参数名称信息
    NamedValueInfo namedValueInfo = getNamedValueInfo(parameter);
    //获取嵌套的方法参数
    MethodParameter nestedParameter = parameter.nestedIfOptional();

    //进行参数名称解析
    Object resolvedName = resolveStringValue(namedValueInfo.name);
    if (resolvedName == null) {
        throw new IllegalArgumentException(
                "Specified name must not resolve to null: [" + namedValueInfo.name + "]");
    }

    //进行数据值解析
    Object arg = resolveName(resolvedName.toString(), nestedParameter, webRequest);
    if (arg == null) {
        if (namedValueInfo.defaultValue != null) {
```

```
            arg = resolveStringValue(namedValueInfo.defaultValue);
        }
        else if (namedValueInfo.required && !nestedParameter.isOptional()) {
            handleMissingValue(namedValueInfo.name, nestedParameter, webRequest);
        }
        arg = handleNullValue(namedValueInfo.name, arg,
nestedParameter.getNestedParameterType());
    }
    else if ("".equals(arg) && namedValueInfo.defaultValue != null) {
        arg = resolveStringValue(namedValueInfo.defaultValue);
    }

    //数据绑定工厂存在时的处理
    if (binderFactory != null) {
        WebDataBinder binder = binderFactory.createBinder(webRequest, null,
namedValueInfo.name);
        try {
            arg = binder.convertIfNecessary(arg, parameter.getParameterType(), parameter);
        }
        catch (ConversionNotSupportedException ex) {
            throw new MethodArgumentConversionNotSupportedException(arg,
ex.getRequiredType(),
                    namedValueInfo.name, parameter, ex.getCause());
        }
        catch (TypeMismatchException ex) {
            throw new MethodArgumentTypeMismatchException(arg, ex.getRequiredType(),
                    namedValueInfo.name, parameter, ex.getCause());
        }
    }

    //数据值解析后的处理
    handleResolvedValue(arg, namedValueInfo.name, parameter, mavContainer,
webRequest);

    return arg;
}
```

在 resolveArgument()方法中主要处理流程如下。

(1) 获取方法参数名称相关信息。

(2) 获取嵌套的方法参数对象。

(3) 进行参数名称解析。

(4) 进行数据值解析,此项需要依赖参数名称的解析结果。

(5) 数据绑定工厂存在时的处理,通过数据绑定工程创建数据绑定结果,通过数据绑定对象对数据值进行解析。

(6) 数据值解析后进行 handleResolvedValue()方法调用,目前该方法的子类实现是 PathVariableMethodArgumentResolver。

在上述六个处理流程中首先查看方法参数名称相关信息,数据信息如图 4.24 所示。

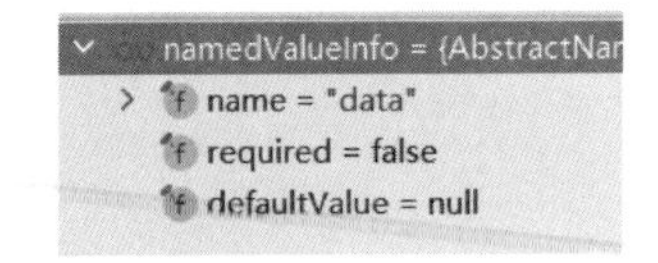

图 4.24　namedValueInfo 数据信息

4. resolveStringValue()分析

在得到方法参数名称后需要进行参数名的确认，具体处理方法是 resolveStringValue()，在这个方法中会使用 SpringEL 相关的技术内容，由于本例的 name 并不存在符合 SpringEL 的处理，因此得到的数据信息为 data。在得到参数名称之后就需要从请求中获取对应的数据值，该方法是一个抽象方法，具体实现类是 RequestParamMethodArgumentResolver，具体处理代码如下。

```
@Override
@Nullable
protected Object resolveName ( String name, MethodParameter parameter, NativeWebRequest
request) throws Exception {
   //获取 HttpServletRequest
   HttpServletRequest servletRequest =
request.getNativeRequest(HttpServletRequest.class);

   if (servletRequest != null) {
      //解析 MultipartFile 相关参数
      Object mpArg = MultipartResolutionDelegate.resolveMultipartArgument(name, parameter,
servletRequest);
      if (mpArg != MultipartResolutionDelegate.UNRESOLVABLE) {
         return mpArg;
      }
   }

   Object arg = null;
   //对 MultipartRequest 请求进行处理
   MultipartRequest multipartRequest = request.getNativeRequest(MultipartRequest.class);
   if (multipartRequest != null) {
      List<MultipartFile> files = multipartRequest.getFiles(name);
      if (!files.isEmpty()) {
         arg = (files.size() == 1 ? files.get(0) : files);
      }
   }
   if (arg == null) {
      //从请求中获取 name 对应的数值
      String[] paramValues = request.getParameterValues(name);
      if (paramValues != null) {
         arg = (paramValues.length == 1 ? paramValues[0] : paramValues);
      }
   }
   return arg;
}
```

在这段代码中主要处理行为有以下三个。

（1）处理 HttpServletRequest 请求，在这个处理过程中会直接获取请求中的 MultipartFile 对象，将其作为该方法的返回值。

（2）处理 MultipartRequest 请求，在这个处理过程中会通过 name 直接从请求中获取 MultipartFile 对象，将其作为该方法的返回值。

（3）通过处理一和处理二还未得到请求参数的处理，在这个处理过程中会直接通过 name 获取请求中对应的数据，将其作为该方法的返回值。

在该方法执行后如果得到的 arg 是 null 时还会进行如下处理。

（1）默认值处理。

（2）数据要求必填并且默认值为空的处理。

（3）空值处理。

在 namedValueInfo 数据对象中有 defaultValue 数据，该数据是一个默认值，通常可以通过下面这种方式为 GET 请求进行默认值设置@RequestParam(defaultValue = "default_value")，如果默认值数据存在会将默认值进行解析，解析所使用的技术是 SpringEL。对 Cotnroller 进行修改，修改后代码如下。

```
@GetMapping("/data_param")
public Object dataParam(
    @RequestParam(defaultValue = "default_value") String data
) {
    return data;
}
```

在这段代码中发送请求，请求详情如下。

```
GET http://localhost:8080/servlet-annotation/data_param

HTTP/1.1 200
Content-Type: text/plain;charset=ISO-8859-1
Content-Length: 13
Date: Tue, 06 Apr 2021 06:09:35 GMT
Keep-Alive: timeout=20
Connection: keep-alive

default_value
```

在发送上述请求时 namedValueInfo 的数据信息如图 4.25 所示。

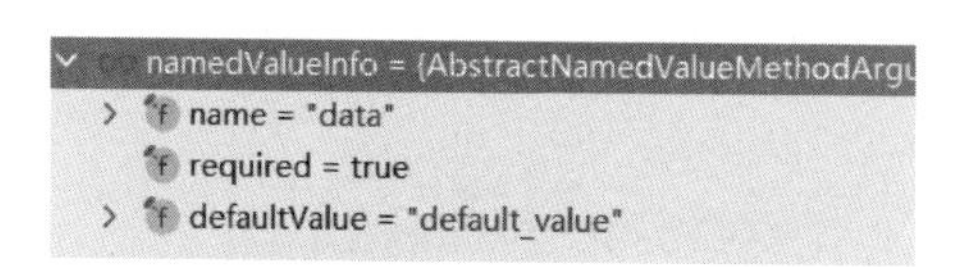

图 4.25　namedValueInfo 对象信息

在这个请求中并未通过 URL 进行参数传递，因此在外层的解析结果为 null，从而进入 if 代码块。在这个处理过程完成之后会对必填项进行检查，如果没有必填此时会抛出如下异常。

```
protected void handleMissingValue ( String name, MethodParameter parameter ) throws
ServletException {
    throw new ServletRequestBindingException("Missing argument '" + name +
            "' for method parameter of type " +
parameter.getNestedParameterType().getSimpleName());
}
```

最后还需要进行空值的处理,具体处理代码如下。

```
@Nullable
private Object handleNullValue(String name, @Nullable Object value, Class<?> paramType) {
    if (value == null) {
        if (Boolean.TYPE.equals(paramType)) {
            return Boolean.FALSE;
        }
        else if (paramType.isPrimitive()) {
            throw new IllegalStateException ( "Optional " + paramType.getSimpleName ( ) +
" parameter '" + name +
                "' is present but cannot be translated into a null value due to being declared as
a " +
                "primitive type. Consider declaring it as object wrapper for the corresponding
primitive type.");
        }
    }
    return value;
}
```

在这段代码操作中会有以下两个处理。

(1) 如果类型为 Boolean,此时会将默认值设置为 False。

(2) 如果类型是原始类型(int,long,double,float),将抛出异常。

此外,对于参数获取还有另一种处理情况,即请求中传递了参数但未传递数据值,会进入下面这段代码。

```
else if ("".equals(arg) && namedValueInfo.defaultValue != null) {
    arg = resolveStringValue(namedValueInfo.defaultValue);
}
```

这段代码的模拟请求信息如下。

```
GET http://localhost:8080/servlet-annotation/data_param?data=

HTTP/1.1 200
Content-Type: text/plain;charset=ISO-8859-1
Content-Length: 13
Date: Tue, 06 Apr 2021 06:17:36 GMT
Keep-Alive: timeout=20
Connection: keep-alive

default_value
```

5. 数据绑定工厂处理

在进行数据绑定工厂处理操作时主要操作代码如下。

```
WebDataBinder binder = binderFactory.createBinder(webRequest, null,
namedValueInfo.name);

arg = binder.convertIfNecessary(arg, parameter.getParameterType(), parameter);
```

在这段代码中有两个处理操作。

(1) 通过数据绑定工厂创建数据绑定对象。

(2) 通过数据绑定对象解析数据。

在解析数据的底层所涉及的内容是 Spring 中的转换服务。

6. getModelAndView()分析

接下来将对 getModelAndView()方法进行分析,具体处理代码如下。

```
@Nullable
private ModelAndView getModelAndView(ModelAndViewContainer mavContainer,
      ModelFactory modelFactory, NativeWebRequest webRequest) throws Exception {

   //更新模型工厂
   modelFactory.updateModel(webRequest, mavContainer);
   //是否处理完毕
   if (mavContainer.isRequestHandled()) {
      return null;
   }
   //模型对象
   ModelMap model = mavContainer.getModel();
   //模型和视图对象创建
   ModelAndView mav = new ModelAndView(mavContainer.getViewName(), model, mavContainer.
getStatus());
   //视图对象相关设置
   if (!mavContainer.isViewReference()) {
      mav.setView((View) mavContainer.getView());
   }
   //模型对象是否是 RedirectAttributes 类型
   if (model instanceof RedirectAttributes) {
      Map<String, ?> flashAttributes = ((RedirectAttributes) model).getFlashAttributes();
      HttpServletRequest request =
webRequest.getNativeRequest(HttpServletRequest.class);
      if (request != null) {
         //请求上下文直接写出,重定向
         RequestContextUtils.getOutputFlashMap(request).putAll(flashAttributes);
      }
   }
   return mav;
}
```

在上述代码中主要执行的处理操作有如下 4 个步骤。

(1) 更新模型工厂,主要更新内容包括 sessionAttributesHandler 和 model 对象。

(2) 判断是否处理完毕，如果处理未完成将返回 null。

(3) 获取模型对象和模型视图对象，为模型视图对象进行视图设置。

(4) 如果模型对象的类型是 RedirectAttributes 类型，将进行数据更新操作。

4.8 HandlerFunctionAdapter 分析

下面将对 HandlerFunctionAdapter 类进行分析，在这个类中需要关注的方法是 handle()，具体处理代码如下。

```
@Nullable
@Override
public ModelAndView handle(HttpServletRequest servletRequest,
                           HttpServletResponse servletResponse,
                           Object handler) throws Exception {

   HandlerFunction<?> handlerFunction = (HandlerFunction<?>) handler;

   ServerRequest serverRequest = getServerRequest(servletRequest);
   ServerResponse serverResponse = handlerFunction.handle(serverRequest);

   return serverResponse.writeTo(servletRequest, servletResponse,
                                 new ServerRequestContext(serverRequest));
}
```

在上述代码中主要操作流程如下。

(1) handler 对象转换为 HandlerFunction 类型。

(2) 获取 ServerRequest 对象。

(3) 对 handler 对象进行处理。

(4) 处理值写出。

在这段方法中关于获取 ServerRequest 对象的操作本质是从 servletRequest 中提取 RouterFunctions.REQUEST_ATTRIBUTE 属性名的对象。接下来对写出操作进行分析，负责写出的代码内容如下。

```
@Override
public ModelAndView writeTo(HttpServletRequest request, HttpServletResponse response,
      Context context) throws ServletException, IOException {

   try {
      //设置状态、头信息和 cookie 信息
      writeStatusAndHeaders(response);

      long lastModified = headers().getLastModified();
      ServletWebRequest servletWebRequest = new ServletWebRequest(request, response);
      HttpMethod httpMethod = HttpMethod.resolve(request.getMethod());
      if (SAFE_METHODS.contains(httpMethod) &&
            servletWebRequest.checkNotModified(headers().getETag(), lastModified)) {
         return null;
```

```
        }
        else {
            //写出
            return writeToInternal(request, response, context);
        }
    }
    catch (Throwable throwable) {
        //异常处理
        return handleError(throwable, request, response, context);
    }
}
```

在这段代码中主要处理事项有如下 4 个操作。

(1) 设置请求状态,设置头信息和设置 cookie 相关内容。

(2) 对请求方法进行判断,如果是 GET 请求和 HEAD 请求并且时间信息检查通过抛出异常。

(3) 写出数据。

(4) 异常信息写出。

4.9　doDispatch()中 HandlerAdapter 相关处理

前文介绍了 HandlerAdapter 接口的四个实现类中的细节处理操作,还未对外层的使用进行分析,本节将对外层处理进行分析,在 Spring MVC 中 doDispatch()方法中有具体的处理代码,详细代码如下。

```
HandlerAdapter ha = getHandlerAdapter(mappedHandler.getHandler());

String method = request.getMethod();
boolean isGet = "GET".equals(method);
if (isGet || "HEAD".equals(method)) {
    long lastModified = ha.getLastModified(request, mappedHandler.getHandler());
    if (new ServletWebRequest(request, response).checkNotModified(lastModified) && isGet) {
        return;
    }
}

//处理 HandlerInterceptor
if (!mappedHandler.applyPreHandle(processedRequest, response)) {
    return;
}

//执行 HandlerAdapter 的 handle()方法
mv = ha.handle(processedRequest, response, mappedHandler.getHandler());
```

上述代码是 doDispatch()中的一部分,这部分是和 HandlerAdapter 处理相关的内容,整体处理流程如下。

(1) 获取 handler 对应的 HandlerAdapter 对象。

(2) 对 GET 请求和 HEAD 请求最后修改时间进行验证,如果检查失败会抛出异常。

(3) 处理 handler 中可能出现的拦截器,如果拦截器中有一个检查失败将结束处理。

(4) 执行 HandlerAdapter 的 handle()方法。

在这四个步骤中进入 handle()方法后就会进入四个实现类中的其中一个,然后进行处理得到模型和视图对象。

小结

本章对 HandlerAdapter 接口进行了相关分析,在该接口中最为重要的有两个方法,第一个方法是判断是否可以进行处理,第二个方法是处理,处理其本质是调用控制器的方法。在分析过程中对一些情况的模拟做了测试用例的编写,以便更好地进行调试分析和理解源码的处理。

第5章

HandlerExceptionResolver分析

本章将对 HandlerExceptionResolver 接口进行分析，HandlerExceptionResolver 的作用是解析对请求处理的过程中产生的异常，但是渲染时所产生的异常不归它管。

5.1 初识 HandlerExceptionResolver

在 Spring MVC 中 HandlerExceptionResolver 是一个接口，具体定义如下。

```
public interface HandlerExceptionResolver {
   @Nullable
   ModelAndView resolveException(
         HttpServletRequest request, HttpServletResponse response, @ Nullable Object
handler, Exception ex);

}
```

在 HandlerExceptionResolver 接口中只有一个方法，在 spring-webmvc/src/main/resources/org/springframework/web/servlet/DispatcherServlet. properties 文件中关于 HandlerExceptionResolver 的数据设置有如下信息。

```
org.springframework.web.servlet.HandlerExceptionResolver = org.springframework.web.servlet.
mvc.method.annotation.ExceptionHandlerExceptionResolver,\
   org.springframework.web.servlet.mvc.annotation.ResponseStatusExceptionResolver,\
   org.springframework.web.servlet.mvc.support.DefaultHandlerExceptionResolver
```

在配置文件中可以看到 HandlerExceptionResolver 有三个对应实现类，分别是 ExceptionHandlerExceptionResolver、ResponseStatusExceptionResolver 和 DefaultHandlerExceptionResolver，下面将对上述类进行说明。

（1）ExceptionHandlerExceptionResolver：处理注解 ExceptionHandler 的异常信息。

（2）ResponseStatusExceptionResolver：用来解析注解 ResponseStatus 标注的异常类。

（3）DefaultHandlerExceptionResolver：Spring MVC 中默认的异常解析类。

上述三个 HandlerExceptionResolver 对象是存在优先级关系的，在这三个对象中最高优先级是 ExceptionHandlerExceptionResolver，其次是 ResponseStatusExceptionResolver，最后是 DefaultHandlerExceptionResolver。在 Spring MVC 中关于 HTTP 异常的定义信息可以查看表 5.1。

表 5.1 Spring MVC 默认的异常 HTTP 状态码

异　　常	状　态　码
ConversionNotSupportedException	400（Bad Request）
HttpMediaTypeNotAcceptableException	500（Internal Server Error）
HttpMediaTypeNotSupportedException	406（Not Acceptable）
HttpMessageNotReadableException	415（Unsupported Media Type）
HttpMessageNotWritableException	400（Bad Request）
HttpRequestMethodNotSupportedException	500（Internal Server Error）
MethodArgumentNotValidException	405（Method Not Allowed）
MissingServletRequestParameterException	400（Bad Request）
MissingServletRequestPartException	400（Bad Request）
NoHandlerFoundException	404（Not Found）
NoSuchRequestHandlingMethodException	404（Not Found）
TypeMismatchException	400（Bad Request）

5.2 统一异常处理

本节将介绍 Spring MVC 中 HandlerExceptionResolver 的统一处理。在 DispatcherServlet 类中有一个名叫 processHandlerException 的方法，该方法的作用就是进行统一异常处理，具体代码如下。

```
@Nullable
protected ModelAndView processHandlerException(HttpServletRequest request,
HttpServletResponse response,
      @Nullable Object handler, Exception ex) throws Exception {

   //移除属性
   request.removeAttribute(HandlerMapping.PRODUCIBLE_MEDIA_TYPES_ATTRIBUTE);

   ModelAndView exMv = null;
   if (this.handlerExceptionResolvers != null) {
      //HandlerExceptionResolver 列表循环处理
      for (HandlerExceptionResolver resolver : this.handlerExceptionResolvers) {
         exMv = resolver.resolveException(request, response, handler, ex);
         if (exMv != null) {
            break;
         }
```

```
            }
        }
        if (exMv != null) {
            if (exMv.isEmpty()) {
                //设置异常堆栈
                request.setAttribute(EXCEPTION_ATTRIBUTE, ex);
                return null;
            }
            //是否存在视图名称
            if (!exMv.hasView()) {
                //获取默认视图名称
                String defaultViewName = getDefaultViewName(request);
                if (defaultViewName != null) {
                    //设置视图名称
                    exMv.setViewName(defaultViewName);
                }
            }
            if (logger.isTraceEnabled()) {
                logger.trace("Using resolved error view: " + exMv, ex);
            }
            else if (logger.isDebugEnabled()) {
                logger.debug("Using resolved error view: " + exMv);
            }
            //暴露异常信息
            WebUtils.exposeErrorRequestAttributes(request, ex, getServletName());
            return exMv;
        }

        throw ex;
    }
```

在上述代码中主要进行的处理有如下5个步骤。

(1) 移除 request 中的 HandlerMapping.PRODUCIBLE_MEDIA_TYPES_ATTRIBUTE 属性。

(2) 执行容器中存在的 HandlerExceptionResolver 所提供的方法，将方法返回值进行保留。

(3) 对步骤(2)中得到的返回值进行异常堆栈的属性设置。

(4) 判断是否存在视图，如果存在视图则进行视图名称设置。

(5) 暴露异常信息。

在整个处理过程中需要关注的是 handlerExceptionResolvers 对象的数据，根据 Spring MVC 中的 DispatcherServlet.properties 文件可以知道它是三个对象，具体信息如图 5.1 所示。

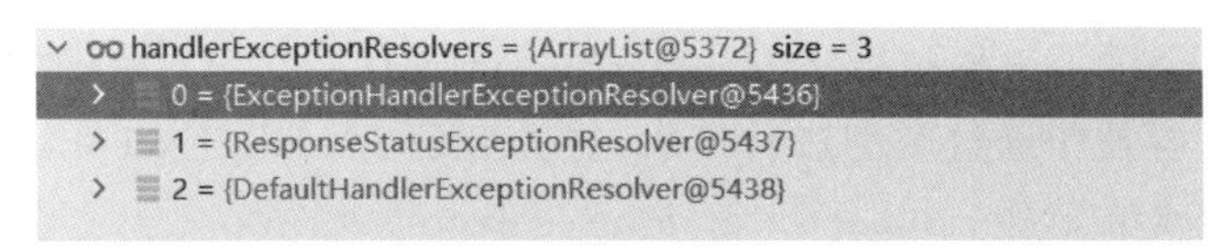

图 5.1 handlerExceptionResolvers 对象信息

在图 5.1 中所看到的三个类就是需要进行详细分析的类，在它们的方法列表中有各自的处理方式从而对异常进行处理。

5.3 HandlerExceptionResolver 初始化

在前文对统一异常处理的分析时看到了 handlerExceptionResolvers 数据包含三个对象，这三个对象的初始化和 DispatcherServlet.properties 文件存在关联，下面将对这三个对象的初始化进行分析，负责该行为的方法是 initHandlerExceptionResolvers()，具体代码如下。

```
private void initHandlerExceptionResolvers(ApplicationContext context) {
    this.handlerExceptionResolvers = null;

    if (this.detectAllHandlerExceptionResolvers) {
        //寻找容器中类型为 HandlerExceptionResolvers 的证明
        Map<String, HandlerExceptionResolver> matchingBeans = BeanFactoryUtils
                .beansOfTypeIncludingAncestors(context, HandlerExceptionResolver.class,
true, false);
        if (!matchingBeans.isEmpty()) {
            this.handlerExceptionResolvers = new ArrayList<>(matchingBeans.values());
            //排序
            AnnotationAwareOrderComparator.sort(this.handlerExceptionResolvers);
        }
    }
    else {
        try {
            HandlerExceptionResolver her =
                    context.getBean(HANDLER_EXCEPTION_RESOLVER_BEAN_NAME,
HandlerExceptionResolver.class);
            this.handlerExceptionResolvers = Collections.singletonList(her);
        }
        catch (NoSuchBeanDefinitionException ex) {
        }
    }

    if (this.handlerExceptionResolvers == null) {
        this.handlerExceptionResolvers = getDefaultStrategies(context,
HandlerExceptionResolver.class);
        if (logger.isTraceEnabled()) {
            logger.trace("No HandlerExceptionResolvers declared in servlet '" +
getServletName() +
                    "': using default strategies from DispatcherServlet.properties");
        }
    }
}
```

在上述代码中提供了三种初始化 HandlerExceptionResolver 对象的方式。

(1) 在 Spring 容器中通过类型进行搜索，将类型是 HandlerExceptionResolver 的对象提取后排序赋值给成员变量 handlerExceptionResolvers。

(2) 在 Spring 容器中通过名称和类型进行搜索，名称是 handlerExceptionResolver，将得到的数据赋值给成员变量 handlerExceptionResolvers。

(3) 通过读取 DispatcherServlet. properties 中 org. springframework. web. servlet. HandlerExceptionResolver 键值数据将值数据通过反射的方式进行实例化，将实例化后的结果赋值给成员变量 handlerExceptionResolvers。

5.4 ExceptionHandlerExceptionResolver 分析

本节将对 ExceptionHandlerExceptionResolver 类进行分析，首先查看它的类图，具体信息如图 5.2 所示。

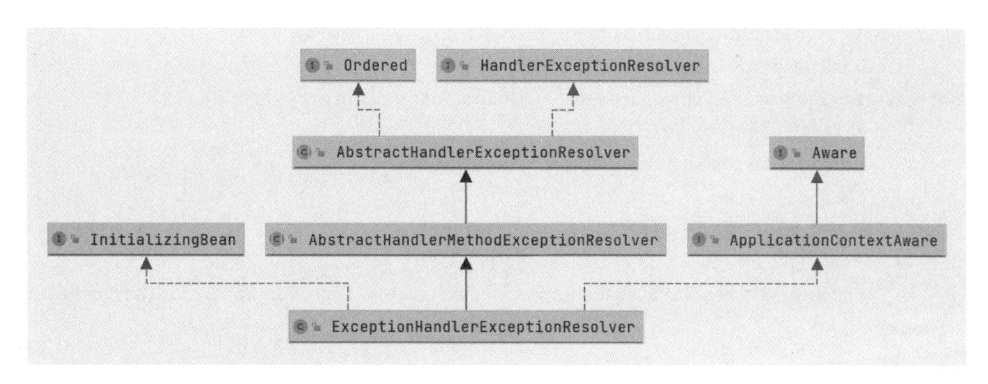

图 5.2 ExceptionHandlerExceptionResolver 类图

5.4.1 ExceptionHandlerExceptionResolver#afterPropertiesSet()方法分析

在 ExceptionHandlerExceptionResolver 类图中可以直观地看到它实现了 InitializingBean 接口，该接口的实现方法是分析重点，具体实现代码如下。

```
@Override
public void afterPropertiesSet() {
   initExceptionHandlerAdviceCache();

   if (this.argumentResolvers == null) {
      List < HandlerMethodArgumentResolver > resolvers =
getDefaultArgumentResolvers();
      this.argumentResolvers = new
HandlerMethodArgumentResolverComposite().addResolvers(resolvers);
   }
   if (this.returnValueHandlers == null) {
      List < HandlerMethodReturnValueHandler > handlers =
getDefaultReturnValueHandlers();
      this.returnValueHandlers = new
HandlerMethodReturnValueHandlerComposite().addHandlers(handlers);
   }
}
```

在上述代码中主要进行的处理操作有三个。

(1) 初始化异常建议缓存。

(2) 设置参数解析器。

(3) 设置返回值解析器。

在这三个处理操作中重点关注第一个操作，具体处理代码如下。

```
private void initExceptionHandlerAdviceCache() {
   //上下文为空不做任何处理
   if (getApplicationContext() == null) {
      return;
   }

   //寻找 ControllerAdviceBean 对象
   List<ControllerAdviceBean> adviceBeans =
ControllerAdviceBean.findAnnotatedBeans(getApplicationContext());
   //循环处理每个 ControllerAdviceBean
   for (ControllerAdviceBean adviceBean : adviceBeans) {
      //获取类型
      Class<?> beanType = adviceBean.getBeanType();
      if (beanType == null) {
         throw new IllegalStateException("Unresolvable type for ControllerAdviceBean: " +
adviceBean);
      }
      //异常处理方法解析器
      ExceptionHandlerMethodResolver resolver = new
ExceptionHandlerMethodResolver(beanType);
      //是否存在映射方法
      if (resolver.hasExceptionMappings()) {
         //缓存设置
         this.exceptionHandlerAdviceCache.put(adviceBean, resolver);
      }
      if (ResponseBodyAdvice.class.isAssignableFrom(beanType)) {
         this.responseBodyAdvice.add(adviceBean);
      }
   }

   if (logger.isDebugEnabled()) {
      int handlerSize = this.exceptionHandlerAdviceCache.size();
      int adviceSize = this.responseBodyAdvice.size();
      if (handlerSize == 0 && adviceSize == 0) {
         logger.debug("ControllerAdvice beans: none");
      }
      else {
         logger.debug("ControllerAdvice beans: " +
               handlerSize + " @ExceptionHandler, " + adviceSize + "
ResponseBodyAdvice");
      }
   }
}
```

在 responseBodyAdvice()方法中主要执行的处理流程有如下步骤。

(1) 判断是否存在上下文,如果上下文不存在则不做任何处理。

(2) 在容器中寻找具备 ControllerAdvice 注解的对象,这类对象会被转换为 ControllerAdviceBean 对象。

(3) 处理第(2)步中得到的 ControllerAdviceBean 集合,将 ControllerAdviceBean 和 ExceptionHandlerMethodResolver 的关系进行绑定,设置到异常建议缓存(exceptionHandlerAdviceCache)中,如果当前处理的类型是 ResponseBodyAdvice,需要将 ControllerAdviceBean 对象放入到返回值建议容器(responseBodyAdvice)中。

(4) 日志输出。

在了解 responseBodyAdvice()方法的处理流程后,下面将编写测试用例来对该流程中的部分数据进行调试查看,首先编写一个类,类名为 CustomExceptionHandler,具体代码如下。

```
@ControllerAdvice
public class CustomExceptionHandler {
   @ResponseBody
   @ExceptionHandler(value = Exception.class)
   public Map<String, Object> errorHandler(Exception ex) {
      Map<String, Object> map = new HashMap<>();
      map.put("code", 400);
      map.put("msg", ex.getMessage());
      return map;
   }
}
```

编写完成 CustomExceptionHandler 类后进行调试,首先查看 adviceBeans 的数据,详细内容如图 5.3 所示。

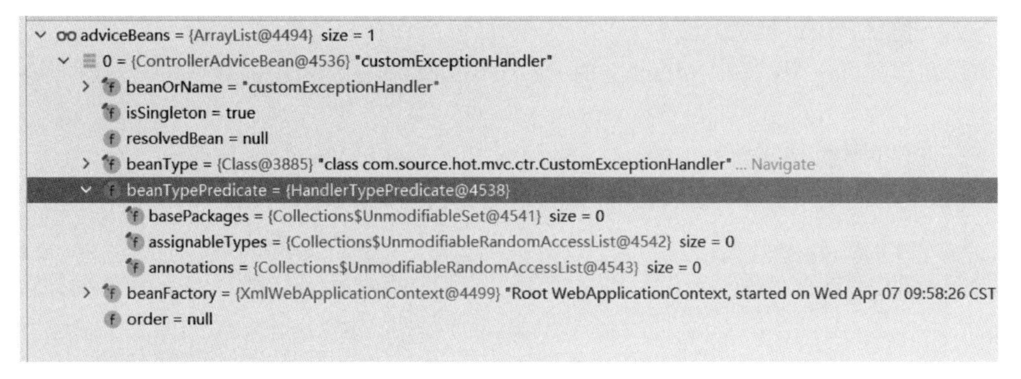

图 5.3 异常处理时的 adviceBeans 信息

目前在项目中只有一个具有 ControllerAdvice 注解的类,因此查询结果只有一个。在得到数据集合后需要对集合中的数据进行处理,首先需要创建 ExceptionHandlerMethodResolver 对象,再将数据放入到缓存中,完成这些操作的数据如图 5.4 所示。

在处理单个 ControllerAdviceBean 对象时还需要关注 ExceptionHandlerMethodResolver 的构

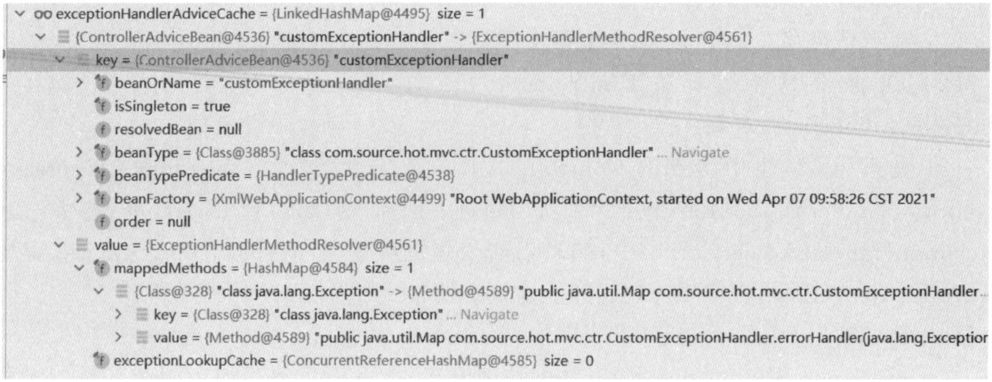

```
∨ ∞ exceptionHandlerAdviceCache = {LinkedHashMap@4495} size = 1
  ∨ ≡ {ControllerAdviceBean@4536} "customExceptionHandler" -> {ExceptionHandlerMethodResolver@4561}
    ∨ ≡ key = {ControllerAdviceBean@4536} "customExceptionHandler"
      > f beanOrName = "customExceptionHandler"
        f isSingleton = true
        f resolvedBean = null
      > f beanType = {Class@3885} "class com.source.hot.mvc.ctr.CustomExceptionHandler" ... Navigate
      > f beanTypePredicate = {HandlerTypePredicate@4538}
      > f beanFactory = {XmlWebApplicationContext@4499} "Root WebApplicationContext, started on Wed Apr 07 09:58:26 CST 2021"
        f order = null
    ∨ ≡ value = {ExceptionHandlerMethodResolver@4561}
      ∨ f mappedMethods = {HashMap@4584} size = 1
        ∨ ≡ {Class@328} "class java.lang.Exception" -> {Method@4589} "public java.util.Map com.source.hot.mvc.ctr.CustomExceptionHandler...
          > ≡ key = {Class@328} "class java.lang.Exception" ... Navigate
          > ≡ value = {Method@4589} "public java.util.Map com.source.hot.mvc.ctr.CustomExceptionHandler.errorHandler(java.lang.Exceptior
        f exceptionLookupCache = {ConcurrentReferenceHashMap@4585} size = 0
```

图 5.4　异常处理时的缓存信息

造方法，具体代码如下。

```
public ExceptionHandlerMethodResolver(Class <?> handlerType) {
    //通过方法过滤器寻找具有 ExceptionHandler 注解的方法
    for (Method method : MethodIntrospector.selectMethods(handlerType,
EXCEPTION_HANDLER_METHODS)) {
        //获取 ExceptionHandler 中的异常
        for (Class <? extends Throwable > exceptionType : detectExceptionMappings(method)) {
            //向 mappedMethods 容器更新缓存
            addExceptionMapping(exceptionType, method);
        }
    }
}
```

在这段代码中主要处理流程如下。

(1) 在传入类中寻找具备 ExceptionHandler 注解的方法。

(2) 将第(1)步得到的方法列表进行单个处理，具体处理逻辑如下。

① 在当前方法中提取 Method 上的 ExceptionHandler 注解中的数据，具体数据是异常类列表。

② 将异常数据和当前处理的 Method 放入 mappedMethods()中。

在前文的测试用例中 mappedMethods 的数据信息如图 5.5 所示。

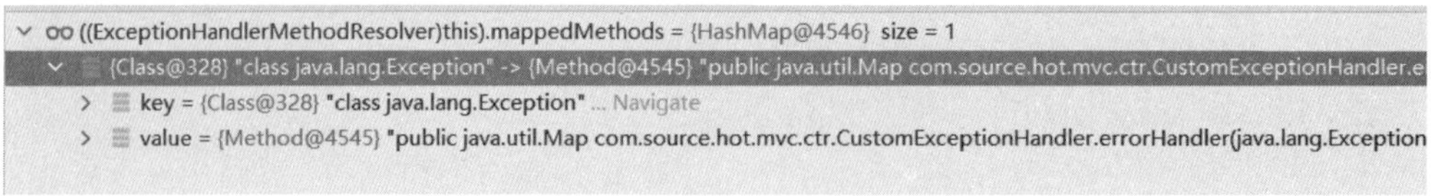

```
∨ ∞ ((ExceptionHandlerMethodResolver)this).mappedMethods = {HashMap@4546} size = 1
  ∨ ≡ {Class@328} "class java.lang.Exception" -> {Method@4545} "public java.util.Map com.source.hot.mvc.ctr.CustomExceptionHandler.e
    > ≡ key = {Class@328} "class java.lang.Exception" ... Navigate
    > ≡ value = {Method@4545} "public java.util.Map com.source.hot.mvc.ctr.CustomExceptionHandler.errorHandler(java.lang.Exception
```

图 5.5　异常处理时的 mappedMethods 信息

5.4.2　ExceptionHandlerExceptionResolver #doResolveHandlerMethodException() 分析

本节对 doResolveHandlerMethodException() 方法进行分析，该方法是

ExceptionHandlerExceptionResolver 类中另一个重要的方法，具体处理代码如下。

```
@Override
@Nullable
protected ModelAndView doResolveHandlerMethodException(HttpServletRequest request,
        HttpServletResponse response, @ Nullable HandlerMethod handlerMethod, Exception
exception) {

    //根据处理方法和异常寻找 ServletInvocableHandlerMethod 对象
    ServletInvocableHandlerMethod exceptionHandlerMethod =
getExceptionHandlerMethod(handlerMethod, exception);
    if (exceptionHandlerMethod == null) {
        return null;
    }

    //设置参数解析器
    if (this.argumentResolvers != null) {
        exceptionHandlerMethod.setHandlerMethodArgumentResolvers(this.argumentResolvers);
    }
    //设置返回值解析器
    if (this.returnValueHandlers != null) {
                exceptionHandlerMethod.    setHandlerMethodReturnValueHandlers    (  this.
returnValueHandlers);
    }

    //创建 ServletWebRequest
    ServletWebRequest webRequest = new ServletWebRequest(request, response);
    //创建数据传递对象
    ModelAndViewContainer mavContainer = new ModelAndViewContainer();

    try {
        if (logger.isDebugEnabled()) {
            logger.debug("Using @ExceptionHandler " + exceptionHandlerMethod);
        }
        //异常对象获取
        Throwable cause = exception.getCause();
        if (cause != null) {
            //执行 handler 方法
            exceptionHandlerMethod.invokeAndHandle(webRequest, mavContainer,
exception, cause, handlerMethod);
        }
        else {
            //执行 handler 方法
            exceptionHandlerMethod.invokeAndHandle(webRequest, mavContainer,
exception, handlerMethod);
        }
    }
    catch (Throwable invocationEx) {
        if (invocationEx != exception && invocationEx != exception.getCause() &&
logger.isWarnEnabled()) {
            logger.warn("Failure in @ExceptionHandler " + exceptionHandlerMethod,
```

```
invocationEx);
        }
        return null;
    }

    if (mavContainer.isRequestHandled()) {
        return new ModelAndView();
    }
    else {
        ModelMap model = mavContainer.getModel();
        HttpStatus status = mavContainer.getStatus();
        ModelAndView mav = new ModelAndView(mavContainer.getViewName(), model,
status);
        mav.setViewName(mavContainer.getViewName());
        //视图处理
        if (!mavContainer.isViewReference()) {
            mav.setView((View) mavContainer.getView());
        }
        //跳转处理
        if (model instanceof RedirectAttributes) {
            Map<String, ?> flashAttributes = ((RedirectAttributes)
model).getFlashAttributes();
            RequestContextUtils.getOutputFlashMap(request).putAll(flashAttributes);
        }
        return mav;
    }
}
```

上述方法的主要执行流程有如下 5 个步骤。

(1) 根据处理方法和异常在容器中寻找 ServletInvocableHandlerMethod 对象，该对象具有处理能力，即调用异常处理方法。

(2) 设置参数解析器和返回值解析器。

(3) 创建 ServletWebRequest 对象和数据传递对象

(4) 提取异常信息执行真正的异常处理方法。

(5) 返回值模型和视图对象的处理。

在上述 5 个处理中需要关注第一个操作和第四个操作，首先对第一个操作进行分析，在该操作中提供了两种获取 ServletInvocableHandlerMethod 的方法。

(1) 从异常处理缓存(exceptionHandlerCache)中进行数据提取，具体获取方式是通过处理类在异常处理缓存中获取解析对象，通过解析对象解析得到最终的处理方法，在得到方法后将其分装为 ServletInvocableHandlerMethod 对象完成处理。

(2) 从异常建议缓存(exceptionHandlerAdviceCache)中进行数据提取，具体提取方式是判断缓存的 key 是否和处理类对应，如果对应则进行解析，解析的目的是得到具体的处理方法，在得到方法后将其分装为 ServletInvocableHandlerMethod 对象完成处理。

在本例中没有编写 exceptionHandlerCache 相关的处理类，因此该缓存是空数据，本例中会进入第二种获取方式，具体得到的数据内容如图 5.6 所示。

如果需要查看 exceptionHandlerCache 对象中的数据信息，可以对 CustomExceptionHandler()

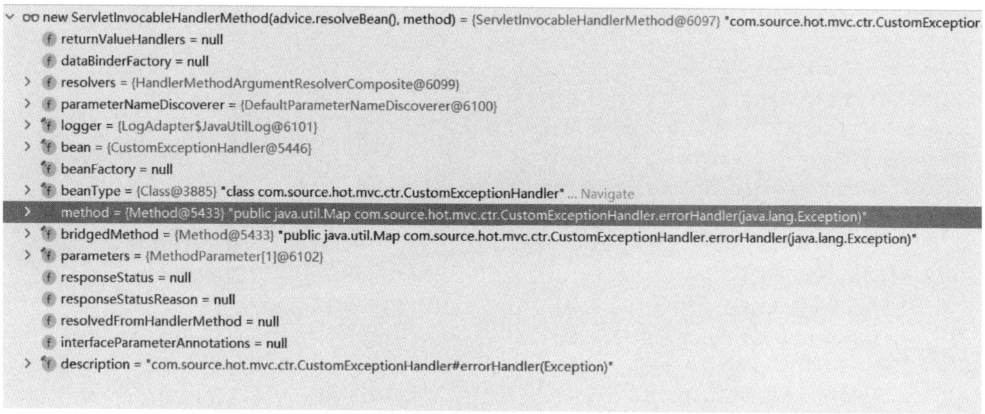

```
∨ ∞ new ServletInvocableHandlerMethod(advice.resolveBean(), method) = {ServletInvocableHandlerMethod@6097} "com.source.hot.mvc.ctr.CustomExceptior
    f returnValueHandlers = null
    f dataBinderFactory = null
  > f resolvers = {HandlerMethodArgumentResolverComposite@6099}
  > f parameterNameDiscoverer = {DefaultParameterNameDiscoverer@6100}
  > f logger = {LogAdapter$JavaUtilLog@6101}
  > f bean = {CustomExceptionHandler@5446}
    f beanFactory = null
  > f beanType = {Class@3885} "class com.source.hot.mvc.ctr.CustomExceptionHandler" ... Navigate
  >   method = {Method@5433} "public java.util.Map com.source.hot.mvc.ctr.CustomExceptionHandler.errorHandler(java.lang.Exception)"
  > f bridgedMethod = {Method@5433} "public java.util.Map com.source.hot.mvc.ctr.CustomExceptionHandler.errorHandler(java.lang.Exception)"
  > f parameters = {MethodParameter[1]@6102}
    f responseStatus = null
    f responseStatusReason = null
    f resolvedFromHandlerMethod = null
    f interfaceParameterAnnotations = null
  > f description = "com.source.hot.mvc.ctr.CustomExceptionHandler#errorHandler(Exception)"
```

图 5.6 ServletInvocableHandlerMethod 对象信息

方法进行修改，修改代码如下。

```java
@ControllerAdvice
public class CustomExceptionHandler {
    @ResponseBody
    @ExceptionHandler(value = Exception.class)
    @ResponseStatus(value = HttpStatus.BAD_GATEWAY, reason = "ResponseStatusEx")
    public Map<String, Object> errorHandler(Exception ex) {
        Map<String, Object> map = new HashMap<>();
        map.put("code", 400);
        map.put("msg", ex.getMessage());
        return map;
    }
}
```

此时经过该方法后会进行数据设置，数据设置结果如图 5.7 所示。

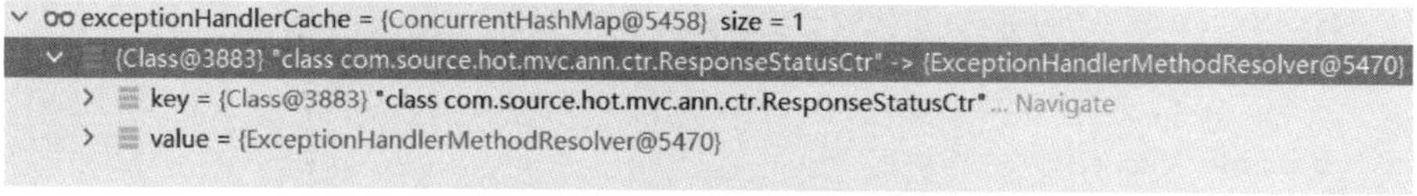

```
∨ ∞ exceptionHandlerCache = {ConcurrentHashMap@5458} size = 1
  ∨ {Class@3883} "class com.source.hot.mvc.ann.ctr.ResponseStatusCtr" -> {ExceptionHandlerMethodResolver@5470}
    > key = {Class@3883} "class com.source.hot.mvc.ann.ctr.ResponseStatusCtr" ... Navigate
    > value = {ExceptionHandlerMethodResolver@5470}
```

图 5.7 异常处理器缓存数据

此时如果访问一个具备异常的接口并且抛出了异常，会得到如下处理结果。

```
GET http://localhost:8080/responseStatus

HTTP/1.1 502
Vary: Origin
Vary: Access-Control-Request-Method
Vary: Access-Control-Request-Headers
Content-Type: text/html;charset=utf-8
Content-Language: zh-CN
Content-Length: 698
Date: Wed, 07 Apr 2021 05:38:35 GMT
Keep-Alive: timeout=20
```

```
Connection: keep - alive

<! doctype html >
< html lang = "zh">
< head >< title > HTTP 状态 502 - 坏网关</title >
    < style type = "text/css"> body {
        font - family: Tahoma, Arial, sans - serif;
    }

    h1, h2, h3, b {
        color: white;
        background - color: #525D76;
    }

    h1 {
        font - size: 22px;
    }

    h2 {
        font - size: 16px;
    }

    h3 {
        font - size: 14px;
    }

    p {
        font - size: 12px;
    }

    a {
        color: black;
    }

    .line {
        height: 1px;
        background - color: #525D76;
        border: none;
    }</style >
</head >
< body >< h1 > HTTP 状态 502 - 坏网关</h1 >
< hr class = "line"/>
< p >< b >类型</b > 状态报告</p >
< p >< b >消息</b > ResponseStatusEx </p >
< p >< b >描述</b > 服务器在充当网关或代理时，在尝试完成请求时，从它访问的入站服务器收到无
效响应.</p >
< hr class = "line"/>
< h3 > Apache Tomcat/9.0.37 </h3 ></body >
</html >
```

执行处理方法，具体调度方法是 org.springframework.web.method.support.InvocableHandlerMethod#invokeForRequest()，具体代码如下。

```
@Nullable
```

```
public Object invokeForRequest(NativeWebRequest request, @Nullable
ModelAndViewContainer mavContainer,
        Object... providedArgs) throws Exception {

    //获取请求参数
    Object[] args = getMethodArgumentValues(request, mavContainer, providedArgs);
    if (logger.isTraceEnabled()) {
        logger.trace("Arguments: " + Arrays.toString(args));
    }
    //执行处理方法
    return doInvoke(args);
}
```

下面将对该方法执行过程中几个关键对象进行数据展示，args 的数据信息如图 5.8 所示。

```
args = {Object[1]@5818}
  0 = {ResponseStatusEx@5760} "com.source.hot.mvc.ex.ResponseStatusEx"
    detailMessage = null
    cause = {ResponseStatusEx@5760} "com.source.hot.mvc.ex.ResponseStatusEx"
    stackTrace = {StackTraceElement[40]@5832}
    suppressedExceptions = {Collections$UnmodifiableRandomAccessList@5830} size = 0
```

图 5.8　args 信息

方法 doInvoke(args)执行结果如图 5.9 所示。

```
doInvoke(args) = {HashMap@5833} size = 2
  "msg" -> null
  "code" -> {Integer@5840} 400
```

图 5.9　doInvoke(args)执行结果

图 5.9 的数据内容也就是最终请求的返回内容，具体返回信息如下。

```
GET http://localhost:8080/responseStatus

HTTP/1.1 200
Vary: Origin
Vary: Access-Control-Request-Method
Vary: Access-Control-Request-Headers
Content-Type: application/json
Transfer-Encoding: chunked
Date: Wed, 07 Apr 2021 05:47:43 GMT
Keep-Alive: timeout=20
Connection: keep-alive

{
  "msg": null,
  "code": 400
}
```

5.5 ResponseStatusExceptionResolver 分析

本节将对 ResponseStatusExceptionResolver 类进行分析，首先查看它的类图，具体信息如图 5.10 所示。

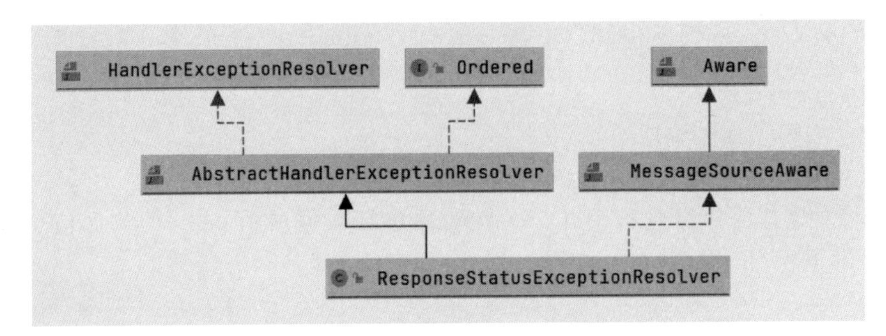

图 5.10 ResponseStatusExceptionResolver 类图

对比 ResponseStatusExceptionResolver 和 ExceptionHandlerExceptionResolver 的类图，从类图中可以找到的信息十分有限，只能通过阅读代码来了解其中的一些处理，在 ResponseStatusExceptionResolver 类中重要的方法是 doResolveException()，具体处理代码如下。

```
@Override
@Nullable
protected ModelAndView doResolveException(
      HttpServletRequest request, HttpServletResponse response, @Nullable Object
handler, Exception ex) {

   try {
      if (ex instanceof ResponseStatusException) {
         return resolveResponseStatusException((ResponseStatusException) ex, request,
response, handler);
      }

      ResponseStatus status = AnnotatedElementUtils.findMergedAnnotation(ex.getClass(),
ResponseStatus.class);
      if (status != null) {
         return resolveResponseStatus(status, request, response, handler, ex);
      }

      if (ex.getCause() instanceof Exception) {
         return doResolveException(request, response, handler, (Exception)
ex.getCause());
      }
   }
   catch (Exception resolveEx) {
      if (logger.isWarnEnabled()) {
         logger.warn("Failure while trying to resolve exception [" +
```

```
ex.getClass().getName() + "]", resolveEx);
        }
    }
    return null;
}
```

在上述代码中可以看到三个处理操作。

(1) 异常类型是 ResponseStatusException 的处理。

(2) 异常类上存在 ResponseStatus 注解。

(3) 异常的 case 对象还是异常将重复这三个操作，如果在递归处理中无法解决将返回 null。

在了解了这三个处理操作后，接下来将对前两个处理操作进行测试用例编写和源码分析。在进行测试用例编写前，需要先将 CustomExceptionHandler 类注释，如果该类没有注释，则所有异常都将由它进行处理。首先编写一个具有 ResponseStatus 注解的异常类，具体代码如下。

```
@ResponseStatus(value = HttpStatus.BAD_GATEWAY, reason = "ResponseStatusEx")
public class ResponseStatusEx extends RuntimeException {

    private static final long serialVersionUID = 828516526031958140L;
}
```

完成异常类定义后进一步编写 Controller 对象，具体代码如下。

```
@RestController
public class ResponseStatusCtr {
    @GetMapping("/responseStatus")
    public Object responseStatus() {
        throw new ResponseStatusEx();
    }


    @GetMapping("/responseEx")
    public Object responseEx() throws Exception {
        throw new UnsupportedMediaTypeStatusException("test - ex");
    }

}
```

在本例中有两个接口，这两个接口分别用来测试 doResolveException()方法的两种情况，接口 responseStatus 用来测试异常类上使用 ResponseStatus 注解，接口 responseEx 用来测试异常是否属于 ResponseStatusException 类，这两个接口的模拟请求信息如下。

(1) 接口 responseEx 的请求报文信息如下。

```
GET http://localhost:8080/responseEx

HTTP/1.1 415
Vary: Origin
Vary: Access - Control - Request - Method
```

```
Vary: Access-Control-Request-Headers
Content-Type: text/html;charset=utf-8
Content-Language: zh-CN
Content-Length: 703
Date: Wed, 07 Apr 2021 06:21:37 GMT
Keep-Alive: timeout=20
Connection: keep-alive

<!doctype html>
<html lang="zh">
<head><title>HTTP 状态 415 - 不支持的媒体类型</title>
    <style type="text/css"> body {
        font-family: Tahoma, Arial, sans-serif;
    }

    h1, h2, h3, b {
        color: white;
        background-color: #525D76;
    }

    h1 {
        font-size: 22px;
    }

    h2 {
        font-size: 16px;
    }

    h3 {
        font-size: 14px;
    }

    p {
        font-size: 12px;
    }

    a {
        color: black;
    }

    .line {
        height: 1px;
        background-color: #525D76;
        border: none;
    }</style>
</head>
<body><h1>HTTP 状态 415 - 不支持的媒体类型</h1>
<hr class="line"/>
<p><b>类型</b> 状态报告</p>
<p><b>消息</b> test-ex</p>
<p><b>描述</b> 源服务器拒绝服务请求,因为有效负载的格式在目标资源上此方法不支持.</p>
```

```
<hr class="line"/>
<h3>Apache Tomcat/9.0.37</h3></body>
</html>
```

（2）接口 responseStatus 的请求报文信息如下。

```
GET http://localhost:8080/responseStatus

HTTP/1.1 502
Vary: Origin
Vary: Access-Control-Request-Method
Vary: Access-Control-Request-Headers
Content-Type: text/html;charset=utf-8
Content-Language: zh-CN
Content-Length: 698
Date: Wed, 07 Apr 2021 06:24:19 GMT
Keep-Alive: timeout=20
Connection: keep-alive

<!doctype html>
<html lang="zh">
<head><title>HTTP 状态 502 - 坏网关</title>
    <style type="text/css"> body {
        font-family: Tahoma, Arial, sans-serif;
    }

    h1, h2, h3, b {
        color: white;
        background-color: #525D76;
    }

    h1 {
        font-size: 22px;
    }

    h2 {
        font-size: 16px;
    }

    h3 {
        font-size: 14px;
    }

    p {
        font-size: 12px;
    }

    a {
        color: black;
    }
```

```
    .line {
        height: 1px;
        background-color: #525D76;
        border: none;
    }</style>
</head>
<body><h1>HTTP 状态 502 - 坏网关</h1>
<hr class="line"/>
<p><b>类型</b> 状态报告</p>
<p><b>消息</b> ResponseStatusEx </p>
<p><b>描述</b> 服务器在充当网关或代理时, 在尝试完成请求时, 从它访问的入站服务器收到无效响应.</p>
<hr class="line"/>
<h3>Apache Tomcat/9.0.37</h3></body>
</html>
```

测试用例和测试请求准备完毕后，下面就进入源码分析阶段。首先将resolveResponseStatusException()方法和resolveResponseStatus()方法一起提取，查看它们的处理细节，具体代码如下。

```
protected ModelAndView resolveResponseStatusException(ResponseStatusException ex,
                                                      HttpServletRequest request,
HttpServletResponse response, @Nullable Object handler) throws Exception {

    int statusCode = ex.getStatus().value();
    String reason = ex.getReason();
    return applyStatusAndReason(statusCode, reason, response);
}

protected ModelAndView resolveResponseStatus(ResponseStatus responseStatus,
HttpServletRequest request,
                                            HttpServletResponse response,
@Nullable Object handler, Exception ex) throws Exception {

    int statusCode = responseStatus.code().value();
    String reason = responseStatus.reason();
    return applyStatusAndReason(statusCode, reason, response);
}
```

通过观察上述两个方法可以发现，最终的处理方法都指向了applyStatusAndReason()方法，下面对两个方法进行分类说明。

(1) 在resolveResponseStatus()方法中提取的数据信息是从注解ResponseStatus中获取的，提取code和reason作为后续方法的参数。

(2) 在resolveResponseStatusException()方法中提取的数据信息是从异常对象中获取的，提取异常的satus和reason作为后续方法的参数。

下面对applyStatusAndReason()方法进行分析，该方法的处理代码如下。

```
protected ModelAndView applyStatusAndReason(int statusCode, @Nullable String reason,
HttpServletResponse response)
```

```
        throws IOException {

    if (!StringUtils.hasLength(reason)) {
        response.sendError(statusCode);
    }
    else {
        String resolvedReason = (this.messageSource != null ?
                this.messageSource.getMessage(reason, null, reason,
LocaleContextHolder.getLocale()) :
                reason);
        response.sendError(statusCode, resolvedReason);
    }
    return new ModelAndView();
}
```

在上述代码中有如下三个细节操作。

(1) 如果异常消息不存在,发送一个异常状态码。

(2) 如果异常消息存在,发送异常状态码和异常消息,注意异常消息会被SpringMessageSource进行解析。

(3) 创建返回对象。

5.6 DefaultHandlerExceptionResolver 分析

下面将对DefaultHandlerExceptionResolver类进行分析,首先查看它的类图,具体信息如图5.11所示。

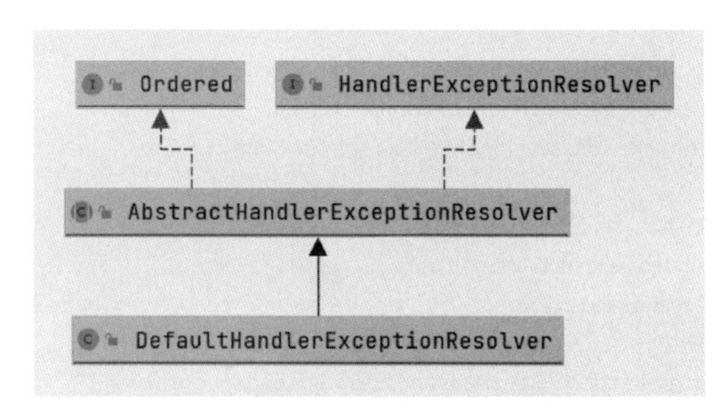

图5.11 DefaultHandlerExceptionResolver类图

对象DefaultHandlerExceptionResolver和ResponseStatusExceptionResolver一样在类图中比较难以推测一些处理方式,只能通过阅读代码来了解其中的一些处理,在DefaultHandlerExceptionResolver类中重要的方法是doResolveException(),具体处理代码如下。

```
@Override
@Nullable
protected ModelAndView doResolveException(
        HttpServletRequest request, HttpServletResponse response, @Nullable Object handler,
Exception ex) {
```

```
    try {
        if (ex instanceof HttpRequestMethodNotSupportedException) {
            return handleHttpRequestMethodNotSupported(
                (HttpRequestMethodNotSupportedException) ex, request, response,
handler);
        }
        else if (ex instanceof HttpMediaTypeNotSupportedException) {
            return handleHttpMediaTypeNotSupported(
                (HttpMediaTypeNotSupportedException) ex, request, response, handler);
        }
        else if (ex instanceof HttpMediaTypeNotAcceptableException) {
            return handleHttpMediaTypeNotAcceptable(
                (HttpMediaTypeNotAcceptableException) ex, request, response,
handler);
        }
        else if (ex instanceof MissingPathVariableException) {
            return handleMissingPathVariable(
                (MissingPathVariableException) ex, request, response, handler);
        }
        else if (ex instanceof MissingServletRequestParameterException) {
            return handleMissingServletRequestParameter(
                (MissingServletRequestParameterException) ex, request, response,
handler);
        }
        else if (ex instanceof ServletRequestBindingException) {
            return handleServletRequestBindingException(
                (ServletRequestBindingException) ex, request, response, handler);
        }
        else if (ex instanceof ConversionNotSupportedException) {
            return handleConversionNotSupported(
                (ConversionNotSupportedException) ex, request, response, handler);
        }
        else if (ex instanceof TypeMismatchException) {
            return handleTypeMismatch(
                (TypeMismatchException) ex, request, response, handler);
        }
        else if (ex instanceof HttpMessageNotReadableException) {
            return handleHttpMessageNotReadable(
                (HttpMessageNotReadableException) ex, request, response, handler);
        }
        else if (ex instanceof HttpMessageNotWritableException) {
            return handleHttpMessageNotWritable(
                (HttpMessageNotWritableException) ex, request, response, handler);
        }
        else if (ex instanceof MethodArgumentNotValidException) {
            return handleMethodArgumentNotValidException(
                (MethodArgumentNotValidException) ex, request, response, handler);
        }
        else if (ex instanceof MissingServletRequestPartException) {
            return handleMissingServletRequestPartException(
```

```
                (MissingServletRequestPartException) ex, request, response, handler);
        }
        else if (ex instanceof BindException) {
            return handleBindException((BindException) ex, request, response, handler);
        }
        else if (ex instanceof NoHandlerFoundException) {
            return handleNoHandlerFoundException(
                (NoHandlerFoundException) ex, request, response, handler);
        }
        else if (ex instanceof AsyncRequestTimeoutException) {
            return handleAsyncRequestTimeoutException(
                (AsyncRequestTimeoutException) ex, request, response, handler);
        }
    }
    catch (Exception handlerEx) {
        if (logger.isWarnEnabled()) {
            logger.warn("Failure while trying to resolve exception [" +
ex.getClass().getName() + "]", handlerEx);
        }
    }
    return null;
}
```

在上述代码中主要处理了不同异常的返回值，这些方法可以简单理解为 response.sendError()方法调用，在上述代码中所用到的方法不再做一一解释。

5.7 AbstractHandlerExceptionResolver 分析

在 Spring MVC 中关于 HandlerExceptionResolver 接口的三个实现类中都继承了 AbstractHandlerExceptionResolver 类，本节将对它进行相关分析。AbstractHandlerExceptionResolver 作为三个实现类的父类直接实现了 HandlerExceptionResolver 接口的方法，具体处理代码如下。

```
@Override
@Nullable
public ModelAndView resolveException(
     HttpServletRequest request, HttpServletResponse response, @Nullable Object handler,
Exception ex) {

    //是否可以支持异常处理
    if (shouldApplyTo(request, handler)) {
        //准备返回对象
        prepareResponse(ex, response);
        //进行异常解析
        ModelAndView result = doResolveException(request, response, handler, ex);
        if (result != null) {
            if (logger.isDebugEnabled() && (this.warnLogger == null
|| !this.warnLogger.isWarnEnabled())) {
                logger.debug("Resolved [" + ex + "]" + (result.isEmpty() ? "" : " to " +
```

```
result));
                }
                //日志输出
                logException(ex, request);
            }
            return result;
        }
        else {
            return null;
        }
    }
```

在上述代码中主要处理流程如下。

(1) 判断当前 handler 对象是否可以处理该异常请求。

(2) 准备返回对象,返回对象是 response,并不是一个方法的返回对象。

(3) 异常解析得到返回值。

(4) 异常日志输出。

(5) 返回异常解析得到的结果。

在这 5 个操作流程中主要关注的方法有两个,第一个方法是 shouldApplyTo(),该方法对应第一个处理流程,第二个方法是 doResolveException(),该方法对应第二个处理流程,注意该方法是一个抽象方法,实现过程在子类中,在本节之前对三个 HandlerExceptionResolver 接口实现类中的第二个方法做了相关分析,本节将不对三个实现类的实现方法进行相关分析。下面对 shouldApplyTo()方法进行分析,具体处理代码如下。

```
protected boolean shouldApplyTo(HttpServletRequest request, @Nullable Object handler) {
    if (handler != null) {
        //mappedHandlers 中存在 handler 数据
        if (this.mappedHandlers != null && this.mappedHandlers.contains(handler)) {
            return true;
        }

        if (this.mappedHandlerClasses != null) {
            //mappedHandlerClasses 中有 handler 的父接口
            for (Class <?> handlerClass : this.mappedHandlerClasses) {
                if (handlerClass.isInstance(handler)) {
                    return true;
                }
            }
        }
    }
    return (this.mappedHandlers == null && this.mappedHandlerClasses == null);
}
```

方法 shouldApplyTo()的作用是判断 handler 是否支持当前处理,具体的判断方式有三种。

(1) 对象 mappedHandlers 中是否包含当前 handler 对象,如果包含则说明能够进行处理。

(2) 对象 mappedHandlerClasses 中的类是否是当前 handler 对象实现的接口,如果是则说明能够进行处理。

(3) 对象 mappedHandlers 为空说明能够进行处理。

在 Spring MVC 中 AbstractHandlerExceptionResolver 类有一个直接子类,它是 AbstractHandlerMethodExceptionResolver,它重写了父类的 shouldApplyTo()方法,具体实现代码如下。

```
@Override
protected boolean shouldApplyTo(HttpServletRequest request, @Nullable Object handler) {
   if (handler == null) {
      return super.shouldApplyTo(request, null);
   }
   else if (handler instanceof HandlerMethod) {
      HandlerMethod handlerMethod = (HandlerMethod) handler;
      handler = handlerMethod.getBean();
      return super.shouldApplyTo(request, handler);
   }
   else {
      return false;
   }
}
```

上述方法在原有父类的处理逻辑上对类型做出了另一个处理逻辑:对 handler 进行类型判断,如果类型是 HandlerMethod,则将 bean 数据从中提取再进行父类方法的调用逻辑。

5.8 SimpleMappingExceptionResolver 分析

在本节之前对 HandlerExceptionResolver 的 5 个关键实现对象进行了相关分析,它们分别是 AbstractHandlerExceptionResolver、AbstractHandlerMethodExceptionResolver、ExceptionHandlerExceptionResolver、DefaultHandlerExceptionResolver 和 ResponseStatusExceptionResolver。这些内容可以通过 Spring MVC 中的 DispatcherServlet.properties 文件直接或间接了解,在这些类以外还有一个类也具备异常处理能力,它是 SimpleMappingExceptionResolver,本节将对它做相关分析。在 SimpleMappingExceptionResolver 类中关键方法是 doResolveException(),具体处理代码如下。

```
@Override
@Nullable
protected ModelAndView doResolveException(
      HttpServletRequest request, HttpServletResponse response, @Nullable Object
handler, Exception ex) {

   //确认视图名称
   String viewName = determineViewName(ex, request);
   if (viewName != null) {
```

```
        //确认状态码
        Integer statusCode = determineStatusCode(request, viewName);
        if (statusCode != null) {
            //应用状态码
            applyStatusCodeIfPossible(request, response, statusCode);
        }
        //获取模型和视图对象
        return getModelAndView(viewName, ex, request);
    }
    else {
        return null;
    }
}
```

在上述代码中主要处理的操作如下。

(1) 确认视图名称。

(2) 确认状态码,如果状态码存在则应用状态码。

(3) 获取模型和视图对象。

下面对确认视图名称的方法 determineViewName()进行分析,具体处理代码如下。

```
@Nullable
protected String determineViewName(Exception ex, HttpServletRequest request) {
    String viewName = null;
    //异常类列表
    if (this.excludedExceptions != null) {
        for (Class <?> excludedEx : this.excludedExceptions) {
            if (excludedEx.equals(ex.getClass())) {
                return null;
            }
        }
    }
    //在 exceptionMappings 集合中搜索视图名称
    if (this.exceptionMappings != null) {
        viewName = findMatchingViewName(this.exceptionMappings, ex);
    }
    //默认视图名称处理
    if (viewName == null && this.defaultErrorView != null) {
        if (logger.isDebugEnabled()) {
            logger.debug("Resolving to default view '" + this.defaultErrorView + "'");
        }
        viewName = this.defaultErrorView;
    }
    return viewName;
}
```

在 determineViewName()方法中主要处理流程如下。

(1) 在异常类列表存在的情况下,在异常类列表中如果有一个异常类和当前的异常是相同的类则将返回 null。

(2) 在 exceptionMappings 集合中寻找视图名称,将异常对应的视图名称作为返回值。

(3) 在第二个操作基础上,如果视图名称获取失败并且存在默认视图名称,则将默认视图名称作为返回值。

完成视图名称的结果获取后需要进行状态码的推论,具体获取规则如下。

(1) 从状态码集合中获取。

(2) 返回默认的状态码。

在这两个获取操作过程中需要关注状态码集合,状态码集合是一个 Map 对象,key 表示视图名称,value 表示状态码,具体定义代码如下。

```
private Map<String, Integer> statusCodes = new HashMap<>();
```

在状态码获取成功后需要进行状态码应用操作,具体处理代码如下。

```
protected void applyStatusCodeIfPossible(HttpServletRequest request, HttpServletResponse
response, int statusCode) {
   if (!WebUtils.isIncludeRequest(request)) {
      if (logger.isDebugEnabled()) {
         logger.debug("Applying HTTP status " + statusCode);
      }
      response.setStatus(statusCode);
      request.setAttribute(WebUtils.ERROR_STATUS_CODE_ATTRIBUTE, statusCode);
   }
}
```

关于状态码应用的主要处理操作是将状态码设置给两个对象,这两个对象是请求对象和返回对象。

(1) 为返回对象设置状态码。

(2) 为请求对象设置属性,具体属性名为 javax.servlet.error.status_code。

在状态码应用处理完成后需要进行模型和视图对象的获取,核心处理代码如下。

```
protected ModelAndView getModelAndView(String viewName, Exception ex) {
   ModelAndView mv = new ModelAndView(viewName);
   if (this.exceptionAttribute != null) {
      mv.addObject(this.exceptionAttribute, ex);
   }
   return mv;
}
```

在上述代码中对于模型和视图对象的获取其实是创建对象,创建 ModelAndView 对象是将视图名称作为参数传入,并且添加异常属性对象,完成后将 ModelAndView 对象返回。

小结

本章围绕 HandlerExceptionResolver 接口做了分析,在 Spring MVC 中这个接口的顶级实现类是 AbstractHandlerExceptionResolver,常用的实现类有 ExceptionHandlerExceptionResolver、ResponseStatusExceptionResolver 和 DefaultHandlerExceptionResolver,在本章中对三个核心实现类做了充分的分析,对各处理细节做了详尽的讨论,此外也对统一异常处理进行了分析,在统一异常处理中会真正用到三个核心实现类的处理操作。

第6章

LocaleResolver分析

本章将对 LocaleResolver 接口进行分析，LocaleResolver 的作用是从 request 中解析出 Locale 对象。在 LocaleResolver 接口中定义了两个方法，具体代码如下。

```
public interface LocaleResolver {

   Locale resolveLocale(HttpServletRequest request);

   void setLocale (HttpServletRequest request, @Nullable HttpServletResponse response,
@Nullable Locale locale);

}
```

在 LocaleResolver 接口定义中有两个方法。

(1) 方法 resolveLocale()的作用是从请求对象中解析 Locale 对象。

(2) 方法 setLocale()的作用是设置 Locale 对象。

6.1 初始化 LocaleResolver

本节将对 LocaleResolver 对象的初始化相关内容进行分析，具体处理代码如下。

```
private void initLocaleResolver(ApplicationContext context) {
   try {
      //从 Spring 容器中根据名称和类型获取
      this.localeResolver = context.getBean(LOCALE_RESOLVER_BEAN_NAME,
LocaleResolver.class);
      if (logger.isTraceEnabled()) {
         logger.trace("Detected " + this.localeResolver);
      }
      else if (logger.isDebugEnabled()) {
```

```
            logger.debug("Detected " + this.localeResolver.getClass().getSimpleName());
        }
    }
    catch (NoSuchBeanDefinitionException ex) {
        //加载默认的 LocaleResolver
        this.localeResolver = getDefaultStrategy(context, LocaleResolver.class);
        if (logger.isTraceEnabled()) {
            logger.trace("No LocaleResolver '" + LOCALE_RESOLVER_BEAN_NAME +
                    "': using default [" + this.localeResolver.getClass().getSimpleName()
+ "]");
        }
    }
}
```

在上述代码中提供了初始化 LocaleResolver 对象的两种方式。

(1) 从 Spring 容器中根据名称和类型获取 LocaleResolver 实例对象。

(2) 加载默认的 LocaleResolver 实例对象。

下面将对第二种方式进行分析。首先需要查看 Spring MVC 中的 DispatcherServlet.properties 文件,该文件中有关于 LocaleResolver 的默认实现类的说明,具体信息如下。

```
org.springframework.web.servlet.LocaleResolver = org.springframework.web.servlet.
i18n.AcceptHeaderLocaleResolver
```

在第二种方式处理过程中会得到 AcceptHeaderLocaleResolver 对象,一般在开发时对该对象的使用相对比较少。具体实例化的过程中将 LocaleResolver 对应的数据读取通过反射的方式进行对象创建。在 Spring MVC 中 LocaleResolver 接口的实现类有很多,具体信息如图 6.1 所示。

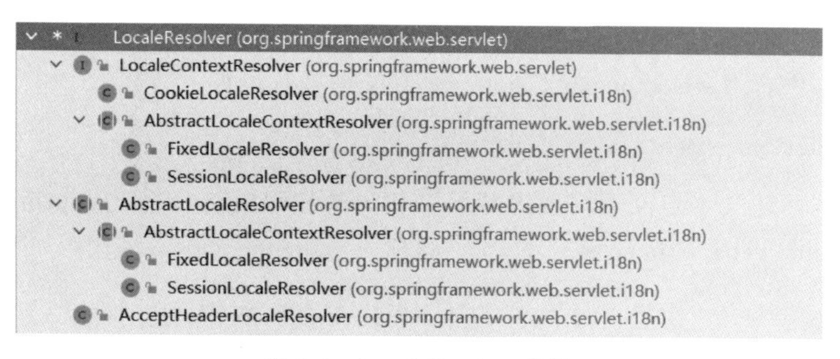

图 6.1 LocaleResolver 类图

在图 6.1 中抛开抽象类以外的类有 CookieLocaleResolver、FixedLocaleResolver、FixedLocaleResolver 和 AcceptHeaderLocaleResolver,在这些类中相对常用的是 CookieLocaleResolver,在其中默认的实现是 AcceptHeaderLocaleResolver。此外,从图中还可以发现 LocaleContextResolver 接口也继承了 LocaleResolver,下面对 LocaleContextResolver 接口中的方法进行说明,首先查看源代码。

```
public interface LocaleContextResolver extends LocaleResolver {

    LocaleContext resolveLocaleContext(HttpServletRequest request);
```

```
    void setLocaleContext ( HttpServletRequest request, @ Nullable HttpServletResponse
response,
            @Nullable LocaleContext localeContext);

}
```

在上述代码中可以看到以下有两个方法。

(1) 方法 resolveLocaleContext()的作用是从请求中解析 LocaleContext 对象。

(2) 方法 setLocaleContext()的作用是设置 LocaleContext 对象。

在这两个方法中都使用到了 LocaleContext 对象,该对象是国际化的核心,基本知识点在 SpringMessageSource 中。在 LocaleContext 接口中直接可以获取 Locale 对象。

6.2 国际化测试环境搭建

本节将对国际化测试环境搭建进行说明,后续关于 LocaleResolver 接口的分析将会在此基础上进行。在 Spring MVC 中关于国际化的核心对象是 Locale,它表示支持的国际化语言代码,具体信息可以在 java. util. Locale 类中进行查看,本节将使用 en、fr 和 zh_CN 作为国际化测试语言,明确需要进行的国际化语言后需要编写三个 properties 文件,第一个文件名为 welcome_en. properties,具体代码如下。

```
welcome.message = en
```

第二个文件名为 welcome_fr. properties,具体代码如下。

```
welcome.message = fr
```

第三个文件名为 welcome_zh_CN. properties,具体代码如下。

```
welcome.message = zh
```

在完成国际化文本定义后需要进行 JSP 代码的编写,该文件位于 spring-source-mvc-demo/src/main/webapp/page 路径下,文件名称为 welcome. jsp,具体代码如下。

```
<%@ page language = "java" contentType = "text/html; charset = ISO - 8859 - 1"
pageEncoding = "ISO - 8859 - 1" %>
<%@ page isELIgnored = "false" %>
<%@ taglib prefix = "spring" uri = "http://www.springframework.org/tags" %>
<!DOCTYPE html PUBLIC " - //W3C//DTD HTML 4.01 Transitional//EN"
"http://www.w3.org/TR/html4/loose.dtd">
<html>
<head>
   <title>国际化测试</title>
</head>
<body>
<a id = "en" href = "/init?lang = en"> English</a> |
<a id = "fr" href = "/init?lang = fr"> French</a>
<div>  </div>
```

```
    <h4><spring:message code="welcome.message" /></h4>
</body>
</html>
```

完成 JSP 页面编辑后需要进行 Controller 对象的编写，类名为 LocaleResolverCtr，具体代码如下。

```
@Controller
public class LocaleResolverCtr {
    @GetMapping(value = "/init")
    public ModelAndView initView() {
        ModelAndView modelAndView = new ModelAndView();
        modelAndView.setViewName("welcome");
        return modelAndView;
    }
}
```

在完成 Controller 对象的编写后需要对 Spring 配置文件进行修正，修正的文件为 applicationContext.xml，修正内容如下。

(1) 添加 Spring MVC 拦截器，具体添加代码如下。

```
<mvc:interceptor>
    <mvc:mapping path="/init" />
    <bean class="org.springframework.web.servlet.i18n.LocaleChangeInterceptor">
        <property name="paramName" value="lang"></property>
    </bean>
</mvc:interceptor>
```

(2) 添加消息源对象，具体消息源代码如下。

```
    <bean id="messageSource" class="org.springframework.context.support.
    ReloadableResourceBundleMessageSource">
        <property name="basename" value="/WEB-INF/welcome" />
    </bean>
```

(3) 添加 localeResolver 实例，具体添加代码如下。

在完成这些基本代码编写后即可启动项目，在项目启动后访问 http://localhost:8080/init 可以看到如图 6.2 所示内容。

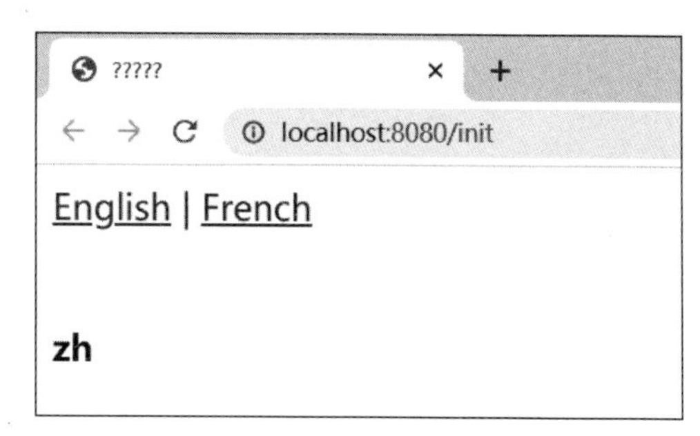

图 6.2　国际化首页

从图 6.2 中不难发现，在第一次进入时会采取本地的语言系统进行内容渲染，即采用 welcome_zh_CN.properties 文件中的数据作为显示结果。当单击 English 后可以看到如图 6.3 所示内容。

从图 6.3 中可以发现，此时的请求地址是 http://localhost:8080/init?lang=en，它传递了 lang 参数，此时渲染的数据结果和 welcome_en.properties 文件中的内容相符合。当单击 French 后可以看到如图 6.4 所示内容。

图 6.3　国际化英文模式

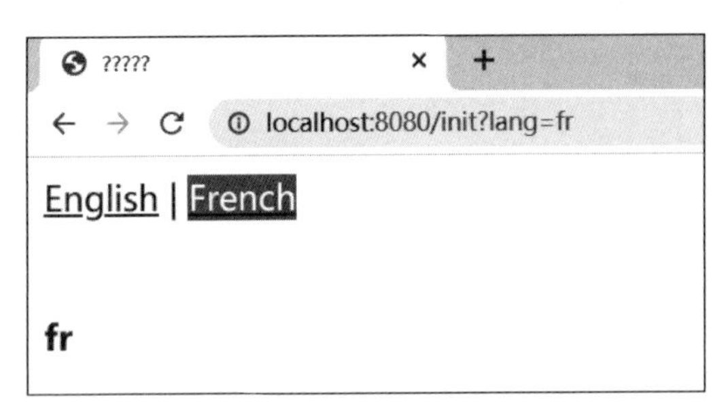

图 6.4　国际化法语模式

从图 6.4 中可以发现,此时的请求地址是 http://localhost:8080/init?lang=fr,它传递了 lang 参数,此时渲染的数据结果和 welcome_fr.properties 文件中的内容相符合。

6.3　LocaleChangeInterceptor 分析

在前文的测试用例中可以发现使用了 LocaleChangeInterceptor 对象并设置了 paramName 属性,本节将对 LocaleChangeInterceptor 类进行分析,首先查看类图,具体信息如图 6.5 所示。

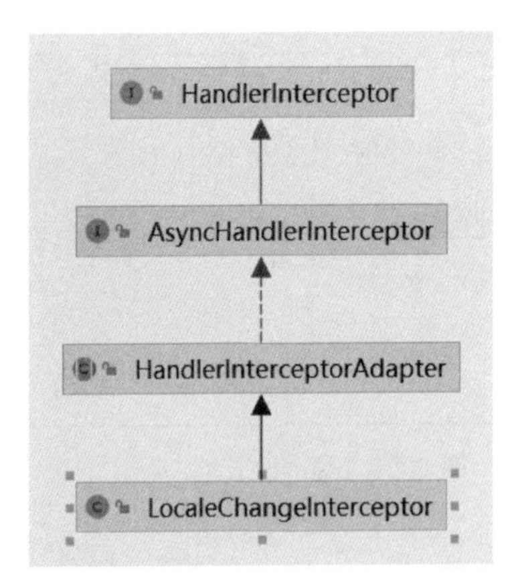

图 6.5　LocaleChangeInterceptor 类图

从图 6.5 中可以发现 LocaleChangeInterceptor 对象是一个拦截器,在确定它是拦截器后也明确了需要阅读的方法,这个方法是 preHandle(),具体处理代码如下。

```
@Override
public boolean preHandle(HttpServletRequest request,
HttpServletResponse response, Object handler)
      throws ServletException {

   //获取请求中的 paramName 对应的数据
    String newLocale = request.getParameter
(getParamName());
   if (newLocale != null) {
      //检查请求方式
```

```
      if (checkHttpMethod(request.getMethod())) {
         //通过请求上下文工具类获取 LocaleResolver
         LocaleResolver localeResolver =
RequestContextUtils.getLocaleResolver(request);
         if (localeResolver == null) {
            throw new IllegalStateException(
                  "No LocaleResolver found: not in a DispatcherServlet request?");
         }
         try {
            //设置 Locale 对象
            localeResolver.setLocale(request, response, parseLocaleValue(newLocale));
         }
         catch (IllegalArgumentException ex) {
            if (isIgnoreInvalidLocale()) {
               if (logger.isDebugEnabled()) {
                  logger.debug("Ignoring invalid locale value [" + newLocale + "]: " + ex.
getMessage());
               }
            }
            else {
               throw ex;
            }
         }
      }
   }
   return true;
}
```

在这段代码中主要操作有如下4个步骤。

(1) 从请求中获取 paramName 对应的参数值数据。

(2) 检查 HTTP 请求方式。

(3) 通过请求上下文工具类获取 LocaleResolver 对象。

(4) 设置 LocaleResolver 的 Locale 对象。

对于 HTTP 请求方式的检查会根据 Bean 初始化配置 httpMethods 属性进行验证，如果当前请求的请求方式在 httpMethods 中则返回 true，反之返回 false。下面对请求上下文工具类获取的 LocaleResolver 对象进行分析，具体处理代码如下。

```
@Nullable
public static LocaleResolver getLocaleResolver(HttpServletRequest request) {
   return (LocaleResolver)
request.getAttribute(DispatcherServlet.LOCALE_RESOLVER_ATTRIBUTE);
}
```

从上述代码中可以发现，这个获取操作是从 request 对象中获取 LOCALE_RESOLVER_ATTRIBUTE 属性名对应的数据。最后还有 setLocale()方法的处理，该方法是一个接口方法，具体实现会根据 LocaleResolver 的实际类型进行不同的处理，这部分内容分析将在单个 LocaleResolver 实现类的分析中进行。

6.4 CookieLocaleResolver 分析

本节将对 CookieLocaleResolver 类进行分析,在这个类的分析过程中必然不会缺少对接口的一些分析,下面先对 resolveLocale()方法进行分析,该方法是 LocaleResolver 接口提供的,具体处理代码如下。

```
@Override
public Locale resolveLocale(HttpServletRequest request) {
   parseLocaleCookieIfNecessary(request);
   return (Locale) request.getAttribute(LOCALE_REQUEST_ATTRIBUTE_NAME);
}
```

在这段方法中主要处理流程有两个。

(1) 对 request 对象进行前置准备处理,主要处理是提取 Locale 数据对象并设置给 request 对象。

(2) 从 request 对象中提取 Locale 对象将其返回。

继续向下查看 CookieLocaleResolver 类中的 resolveLocaleContext()方法,具体处理代码如下。

```
@Override
public LocaleContext resolveLocaleContext(final HttpServletRequest request) {
   parseLocaleCookieIfNecessary(request);
   return new TimeZoneAwareLocaleContext() {
      @Override
      @Nullable
      public Locale getLocale() {
         return (Locale)
request.getAttribute(LOCALE_REQUEST_ATTRIBUTE_NAME);
      }
      @Override
      @Nullable
      public TimeZone getTimeZone() {
         return (TimeZone)
request.getAttribute(TIME_ZONE_REQUEST_ATTRIBUTE_NAME);
      }
   };
}
```

在上述代码中重要操作如下。

(1) 对 request 对象进行前置准备处理,主要处理是提取 Locale 数据对象并设置给 request 对象。

(2) 创建 TimeZoneAwareLocaleContext 对象,基本数据来源从 request 对象中获取。

6.4.1 parseLocaleCookieIfNecessary()分析

在 resolveLocale()方法和 resolveLocaleContext()方法中可以发现这两个方法都使用

了 parseLocaleCookieIfNecessary()方法，可见这个方法的重要程度，具体处理代码如下。

```
private void parseLocaleCookieIfNecessary(HttpServletRequest request) {
    //获取 LOCALE_REQUEST_ATTRIBUTE_NAME 属性，只有空才处理
    if (request.getAttribute(LOCALE_REQUEST_ATTRIBUTE_NAME) == null) {
        //地区语言
        Locale locale = null;
        //时区
        TimeZone timeZone = null;

        String cookieName = getCookieName();
        if (cookieName != null) {
            Cookie cookie = WebUtils.getCookie(request, cookieName);
            if (cookie != null) {
                String value = cookie.getValue();
                String localePart = value;
                String timeZonePart = null;
                int separatorIndex = localePart.indexOf('/');
                if (separatorIndex == -1) {
                    separatorIndex = localePart.indexOf(' ');
                }
                if (separatorIndex >= 0) {
                    localePart = value.substring(0, separatorIndex);
                    timeZonePart = value.substring(separatorIndex + 1);
                }
                try {
                    locale = (!"-".equals(localePart) ? parseLocaleValue(localePart) : null);
                    if (timeZonePart != null) {
                        timeZone = StringUtils.parseTimeZoneString(timeZonePart);
                    }
                }
                catch (IllegalArgumentException ex) {
                    if (isRejectInvalidCookies() &&
                            request.getAttribute(WebUtils.ERROR_EXCEPTION_ATTRIBUTE) == null) {
                        throw new IllegalStateException("Encountered invalid locale cookie '" +
                                cookieName + "': [" + value + "] due to: " + ex.getMessage());
                    }
                    else {
                        if (logger.isDebugEnabled()) {
                            logger.debug("Ignoring invalid locale cookie '" + cookieName +
                                    "': [" + value + "] due to: " + ex.getMessage());
                        }
                    }
                }
                if (logger.isTraceEnabled()) {
                    logger.trace("Parsed cookie value [" + cookie.getValue() + "] into locale '"
 + locale +
                            "'" + (timeZone != null ? " and time zone '" + timeZone.getID() + "'" :
""));
                }
            }
```

```
        }

        request.setAttribute(LOCALE_REQUEST_ATTRIBUTE_NAME,
                (locale != null ? locale : determineDefaultLocale(request)));
        request.setAttribute(TIME_ZONE_REQUEST_ATTRIBUTE_NAME,
                (timeZone != null ? timeZone : determineDefaultTimeZone(request)));
    }
}
```

在这段代码中主要处理目标是提取 Locale 对象和 TimeZone 对象，提取方式有以下两种。

（1）从 cookie 中进行提取。

（2）默认提取方式。

下面先对 cookie 提取方式进行分析，采取该方式提取的前提是存在 cookieName。提取细节如下。

（1）提取 cookie 的属性对象，数据名为 value。

（2）对从第一步中得到的数据进行字符串操作。

最后对默认的提取方式进行说明，首先是 Locale 对象的默认提取方法，具体代码如下。

```
@Nullable
protected Locale determineDefaultLocale(HttpServletRequest request) {
    Locale defaultLocale = getDefaultLocale();
    if (defaultLocale == null) {
        defaultLocale = request.getLocale();
    }
    return defaultLocale;
}
```

从上述代码中可以看到默认的 Locale 数据值获取有两种方式。

（1）提取成员变量 defaultLocale 的数据。

（2）从请求中获取 Locale 对象。

关于成员变量 defaultLocale 的数据设置可以通过以下代码进行配置。

```
<bean id = "localeResolver"
      class = "org.springframework.web.servlet.i18n.CookieLocaleResolver">
    <property name = "defaultLocale" value = "en"/>
</bean>
```

最后对提取 TimeZone 的默认方法进行分析，具体处理代码如下。

```
@Nullable
protected TimeZone determineDefaultTimeZone(HttpServletRequest request) {
    return getDefaultTimeZone();
}
```

在这段代码中会直接从成员变量 defaultTimeZone 中提取数据，同时该变量也可以通过 XML 配置进行，具体配置方式代码如下。

```
<bean id = "localeResolver"
```

```
    class = "org.springframework.web.servlet.i18n.CookieLocaleResolver">
  < property name = "defaultTimeZone" value = ""
</bean >
```

在得到 Locale 对象和 TimeZone 对象后会将数据设置到 request 对象中，因此可以看到 resolveLocale()方法和 resolveLocaleContext()方法可以直接从 request 对象获取数据。

6.4.2 setLocaleContext()分析

在 CookieLocaleResolver 类中还有一个重要方法，即 setLocaleContext()，具体处理代码如下。

```
@Override
public void setLocaleContext(HttpServletRequest request, @Nullable HttpServletResponse
response,
      @Nullable LocaleContext localeContext) {

   Assert.notNull(response, "HttpServletResponse is required for CookieLocaleResolver");

   Locale locale = null;
   TimeZone timeZone = null;
   if (localeContext != null) {
      locale = localeContext.getLocale();
      if (localeContext instanceof TimeZoneAwareLocaleContext) {
         timeZone = ((TimeZoneAwareLocaleContext) localeContext).getTimeZone();
      }
      addCookie(response,
            (locale != null ? toLocaleValue(locale) : "-") + (timeZone != null ? '/' +
timeZone.getID() : ""));
   }
   else {
      removeCookie(response);
   }
   request.setAttribute(LOCALE_REQUEST_ATTRIBUTE_NAME,
         (locale != null ? locale : determineDefaultLocale(request)));
   request.setAttribute(TIME_ZONE_REQUEST_ATTRIBUTE_NAME,
         (timeZone != null ? timeZone : determineDefaultTimeZone(request)));
}
```

在上述代码中主要处理操作有三个。

(1) 如果 LocaleContext 对象存在则进行添加 Cookie 数据操作。

(2) 如果 LocaleContext 对象不存在则进行移除 Cookie 数据操作。

(3) 向 request 对象设置 LOCALE_REQUEST_ATTRIBUTE_NAME 和 TIME_ZONE_REQUEST_ATTRIBUTE_NAME 数据。

在上述三个处理操作中主要需要使用的方法是 addCookie()和 removeCookie()，前者对应第一个处理操作，后者对应第二个处理操作，第三个处理操作中相关内容在前文已有分析。下面对 addCookie()方法进行分析，首先查看源代码。

```
public void addCookie(HttpServletResponse response, String cookieValue) {
   Assert.notNull(response, "HttpServletResponse must not be null");
   Cookie cookie = createCookie(cookieValue);
   Integer maxAge = getCookieMaxAge();
   if (maxAge != null) {
      cookie.setMaxAge(maxAge);
   }
   if (isCookieSecure()) {
      cookie.setSecure(true);
   }
   if (isCookieHttpOnly()) {
      cookie.setHttpOnly(true);
   }
   response.addCookie(cookie);
   if (logger.isTraceEnabled()) {
      logger.trace("Added cookie [" + getCookieName() + "=" + cookieValue + "]");
   }
}
```

在 addCookie()代码中可以发现主要执行的目的是将 cookie 放入到 response 对象之中,在放入前所执行的操作有:

(1) 创建 cookie 对象。

(2) 设置最大时间。

(3) 设置 secure 对象。

(4) 设置 httpOnly 对象。

在阅读 addCookie()方法后,下面对 removeCookie()方法进行分析,主要处理代码如下。

```
public void removeCookie(HttpServletResponse response) {
   Assert.notNull(response, "HttpServletResponse must not be null");
   Cookie cookie = createCookie("");
   cookie.setMaxAge(0);
   if (isCookieSecure()) {
      cookie.setSecure(true);
   }
   if (isCookieHttpOnly()) {
      cookie.setHttpOnly(true);
   }
   response.addCookie(cookie);
   if (logger.isTraceEnabled()) {
      logger.trace("Removed cookie '" + getCookieName() + "'");
   }
}
```

在 removeCookie()方法中可以发现主要执行流程和 addCookie()方法中的主要执行流程相似,它们的差异是在 removeCookie()方法中将最大时间设置为 0。

6.5 FixedLocaleResolver 分析

本节将对 FixedLocaleResolver 对象进行分析,首先关注 FixedLocaleResolver 的类图,

具体信息如图 6.6 所示。

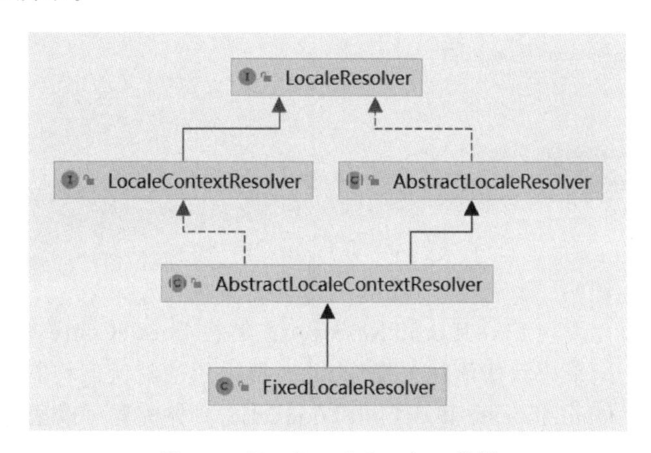

图 6.6　FixedLocaleResolver 类图

从类图上比较难以看出 FixedLocaleResolver 对象的直接操作，下面直接进入源代码查看下面三个方法。

(1) 方法 resolveLocale()。

(2) 方法 resolveLocaleContext()。

(3) 方法 setLocaleContext()。

首先对方法 resolveLocale()进行分析，具体处理代码如下。

```
@Override
public Locale resolveLocale(HttpServletRequest request) {
   Locale locale = getDefaultLocale();
   if (locale == null) {
      locale = Locale.getDefault();
   }
   return locale;
}
```

在这段代码中可以发现 FixedLocaleResolver 在解析 Locale 对象时并不依赖于参数 request，而是完全采用默认值相关操作，默认值来源有两个。

(1) 从成员变量 defaultLocale 中获取。

(2) 从 Locale 的静态方法 getDefault()中获取。

关于成员变量的配置可以通过下面的代码在 XML 文件中进行配置，具体代码如下。

```
<bean class = "org.springframework.web.servlet.i18n.FixedLocaleResolver">
   <property name = "defaultLocale" value = ""/>
</bean>
```

其次对方法 resolveLocaleContext 进行分析，具体处理代码如下。

```
@Override
public LocaleContext resolveLocaleContext(HttpServletRequest request) {
   return new TimeZoneAwareLocaleContext() {
      @Override
```

```
        @Nullable
        public Locale getLocale() {
            return getDefaultLocale();
        }
        @Override
        public TimeZone getTimeZone() {
            return getDefaultTimeZone();
        }
    };
}
```

在这段代码中可以发现 FixedLocaleResolver 在解析 LocaleContext 对象时并不依赖于参数 request，而是完全采用默认值相关操作，此时所采用的默认值均需要通过成员变量进行获取，成员变量是 defaultLocale 和 defaultTimeZone，具体配置可以通过 XML 进行配置，详细配置如下。

```
<bean class = "org.springframework.web.servlet.i18n.FixedLocaleResolver">
    <property name = "defaultLocale" value = ""/>
    <property name = "defaultTimeZone" value = ""/>
</bean>
```

最后对方法 setLocaleContext()进行分析，具体处理代码如下。

```
@Override
public void setLocaleContext(HttpServletRequest request, @Nullable HttpServletResponse
response,
        @Nullable LocaleContext localeContext) {

    throw new UnsupportedOperationException("Cannot change fixed locale - use a different
locale resolution strategy");
}
```

在这段代码中可以发现，如果进行了 setLocaleContext()方法的操作则会直接抛出异常。在分析了三个核心方法后可以发现 FixedLocaleResolver 对象的处理操作和请求对象(request)没有直接关系，它采用的是默认值策略，要么获取开发者在 XML 中定义的数据，要么获取对象本身的默认值。

6.6 SessionLocaleResolver 分析

本节将对 SessionLocaleResolver 对象进行分析，首先关注 SessionLocaleResolver 的类图，具体信息如图 6.7 所示。

从类图上比较难以看出 SessionLocaleResolver 对象的直接操作，下面直接进入源代码查看下面三个方法。

(1) 方法 resolveLocale()。

(2) 方法 resolveLocaleContext()。

(3) 方法 setLocaleContext()。

首先对方法 resolveLocale()进行分析，具体处理代码如下。

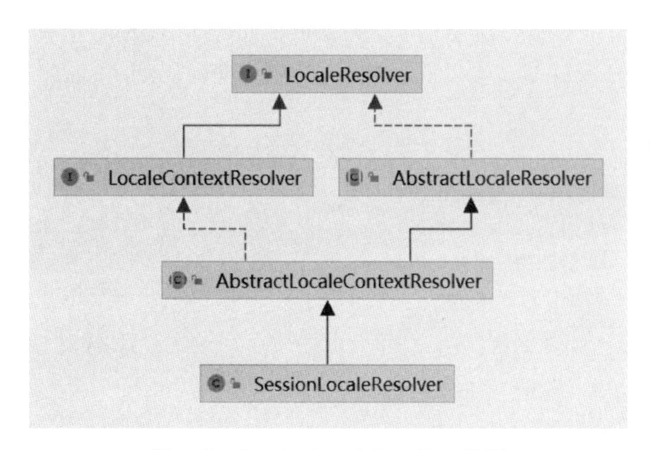

图 6.7 SessionLocaleResolver 类图

```
@Override
public Locale resolveLocale(HttpServletRequest request) {
   Locale locale = (Locale) WebUtils.getSessionAttribute(request,
this.localeAttributeName);
   if (locale == null) {
      locale = determineDefaultLocale(request);
   }
   return locale;
}
```

在 resolveLocale()方法中主要对 Locale 对象的获取提供了两种方式。

(1) 从 Session 中获取 Locale 对象,具体处理代码如下。

```
@Nullable
public static Object getSessionAttribute(HttpServletRequest request, String name) {
   Assert.notNull(request, "Request must not be null");
   HttpSession session = request.getSession(false);
   return (session != null ? session.getAttribute(name) : null);
}
```

从上述代码中可以发现,Session 数据从 request 中获取,Locale 对象从 Session 的属性表中根据 name 进行获取。

(2) 通过 request 进行推论 Locale 对象,具体处理代码如下。

```
protected Locale determineDefaultLocale(HttpServletRequest request) {
   Locale defaultLocale = getDefaultLocale();
   if (defaultLocale == null) {
      defaultLocale = request.getLocale();
   }
   return defaultLocale;
}
```

从上述代码中可以发现,关于默认 Locale 的获取有两种方式。

① 从成员变量 defaultLocale 中获取。

② 从请求中获取。

在这两个获取操作中需要注意的是，从成员变量中获取的优先级高于从请求中获取。然后，对方法 resolveLocaleContext 进行分析，具体处理代码如下。

```
@Override
public LocaleContext resolveLocaleContext(final HttpServletRequest request) {
   return new TimeZoneAwareLocaleContext() {
      @Override
      public Locale getLocale() {
         Locale locale = (Locale) WebUtils.getSessionAttribute(request,
localeAttributeName);
         if (locale == null) {
            locale = determineDefaultLocale(request);
         }
         return locale;
      }
      @Override
      @Nullable
      public TimeZone getTimeZone() {
         TimeZone timeZone = (TimeZone) WebUtils.getSessionAttribute(request,
timeZoneAttributeName);
         if (timeZone == null) {
            timeZone = determineDefaultTimeZone(request);
         }
         return timeZone;
      }
   };
}
```

从上述代码中可以发现一段和 resolveLocale()的处理相似的代码，这部分处理的内容是关于 Locale 对象的，此处不对其进行赘述，下面对 getTimeZone()方法进行分析，从代码中可以发现主要处理有两个。

① 从 Session 中获取 TimeZone 对象。

② 获取默认 TimeZone 对象。

从 Session 中获取的方式不管是获取 Locale 还是获取 TimeZone 本质都是一样的，先提取 Session 对象，再从 Session 对象中根据 name 获取对应数据。最后是 determineDefaultTimeZone()方法，该方法的处理会直接提取成员变量 defaultTimeZone。最后对方法 setLocaleContext()进行分析，具体处理代码如下。

```
@Override
public void setLocaleContext (HttpServletRequest request, @ Nullable HttpServletResponse
response,
      @Nullable LocaleContext localeContext) {

   Locale locale = null;
   TimeZone timeZone = null;
   if (localeContext != null) {
      locale = localeContext.getLocale();
      if (localeContext instanceof TimeZoneAwareLocaleContext) {
         timeZone = ((TimeZoneAwareLocaleContext) localeContext).getTimeZone();
```

```
        }
    }
    WebUtils.setSessionAttribute(request, this.localeAttributeName, locale);
    WebUtils.setSessionAttribute(request, this.timeZoneAttributeName, timeZone);
}
```

在这段代码中可以发现主要处理操作是设置 Session 中的 localeAttributeName 属性和 timeZoneAttributeName 属性，这两个属性会为前两个方法提供帮助，设置的数据内容就是前两个方法提取的数据内容，具体 Session 设置属性的代码如下。

```
public static void setSessionAttribute(HttpServletRequest request, String name, @Nullable
Object value) {
    Assert.notNull(request, "Request must not be null");
    if (value != null) {
        request.getSession().setAttribute(name, value);
    }
    else {
        HttpSession session = request.getSession(false);
        if (session != null) {
            session.removeAttribute(name);
        }
    }
}
```

6.7 AcceptHeaderLocaleResolver 分析

本节将对 AcceptHeaderLocaleResolver 对象进行分析，首先关注 AcceptHeaderLocaleResolver 的类图，具体信息如图 6.8 所示。

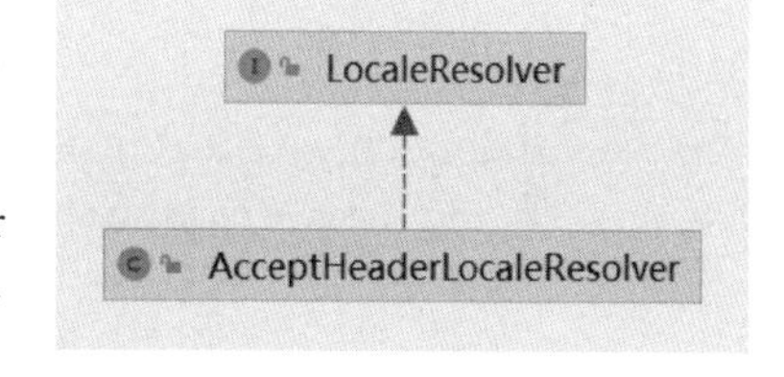

图 6.8 AcceptHeaderLocaleResolver 类图

从类图上比较难以看出 AcceptHeaderLocaleResolver 对象的直接操作，下面直接进入源代码查看下面两个方法。

(1) 方法 resolveLocale()。

(2) 方法 setLocale()。

首先对方法 resolveLocale()进行分析，具体处理代码如下。

```
@Override
public Locale resolveLocale(HttpServletRequest request) {
    Locale defaultLocale = getDefaultLocale();
    if (defaultLocale != null && request.getHeader("Accept-Language") == null) {
        return defaultLocale;
    }
    Locale requestLocale = request.getLocale();
    List<Locale> supportedLocales = getSupportedLocales();
    if (supportedLocales.isEmpty() || supportedLocales.contains(requestLocale)) {
        return requestLocale;
    }
```

```
    Locale supportedLocale = findSupportedLocale(request, supportedLocales);
    if (supportedLocale != null) {
        return supportedLocale;
    }
    return (defaultLocale != null ? defaultLocale : requestLocale);
}
```

在上述代码中主要处理步骤如下。

(1) 提取默认的 Locale 数据对象。如果默认的 Locale 数据对象存在,并且请求头中 Accept-Language 数据不存在,则将默认的 Locale 对象返回。

(2) 从请求中提取 Locale 对象,并且获取支持 Locale 对象的集合。如果支持的 Locale 对象的集合为空或者支持的 Locale 对象的集合中包括从请求提取的 Locale 对象,则将请求中获取的 Locale 对象返回。

(3) 确认支持的 Locale 对象。

下面将对第三个操作所涉及的方法进行分析,具体代码如下。

```
@Nullable
private Locale findSupportedLocale(HttpServletRequest request, List<Locale>
supportedLocales) {
    Enumeration<Locale> requestLocales = request.getLocales();
    Locale languageMatch = null;
    while (requestLocales.hasMoreElements()) {
        Locale locale = requestLocales.nextElement();
        if (supportedLocales.contains(locale)) {
            if (languageMatch == null ||
languageMatch.getLanguage().equals(locale.getLanguage())) {
                return locale;
            }
        }
        else if (languageMatch == null) {
            for (Locale candidate : supportedLocales) {
                if (!StringUtils.hasLength(candidate.getCountry()) &&
                        candidate.getLanguage().equals(locale.getLanguage())) {
                    languageMatch = candidate;
                    break;
                }
            }
        }
    }
    return languageMatch;
}
```

在上述代码中关于 Locale 的推论方式提供了下面两种方式。

(1) 如果当前需要处理的 Locale 对象在支持列表中,则只需要满足下面条件的任意一个就可以作为推论结果,条件如下。

① 对象 languageMatch 为空。

② 对象 languageMatch 中的语言和当前 Locale 的语言比较相同。

(2) 如果对象 languageMatch 为空,则需要同时满足下面两个条件才会将其作为返回值,条件如下。

① 地区代码存在。

② 对象 languageMatch 中的语言和当前 Locale 的语言相同。

最后对 setLocale()方法进行分析,具体代码如下。

```
@Override
public void setLocale(HttpServletRequest request, @Nullable HttpServletResponse response,
@Nullable Locale locale) {
    throw new UnsupportedOperationException(
            "Cannot change HTTP accept header - use a different locale resolution strategy");
}
```

从上述代码中可以发现如果执行了该方法则会抛出异常。

6.8 LocaleResolver 整体处理流程分析

前文对 LocaleResolver 接口的四个实现类做了相关源码分析,详细介绍了各个方法的处理流程和作用,下面对整体的处理流程进行分析,主要解决 Spring MVC 中 LocaleResolver 的处理过程。在 Spring MVC 中关于 LocaleResolver 的处理代码可以在 org.springframework.web.servlet.FrameworkServlet#processRequest()方法中看到,主要处理代码如下。

```
LocaleContext previousLocaleContext = LocaleContextHolder.getLocaleContext();
LocaleContext localeContext = buildLocaleContext(request);
initContextHolders(request, localeContext, requestAttributes);
```

下面对上述代码中出现的三个方法进行分析,首先分析 getLocaleContext()方法,具体处理代码如下。

```
@Nullable
public static LocaleContext getLocaleContext() {
    LocaleContext localeContext = localeContextHolder.get();
    if (localeContext == null) {
        localeContext = inheritableLocaleContextHolder.get();
    }
    return localeContext;
}
```

从上述代码中可以发现此时用到了两个变量。

(1) 变量 localeContextHolder,详细定义如下。

```
private static final ThreadLocal<LocaleContext> localeContextHolder =
        new NamedThreadLocal<>("LocaleContext");
```

(2) 变量 inheritableLocaleContextHolder,详细定义如下。

```
private static final ThreadLocal<LocaleContext> inheritableLocaleContextHolder =
        new NamedInheritableThreadLocal<>("LocaleContext");
```

从上述两个变量的定义中不难发现这是线程变量，对 getLocaleContext()方法中获取的 LocaleContext 对象提供了两个线程变量进行数据获取。其次分析 buildLocaleContext()方法，该方法的处理十分简单，将 request 作为参数创建 SimpleLocaleContext 对象，具体处理代码如下。

```
@Nullable
protected LocaleContext buildLocaleContext(HttpServletRequest request) {
   return new SimpleLocaleContext(request.getLocale());
}
```

注意，该方法有子类实现，需要找到 org.springframework.web.servlet.DispatcherServlet#buildLocaleContext()中的内容，下面这段代码才是真正的执行代码。

```
@Override
protected LocaleContext buildLocaleContext(final HttpServletRequest request) {
   LocaleResolver lr = this.localeResolver;
   if (lr instanceof LocaleContextResolver) {
      return ((LocaleContextResolver) lr).resolveLocaleContext(request);
   }
   else {
      return () -> (lr != null ? lr.resolveLocale(request) : request.getLocale());
   }
}
```

从这段代码中可以发现此时用的对象是 localeResolver，该对象的来源是在 Spring MVC 项目启动时就加载完成的，在本书的测试用例中数据对象是 CookieLocaleResolver，此时会进入 CookieLocaleResolver 类中的处理逻辑，如果是其他的类型就进入它们自己的处理逻辑。下面对 initContextHolders()方法进行分析，具体代码如下。

```
private void initContextHolders(HttpServletRequest request,
      @Nullable LocaleContext localeContext, @Nullable RequestAttributes
requestAttributes) {

   if (localeContext != null) {
      LocaleContextHolder.setLocaleContext(localeContext, this.threadContextInheritable);
   }
   if (requestAttributes != null) {
            RequestContextHolder.   setRequestAttributes   ( requestAttributes,    this.
threadContextInheritable);
   }
}
```

从上述代码中可以发现，主要是将一些数据信息设置到成员变量中。上述是在 FrameworkServlet 类中关于 LocaleResolver 的处理，在 DispatcherServlet 类中还有一部分关于 LocaleResolver 的处理操作，具体方法是 org.springframework.web.servlet.DispatcherServlet#render，处理代码如下。

```
Locale locale =
      (this.localeResolver != null ? this.localeResolver.resolveLocale(request) :
request.getLocale());
response.setLocale(locale);
```

在 render()方法中会有关于 Locale 对象的提取操作，注意在得到该数据后，负责最终显示结果的处理是由 ViewResolver 接口进行的。

小结

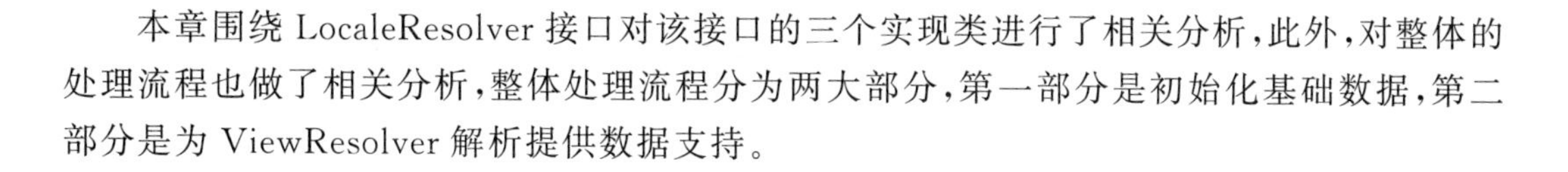

本章围绕 LocaleResolver 接口对该接口的三个实现类进行了相关分析，此外，对整体的处理流程也做了相关分析，整体处理流程分为两大部分，第一部分是初始化基础数据，第二部分是为 ViewResolver 解析提供数据支持。

第7章

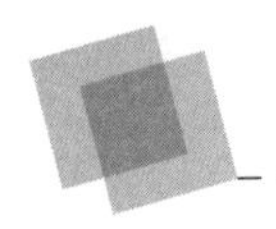

ThemeResolver分析

本章将对 ThemeResolver 接口进行分析，ThemeResolver 的作用是从请求(request)解析出主题名，然后 ThemeSource 根据主题名找到主题 Theme。在 ThemeResolver 接口中定义了两个方法，具体代码如下。

```
public interface ThemeResolver {

   String resolveThemeName(HttpServletRequest request);

   void setThemeName(HttpServletRequest request, @Nullable HttpServletResponse response,
@Nullable String themeName);

}
```

在 ThemeResolver 接口定义中有两个方法。

(1) 方法 resolveThemeName()的作用是从请求对象中解析主题名称。

(2) 方法 setThemeName()的作用是设置主题名称。

7.1 初始化 ThemeResolver

本节将对 ThemeResolver 对象的初始化相关内容进行分析，具体处理代码如下。

```
private void initThemeResolver(ApplicationContext context) {
   try {
      this.themeResolver =
context.getBean(THEME_RESOLVER_BEAN_NAME, ThemeResolver.class);
      if (logger.isTraceEnabled()) {
         logger.trace("Detected " + this.themeResolver);
      }
      else if (logger.isDebugEnabled()) {
```

```
            logger.debug("Detected " + this.themeResolver.getClass().getSimpleName());
        }
    }
    catch (NoSuchBeanDefinitionException ex) {
        this.themeResolver = getDefaultStrategy(context, ThemeResolver.class);
        if (logger.isTraceEnabled()) {
            logger.trace("No ThemeResolver '" + THEME_RESOLVER_BEAN_NAME +
                    "': using default [" + this.themeResolver.getClass().getSimpleName()
+ "]");
        }
    }
}
```

在上述代码中提供了初始化 ThemeResolver 对象的两种方式。

(1) 从 Spring 容器中根据名称和类型获取 ThemeResolver 实例对象。

(2) 加载默认的 ThemeResolver 实例对象。

下面将对第二种方式进行分析,首先需要查看 Spring MVC 中的 DispatcherServlet.properties 文件,该文件中有关于 ThemeResolver 的默认实现类的说明,具体信息如下。

```
org.springframework.web.servlet.ThemeResolver = org.springframework.web.servlet.
theme.FixedThemeResolver
```

在第二种方式处理过程中会得到 FixedThemeResolver 对象。具体实例化的过程中,将 ThemeResolver 对应的数据读取通过反射的方式进行对象创建。在 Spring MVC 中 ThemeResolver 接口的实现类有很多,具体信息如图 7.1 所示。

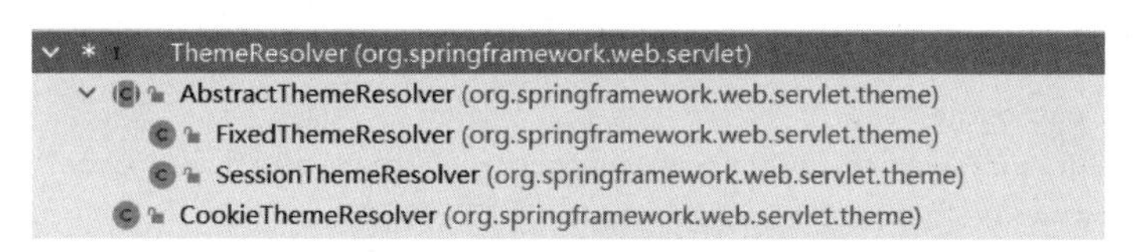

图 7.1 ThemeResolver 类图

7.2 主题测试环境搭建

本节将对主题测试环境搭建进行说明,后续关于 ThemeResolver 接口的分析将会在此基础上进行。在 Web 开发中,主题这个名词一般情况下是对前端样式的一种描述,首先创建两个 CSS 文件,第一个文件名为 bright.css,具体代码如下。

```
h3{
    background: wheat;
}
```

第二个文件名为 dark.css,具体代码如下。

```
h3{
    background: black;
}
```

在完成样式文件的编写后需要进行主题配置文件的编写，首先编写 bright. properties 文件，具体内容如下。

```
stylesheet = themes/bright.css
```

其次编写 dark. properties 文件，具体内容如下。

```
stylesheet = themes/dark.css
```

在完成主题配置文件编写后需要编写展示页，展示页文件名为 theme. jsp，具体代码如下。

```
<%@ taglib uri = "http://www.springframework.org/tags" prefix = "spring" %>
<html>
<head>
    <link rel = "stylesheet" href = "<spring:theme code = 'stylesheet'/>" type = "text/css" />
    <title> Spring MVC ThemeResolver Example </title>
</head>
<body>

<h3> Spring MVC ThemeResolver Example </h3>
theme: <a href = "/theme?theme = bright"> bright </a> | <a
href = "/theme?theme = dark"> dark </a>

</body>
</html>
```

在完成 JSP 文件的编写后需要进行 XML 配置文件的添加，具体添加内容如下。

```
<bean id = "themeSource"
class = "org.springframework.ui.context.support.ResourceBundleThemeSource">
    <property name = "defaultEncoding" value = "UTF-8"/>
    <property name = "basenamePrefix" value = "themes."/>
</bean>
<mvc:resources mapping = "/themes/**" location = "/themes/"/>
<bean id = "themeResolver"
class = "org.springframework.web.servlet.theme.CookieThemeResolver">
    <property name = "defaultThemeName" value = "bright"/>
    <property name = "cookieName" value = "my-theme-cookie"/>
</bean>

<mvc:interceptor>
    <mvc:mapping path = "/theme"/>
    <bean id = "themeChangeInterceptor"
class = "org.springframework.web.servlet.theme.ThemeChangeInterceptor">
        <property name = "paramName" value = "theme"/>
    </bean>
</mvc:interceptor>
```

最后编写 Controller 接口，文件名为 ThemeResolverCtr，具体代码如下。

```
@Controller
```

```
public class ThemeResolverCtr {

    @RequestMapping(value = "/theme", method = RequestMethod.GET)
    public ModelAndView initView() {
        ModelAndView modelAndView = new ModelAndView();
        modelAndView.addObject("msg", "data");
        modelAndView.setViewName("theme");
        return modelAndView;
    }
}
```

在完成这些基本代码编写后即可启动项目，在项目启动后访问 http://localhost:8080/theme 地址后可以看到如图 7.2 所示内容。

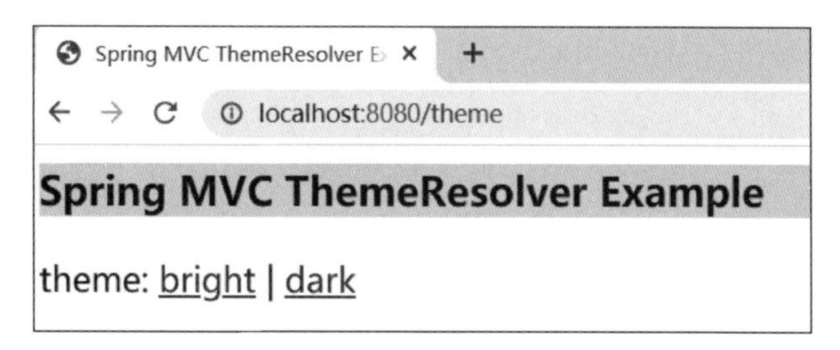

图 7.2 默认主题

当单击 dark 后可以看到如图 7.3 所示内容。

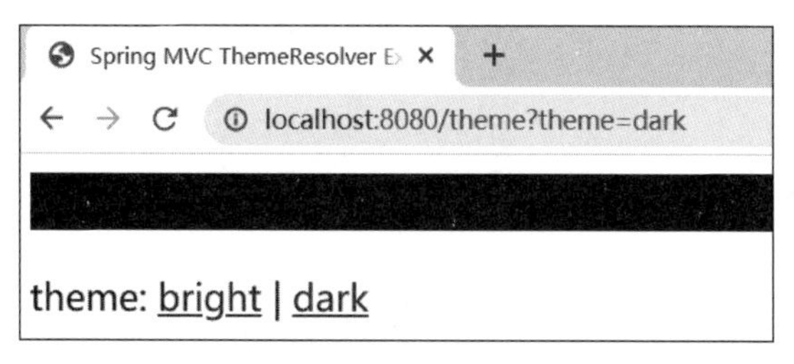

图 7.3 暗色主题

通过前文的操作可以发现单击 dark 后文本显示内容的背景色进行了替换，此时就说明配置成功了。

7.3 ThemeChangeInterceptor 分析

在前文的测试用例中可以发现使用了 ThemeChangeInterceptor 对象并设置了 paramName 属性，本节将对 ThemeChangeInterceptor 类进行分析，首先查看类图，具体信息如图 7.4 所示。

从图 7.4 中可以发现 ThemeChangeInterceptor 对象是一个拦截器，在确定它是拦截器后也明确了需要阅读的方法，这个方法是 preHandle()，具体处理代码如下。

```
@Override
public boolean preHandle(HttpServletRequest request, HttpServletResponse response, Object
```

```
handler)
      throws ServletException {

   String newTheme = request.getParameter(this.paramName);
   if (newTheme != null) {
      ThemeResolver themeResolver = RequestContextUtils.getThemeResolver(request);
      if (themeResolver == null) {
         throw new IllegalStateException("No ThemeResolver found: not in a
DispatcherServlet request?");
      }
      themeResolver.setThemeName(request, response, newTheme);
   }
   return true;
}
```

在上述代码中主要执行目的是将请求中的 theme 数据设置到主题解析器中，主要处理逻辑如下。

(1) 从请求中获取 paramName 对应的主题数据。

(2) 从请求上下文中获取主题数据。

(3) 将主题数据设置到主题解析器中。

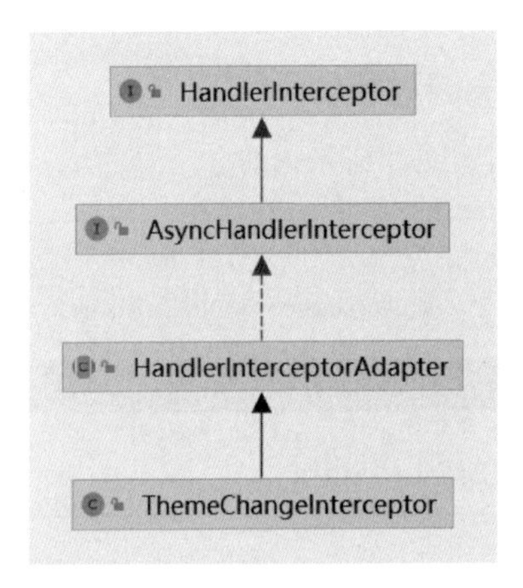

图 7.4 ThemeChangeInterceptor 类图

7.4 CookieThemeResolver 分析

本节将对 CookieThemeResolver 类进行分析，首先查看它的类图，具体信息如图 7.5 所示。

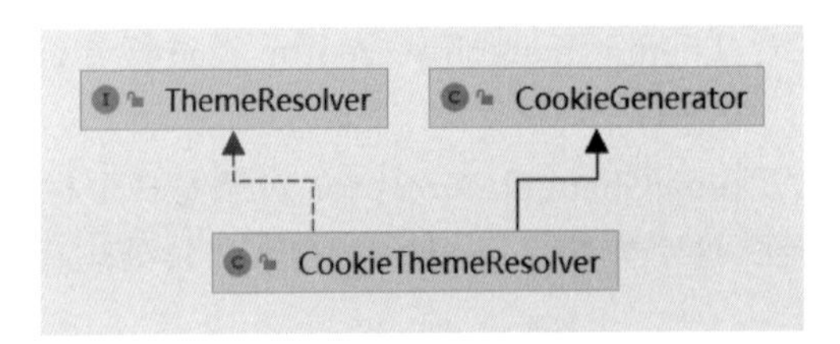

图 7.5 CookieThemeResolver 类图

在 CookieThemeResolver 类图中可以发现它继承了 CookieGenerator 对象，在 CookieGenerator 对象中提供了一些关于 Cookie 的操作，主要操作是 addCookie( ) 和 removeCookie( )，具体调用会在 CookieThemeResolver 中有所涉及。下面对 resolveThemeName()方法进行分析，具体处理代码如下。

```
@Override
public String resolveThemeName(HttpServletRequest request) {
   //从请求的属性表中获取 THEME_REQUEST_ATTRIBUTE_NAME 对应的数据
   String themeName = (String)
request.getAttribute(THEME_REQUEST_ATTRIBUTE_NAME);
   if (themeName != null) {
      return themeName;
   }

   //获取 cookie 名称
   String cookieName = getCookieName();
   if (cookieName != null) {
      //提取 cookie,将 cookie 对应的 value 作为主题名称
      Cookie cookie = WebUtils.getCookie(request, cookieName);
      if (cookie != null) {
         String value = cookie.getValue();
         if (StringUtils.hasText(value)) {
            themeName = value;
         }
      }
   }

   if (themeName == null) {
      //获取默认的主题名称
      themeName = getDefaultThemeName();
   }
   //设置请求属性表中的数据
   request.setAttribute(THEME_REQUEST_ATTRIBUTE_NAME, themeName);
   return themeName;
}
```

在上述方法中对于主题名称的提取提供了如下三种获取方式。

(1) 从请求的属性表中寻找 THEME_REQUEST_ATTRIBUTE_NAME 对应的数据值。

(2) 从 Cookie 中获取数据值。

(3) 获取默认的主题名称。

通过上述三种获取主题名称的方式获取到数据后会将其放置在请求的属性表中，并将主题名称返回。下面对 setThemeName()方法进行分析，具体处理方法如下。

```
@Override
public void setThemeName(
      HttpServletRequest request, @Nullable HttpServletResponse response, @Nullable String
themeName) {
```

```
    Assert.notNull(response, "HttpServletResponse is required for CookieThemeResolver");

    if (StringUtils.hasText(themeName)) {
        request.setAttribute(THEME_REQUEST_ATTRIBUTE_NAME, themeName);
        addCookie(response, themeName);
    }
    else {
        request.setAttribute(THEME_REQUEST_ATTRIBUTE_NAME, getDefaultThemeName());
        removeCookie(response);
    }
}
```

在上述代码中主要处理目标是为了设置主题名称，设置方式有两种。

(1) 将该方法的主题名称参数设置到请求中。

(2) 将主题名称默认值设置到请求中。

在第一种处理过程中会进行 cookie 新增操作，在第二种处理过程中会进行移除 cookie 操作。在方法 addCookie()和 removeCookie()中它们的差异是关于 maxAge 数据的设置，前者设置的数据值可能是 0，后者设置的数据值一定是 0，其他设置操作都相同。

7.5 FixedThemeResolver 分析

本节将对 FixedThemeResolver 类进行分析，首先查看它的类图，具体信息如图 7.6 所示。

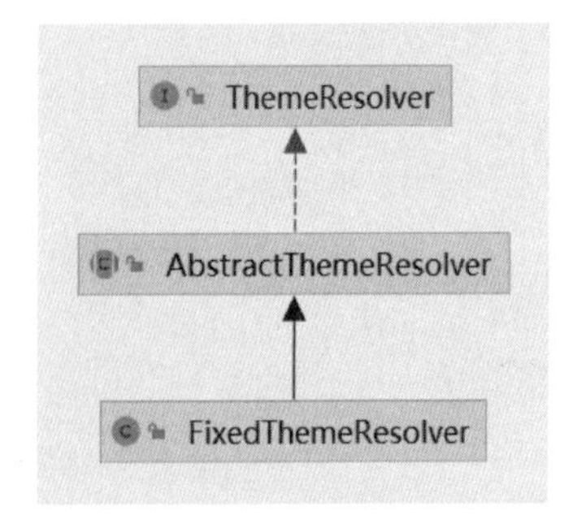

图 7.6 FixedThemeResolver 类图

在 FixedThemeResolver 类中提供的方法有两个：resolveThemeName()和 setThemeName()。下面对 resolveThemeName()方法进行分析，具体处理代码如下。

```
@Override
public String resolveThemeName(HttpServletRequest request)
{
    return getDefaultThemeName();
}
```

在上述代码中主要处理逻辑是将默认的主题名称作为返回值，关于默认主题名称的设置可以通过如下代码进行设置。

```
<bean id = "themeResolver"
class = "org.springframework.web.servlet.theme.FixedThemeResolver">
    <property name = "defaultThemeName" value = "bright"/>
</bean>
```

下面对 setThemeName()方法进行分析，具体处理代码如下。

```
@Override
public void setThemeName(
        HttpServletRequest request, @Nullable HttpServletResponse response, @Nullable String
themeName) {
```

```
    throw new UnsupportedOperationException("Cannot change theme - use a different theme
resolution strategy");
}
```

在上述代码中可以发现执行 setThemeName()会直接抛出异常。

7.6 SessionThemeResolver 分析

本节将对 SessionThemeResolver 类进行分析，首先查看它的类图，具体信息如图 7.7 所示。

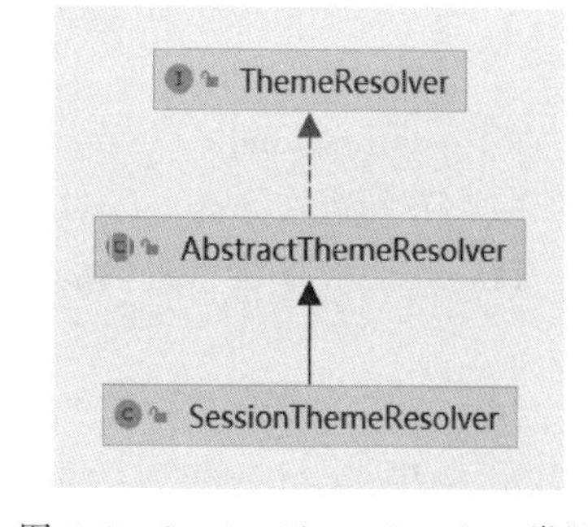

图 7.7 SessionThemeResolver 类图

在 SessionThemeResolver 类中提供的方法有两个：resolveThemeName( ) 和 setThemeName( )。下面对 resolveThemeName( ) 方法进行分析，具体处理代码如下。

```
@Override
public String resolveThemeName(HttpServletRequest
request) {
    String themeName = (String) WebUtils.
getSessionAttribute(request,
THEME_SESSION_ATTRIBUTE_NAME);
    return (themeName != null ? themeName : getDefaultThemeName());
}
```

在上述代码中对于主题名称的获取提供了两种方式。

(1) 从 Session 中获取主题名称。

(2) 从成员变量 defaultThemeName 中获取主题名称。

下面对 setThemeName()方法进行分析，具体处理代码如下。

```
@Override
public void setThemeName(
        HttpServletRequest request, @Nullable HttpServletResponse response, @Nullable String
themeName) {

    WebUtils.setSessionAttribute(request, THEME_SESSION_ATTRIBUTE_NAME,
            (StringUtils.hasText(themeName) ? themeName : null));
}
```

在上述代码中提出了关于设置主题名称的方式，具体设置方式是在 Session 中进行设置。

7.7 ResourceBundleThemeSource 分析

本节将对 ResourceBundleThemeSource 类进行分析，首先查看类图，具体信息如图 7.8 所示。

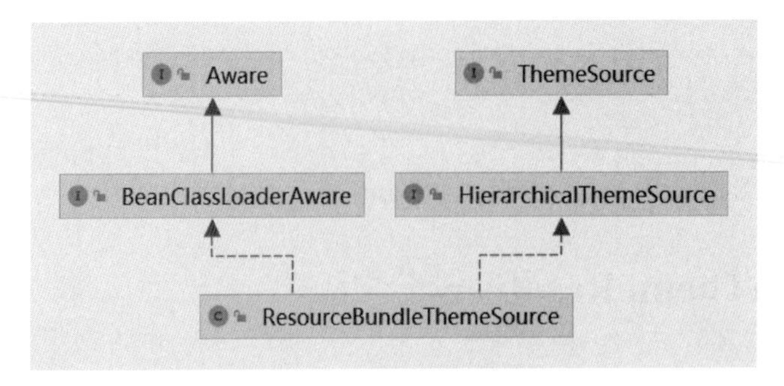

图 7.8　ResourceBundleThemeSource 类图

在 ResourceBundleThemeSource 的类图中可以发现它实现了 ThemeSource 接口，该接口的主要目的就是获取主题对象。因此对 ResourceBundleThemeSource 类的分析主要方法是 ThemeSource 接口提供的 getTheme()方法，具体处理代码如下。

```
@Override
@Nullable
public Theme getTheme(String themeName) {
   Theme theme = this.themeCache.get(themeName);
   if (theme == null) {
      synchronized (this.themeCache) {
         theme = this.themeCache.get(themeName);
         if (theme == null) {
            String basename = this.basenamePrefix + themeName;
            MessageSource messageSource = createMessageSource(basename);
            theme = new SimpleTheme(themeName, messageSource);
            initParent(theme);
            this.themeCache.put(themeName, theme);
            if (logger.isDebugEnabled()) {
               logger.debug("Theme created: name '" + themeName + "', basename [" +
basename + "]");
            }
         }
      }
   }
   return theme;
}
```

在上述代码中关于 Theme 对象的获取主要执行流程如下。

(1) 从主题缓存中获取主题对象。

(2) 通过主题前缀名称+主题名称获取。

在这段代码中主要的对象有 basenamePrefix、themeName 和 theme，在第一次请求时遇到的数据信息如图 7.9 所示。

第一次请求以后的请求由于缓存建立成功会直接从缓存中获取数据，缓存数据信息如图 7.10 所示。

在这个处理过程中可以发现，在 Theme 对象中还隐藏了 MessageSource(消息源)对象，该对象会在渲染时起到关键作用。

```
> oo basenamePrefix = "themes."
> oo themeName = "bright"
v oo theme = {SimpleTheme@5531}
  > f name = "bright"
  > f messageSource = {ResourceBundleMessageSource@5503} "org.springframework.context.support.ResourceBundleMessage..."
```

图 7.9 basenamePrefix、themeName 和 theme 信息

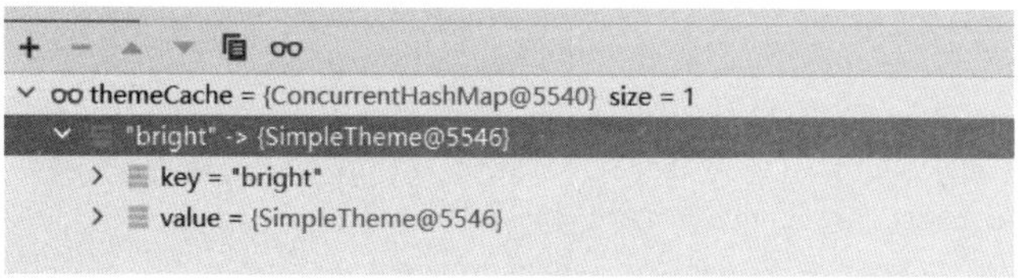

```
v oo themeCache = {ConcurrentHashMap@5540} size = 1
  v "bright" -> {SimpleTheme@5546}
    > key = "bright"
    > value = {SimpleTheme@5546}
```

图 7.10 主题缓存

7.8 ThemeResolver 整体处理流程分析

在 Spring MVC 中关于 ThemeResolver 的主要处理流程位于 org. springframework. web. servlet. tags. MessageTag # doEndTag()方法中，这里的处理操作和 JSP 解析的处理有一定关系，同时包含一些标签处理，具体处理代码如下。

```
@Override
public int doEndTag() throws JspException {
   try {
      String msg = resolveMessage();

      msg = htmlEscape(msg);
      msg = this.javaScriptEscape ? JavaScriptUtils.javaScriptEscape(msg) : msg;

      if (this.var != null) {
         this.pageContext.setAttribute(this.var, msg, TagUtils.getScope(this.scope));
      }
      else {
         writeMessage(msg);
      }

      return EVAL_PAGE;
   }
   catch (IOException ex) {
      throw new JspTagException(ex.getMessage(), ex);
   }
   catch (NoSuchMessageException ex) {
      throw new JspTagException(getNoSuchMessageExceptionDescription(ex));
   }
}
```

在上述代码中主要关注的方法是 resolveMessage()，通过该方法得到的数据内容是

bright. properties 文件或 dark. properties 文件的内容，下面对该方法进行分析，具体处理代码如下。

```
protected String resolveMessage() throws JspException, NoSuchMessageException {
   MessageSource messageSource = getMessageSource();

   if (this.message != null) {
      return messageSource.getMessage(this.message, getRequestContext().getLocale());
   }

   if (this.code != null || this.text != null) {
      Object[] argumentsArray = resolveArguments(this.arguments);
      if (!this.nestedArguments.isEmpty()) {
         argumentsArray = appendArguments(argumentsArray,
this.nestedArguments.toArray());
      }

      if (this.text != null) {
         String msg = messageSource.getMessage(
               this.code, argumentsArray, this.text, getRequestContext().getLocale());
         return (msg != null ? msg : "");
      }
      else {
         return messageSource.getMessage(
               this.code, argumentsArray, getRequestContext().getLocale());
      }
   }

   throw new JspTagException("No resolvable message");
}
```

在这段代码中主要执行流程如下。

(1) 提取 MessageSource 接口对象。

(2) message 对象不为空，通过 MessageSourceResolvable 接口进行解析结果获取。

(3) 从 MessageSource 接口对象中获取真实的消息数据。

在这三个处理流程中需要关注的变量有 messageSource，该变量的数据信息一般会从 XML 配置中来，XML 中的配置信息如下。

```
<bean id = "themeSource"
class = "org.springframework.ui.context.support.ResourceBundleThemeSource">
   <property name = "defaultEncoding" value = "UTF - 8"/>
   <property name = "basenamePrefix" value = "themes."/>
</bean>
```

得到的数据对象如图 7.11 所示。

在得到该对象之后需要进行的处理操作会回归到 Spring IoC 中的 MessageSource 接口，最终 resolveMessage()方法的返回值数据为 themes/bright. css，在得到该数据后会进行数据写出操作从而完成整个主题解析。在整个解析过程中和 JSP 相关的内容有如下代码。

```
v oo messageSource = {ResourceBundleMessageSource@5499} "org.springframework.context.support.ResourceBundleMessageSou...
     bundleClassLoader = null
  >  beanClassLoader = {ParallelWebappClassLoader@5449} "ParallelWebappClassLoader\r\n  context: ROOT\r\n  delegate: false\...
  v  cachedResourceBundles = {ConcurrentHashMap@6162}  size = 1
     v  "themes.bright" -> {ConcurrentHashMap@6177}  size = 1
        >  key = "themes.bright"
        v  value = {ConcurrentHashMap@6177}  size = 1
           v  {Locale@5491} "zh_CN" -> {PropertyResourceBundle@6181}
              >  key = {Locale@5491} "zh_CN"
              v  value = {PropertyResourceBundle@6181}
                 >  lookup = {HashMap@6184}  size = 1
                    parent = null
                 >  locale = {Locale@6185} ""
                 >  name = "themes.bright"
                    expired = false
                 >  cacheKey = {ResourceBundle$CacheKey@6186} "CacheKey[themes.bright, lc="", ldr=ParallelWebappClassLoa...
                    keySet = null
     cachedBundleMessageFormats = {ConcurrentHashMap@6163}  size = 0
  >  control = {ResourceBundleMessageSource$MessageSourceControl@6164}
  v  basenameSet = {LinkedHashSet@6165}  size = 1
     >  0 = "themes.bright"
  >  defaultEncoding = "UTF-8"
     fallbackToSystemLocale = true
     defaultLocale = null
     cacheMillis = -1
  >  parentMessageSource = {ResourceBundleMessageSource@6167} "org.springframework.context.support.ResourceBundleM...
     commonMessages = null
     useCodeAsDefaultMessage = false
  >  logger = {LogAdapter$JavaUtilLog@6168}
     alwaysUseMessageFormat = false
     messageFormatsPerMessage = {HashMap@6169}  size = 0
```

图 7.11　消息源对象

```
<link rel="stylesheet" href="<spring:theme code='stylesheet'/>" type="text/css" />
```

在主题解析过程中可以理解为如何将<spring：theme code='stylesheet'/>代码转换为具体的主题文件。

小结

本章围绕 ThemeResolver 接口，介绍了 ThemeResolver 接口的作用和三个实现类的具体实现过程，此外还对测试用例中的拦截器、主题源进行了相关分析。

第8章

ViewResolver分析

本章将对 ViewResolver 接口进行分析，ViewResolver 的作用是根据视图名和 Locale 解析成 View 类型的视图。在 ViewResolver 接口中定义了一个方法，具体代码如下。

```
public interface ViewResolver {

   @Nullable
   View resolveViewName(String viewName, Locale locale) throws Exception;

}
```

在 ViewResolver 接口定义中有一个方法：resolveViewName()的作用是据视图名和 Locale 解析成 View 类型的视图。

8.1 初始化 ViewResolver

本节将对 ViewResolver 对象的初始化相关内容进行分析，具体处理代码如下。

```
private void initViewResolvers(ApplicationContext context) {
   this.viewResolvers = null;

   if (this.detectAllViewResolvers) {
      Map<String, ViewResolver> matchingBeans =
            BeanFactoryUtils.beansOfTypeIncludingAncestors(context, ViewResolver.class,
true, false);
      if (!matchingBeans.isEmpty()) {
         this.viewResolvers = new ArrayList<>(matchingBeans.values());
         AnnotationAwareOrderComparator.sort(this.viewResolvers);
      }
   }
   else {
```

```
        try {
            ViewResolver vr = context.getBean(VIEW_RESOLVER_BEAN_NAME,
ViewResolver.class);
            this.viewResolvers = Collections.singletonList(vr);
        }
        catch (NoSuchBeanDefinitionException ex) {
        }
    }

    if (this.viewResolvers == null) {
        this.viewResolvers = getDefaultStrategies(context, ViewResolver.class);
        if (logger.isTraceEnabled()) {
            logger.trace("No ViewResolvers declared for servlet '" + getServletName() +
                    "': using default strategies from DispatcherServlet.properties");
        }
    }
}
```

在上述代码中提供了初始化 ViewResolver 对象的三种方式。

（1）根据类型在容器中搜索。

（2）从 Spring 容器中根据名称和类型获取 ViewResolver 实例对象。

（3）加载默认的 ViewResolver 实例对象。

下面对第三种方式进行分析，首先查看 Spring MVC 中的 DispatcherServlet.properties 文件，该文件中有关于 ViewResolver 的默认实现类的说明，具体信息如下。

org.springframework.web.servlet.ViewResolver = org.springframework.web.servlet.view.InternalResourceViewResolver

在第三种方式处理过程中会得到 InternalResourceViewResolver 对象。具体实例化的过程中将 ViewResolver 对应的数据读取通过反射的方式进行对象创建。在 Spring MVC 中 ViewResolver 接口的实现类有很多，具体信息如图 8.1 所示。

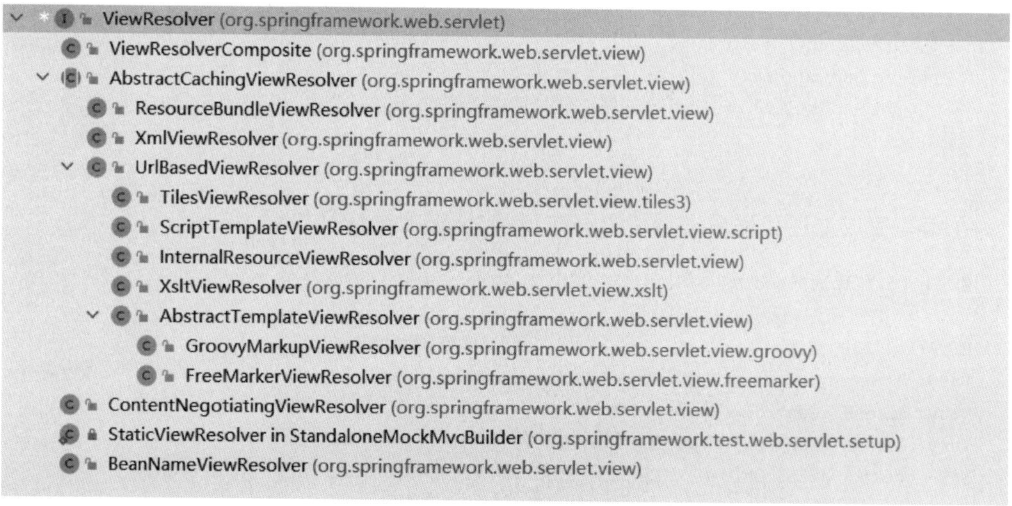

ViewResolver (org.springframework.web.servlet)
ViewResolverComposite (org.springframework.web.servlet.view)
AbstractCachingViewResolver (org.springframework.web.servlet.view)
ResourceBundleViewResolver (org.springframework.web.servlet.view)
XmlViewResolver (org.springframework.web.servlet.view)
UrlBasedViewResolver (org.springframework.web.servlet.view)
TilesViewResolver (org.springframework.web.servlet.view.tiles3)
ScriptTemplateViewResolver (org.springframework.web.servlet.view.script)
InternalResourceViewResolver (org.springframework.web.servlet.view)
XsltViewResolver (org.springframework.web.servlet.view.xslt)
AbstractTemplateViewResolver (org.springframework.web.servlet.view)
GroovyMarkupViewResolver (org.springframework.web.servlet.view.groovy)
FreeMarkerViewResolver (org.springframework.web.servlet.view.freemarker)
ContentNegotiatingViewResolver (org.springframework.web.servlet.view)
StaticViewResolver in StandaloneMockMvcBuilder (org.springframework.test.web.servlet.setup)
BeanNameViewResolver (org.springframework.web.servlet.view)

图 8.1　ViewResolver 类图

8.2 ViewResolver 测试用例搭建

本节将编写 ViewResolver 的测试用例，首先需要进行 SpringBean 配置，修改的配置文件文件名是 applicationContext.xml，具体配置代码如下。

```
<bean id="jspViewResolver"
class="org.springframework.web.servlet.view.InternalResourceViewResolver">
    <property name="viewClass"
value="org.springframework.web.servlet.view.JstlView"/>
    <property name="prefix" value="/page/"/>
    <property name="suffix" value=".jsp"/>
</bean>
```

在完成 SpringBean 配置文件修改后需要进行 JSP 文件的创建，具体创建位置应在 /page 下，文件名为 hello.jsp，具体代码如下。

```
<%@ page contentType="text/html;charset=UTF-8" language="java" %>
<html>
<head>
    <title>Title</title>
</head>
<body>
<h3>hello-jsp</h3>

</body>
</html>
```

最后需要进行 Controller 接口的编写，具体代码如下。

```
@Controller
@CrossOrigin
public class HelloController {

   @GetMapping("/demo")
   public String demo() {
      return "hello";
   }
}
```

在编写完成上述代码后进行请求测试，具体请求测试信息如下。

```
GET http://localhost:8080/demo

HTTP/1.1 200
Vary: Origin
Vary: Access-Control-Request-Method
Vary: Access-Control-Request-Headers
Set-Cookie: JSESSIONID=779354EB949152ECA6B71E0B7079D36D; Path=/; HttpOnly
Content-Type: text/html;charset=UTF-8
Content-Language: zh-CN
```

```
Content-Length: 92
Date: Mon, 12 Apr 2021 03:34:42 GMT
Keep-Alive: timeout=20
Connection: keep-alive

<html>
<head>
    <title>Title</title>
</head>
<body>
<h3>hello-jsp</h3>

</body>
</html>
```

当看到上述内容时就代表测试环境搭建成功。

8.3 InternalResourceViewResolver 分析

本节将对 InternalResourceViewResolver 类进行分析，首先查看 InternalResourceViewResolver 的类图，具体如图 8.2 所示。

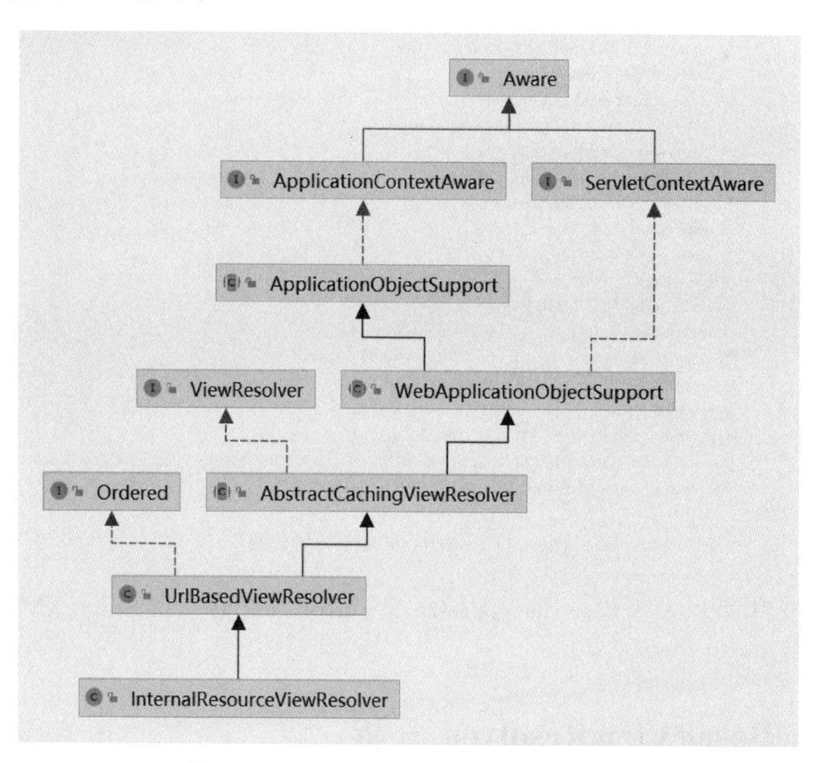

图 8.2 InternalResourceViewResolver 类图

从图 8.2 上发现 InternalResourceViewResolver 类并没有实现一些特殊的接口，因此可以直接进入代码查看处理细节，在 InternalResourceViewResolver 类中需要关注的方法是 buildView(),具体处理代码如下。

```
@Override
protected AbstractUrlBasedView buildView(String viewName) throws Exception {
   InternalResourceView view = (InternalResourceView) super.buildView(viewName);
   if (this.alwaysInclude != null) {
      view.setAlwaysInclude(this.alwaysInclude);
   }
   view.setPreventDispatchLoop(true);
   return view;
}
```

在这个方法中可以发现核心点在于父类的 buildView()方法,在这个方法中仅仅是做出了一些数据值的设置操作。基于前文的测试用例来查看 InternalResourceViewResolver 初始化时的数据,具体信息如图 8.3 所示。

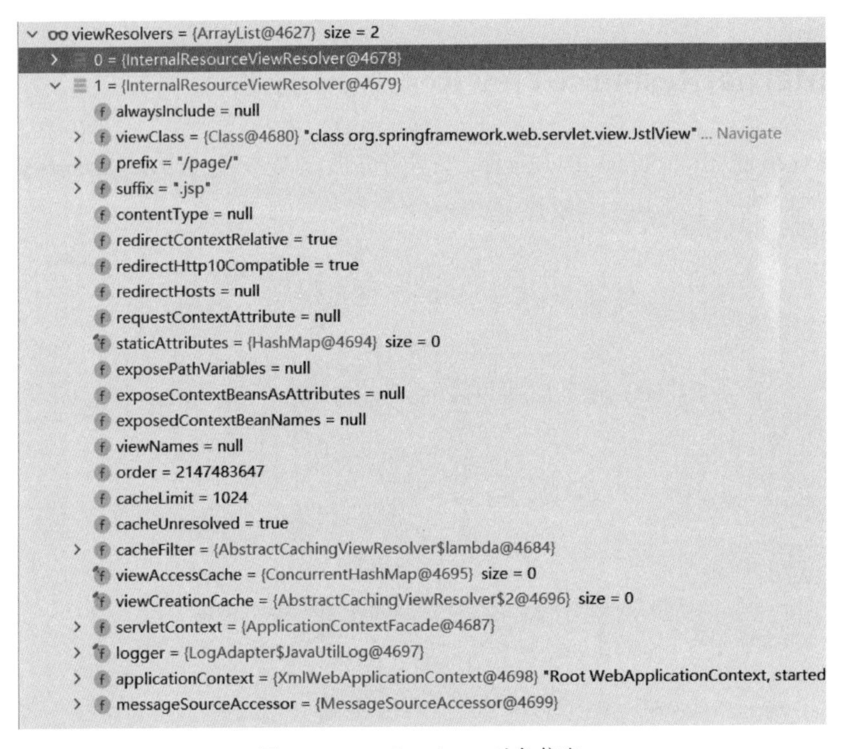

图 8.3 viewResolvers 对象信息

在图 8.3 中可以发现 viewClass、prefix 和 suffix 数据信息和 SpringXML 中的配置相同。

8.4 UrlBasedViewResolver 分析

本节将分析 UrlBasedViewResolver 类,在前文分析 InternalResourceViewResolver 时提到了 buildView()方法,该方法是一个重要的方法,此外,在 UrlBasedViewResolver 类中重要的方法还有如下三个。

(1) 方法 createView()。

(2) 方法 loadView()。

(3) 方法 applyLifecycleMethods()。

8.4.1 buildView()方法分析

本节将对 buildView()方法进行分析,首先查看完整代码,具体代码如下。

```
protected AbstractUrlBasedView buildView(String viewName) throws Exception {
   Class <?> viewClass = getViewClass();
   Assert.state(viewClass != null, "No view class");

   AbstractUrlBasedView view = (AbstractUrlBasedView)
BeanUtils.instantiateClass(viewClass);
   view.setUrl(getPrefix() + viewName + getSuffix());
   view.setAttributesMap(getAttributesMap());

   String contentType = getContentType();
   if (contentType != null) {
      view.setContentType(contentType);
   }

   String requestContextAttribute = getRequestContextAttribute();
   if (requestContextAttribute != null) {
      view.setRequestContextAttribute(requestContextAttribute);
   }

   Boolean exposePathVariables = getExposePathVariables();
   if (exposePathVariables != null) {
      view.setExposePathVariables(exposePathVariables);
   }
   Boolean exposeContextBeansAsAttributes = getExposeContextBeansAsAttributes();
   if (exposeContextBeansAsAttributes != null) {
      view.setExposeContextBeansAsAttributes(exposeContextBeansAsAttributes);
   }
   String[] exposedContextBeanNames = getExposedContextBeanNames();
   if (exposedContextBeanNames != null) {
      view.setExposedContextBeanNames(exposedContextBeanNames);
   }

   return view;
}
```

在上述代码中主要处理流程如下。

(1) 提取视图类对象。

(2) 通过 BeanUtils 工具反射创建视图对象,注意此时创建的是一个父类 AbstractUrlBasedView。

(3) 设置部分属性。

在这三个处理流程中关于前两个操作行为没有特别的内容，主要关注第三个处理流程，关于属性的部分可以查看表 8.1。

表 8.1 UrlBasedViewResolver 成员变量

属性名称	属性类型	属性含义
url	String	路由地址
staticAttributes	Map<String, Object>	静态属性表
contentType	String	上下文类型
requestContextAttribute	String	请求上下文属性
exposePathVariables	boolean	是否添加路径变量
exposeContextBeansAsAttributes	boolean	是否通过访问属性进行惰性检查，从而使应用程序上下文中的所有 Spring Bean 都可作为请求属性进行访问
exposedContextBeanNames	Set<String>	公开的上下文名称

在这个执行方法中了解上述成员变量即可，这些变量会在后续进行使用。

8.4.2 loadView()方法分析

本节将对 loadView()方法进行分析，首先查看完整代码，具体代码如下。

```
@Override
protected View loadView(String viewName, Locale locale) throws Exception {
   AbstractUrlBasedView view = buildView(viewName);
   View result = applyLifecycleMethods(viewName, view);
   return (view.checkResource(locale) ? result : null);
}
```

在上述方法中主要处理流程如下。

(1) 创建视图对象。

(2) 应用生命周期方法，主要执行 initializeBean()。

(3) 返回视图对象。

8.4.3 applyLifecycleMethods()方法分析

本节将对 applyLifecycleMethods()方法进行分析，首先查看完整代码，具体代码如下。

```
protected View applyLifecycleMethods(String viewName, AbstractUrlBasedView view) {
   ApplicationContext context = getApplicationContext();
   if (context != null) {
      Object initialized = context.getAutowireCapableBeanFactory().initializeBean(view, ↘
viewName);
      if (initialized instanceof View) {
         return (View) initialized;
      }
   }
```

```
    return view;
}
```

在上述代码中可以发现主要目的是进行实例化操作，当实例化对象是 View 接口类型的时候就会将其返回，具体的实例化操作和 SpringBean 的实例化操作相同，不做详细展开。在测试用例中此时生成的视图对象数据如图 8.4 所示。

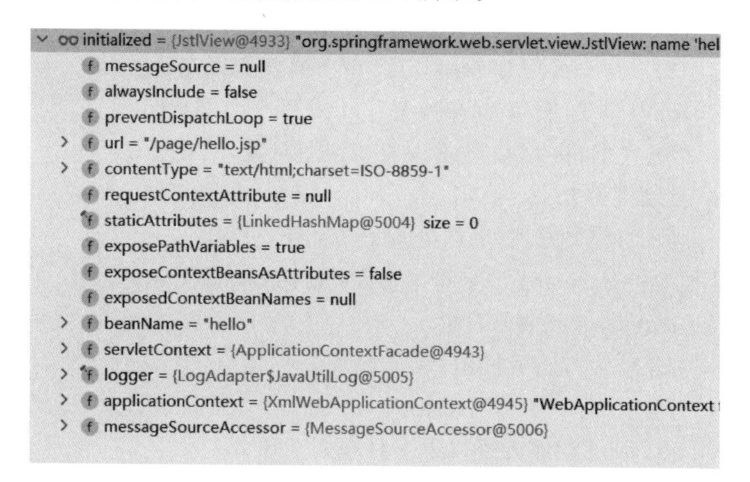

图 8.4 JstlView 对象信息

8.4.4 createView()方法分析

本节将对 createView()方法进行分析，首先查看完整代码，具体代码如下。

```
@Override
protected View createView(String viewName, Locale locale) throws Exception {
    if (!canHandle(viewName, locale)) {
        return null;
    }

    if (viewName.startsWith(REDIRECT_URL_PREFIX)) {
        String redirectUrl = viewName.substring(REDIRECT_URL_PREFIX.length());
        RedirectView view = new RedirectView(redirectUrl,
                isRedirectContextRelative(), isRedirectHttp10Compatible());
        String[] hosts = getRedirectHosts();
        if (hosts != null) {
            view.setHosts(hosts);
        }
        return applyLifecycleMethods(REDIRECT_URL_PREFIX, view);
    }

    if (viewName.startsWith(FORWARD_URL_PREFIX)) {
        String forwardUrl = viewName.substring(FORWARD_URL_PREFIX.length());
        InternalResourceView view = new InternalResourceView(forwardUrl);
        return applyLifecycleMethods(FORWARD_URL_PREFIX, view);
    }
```

```
    return super.createView(viewName, locale);
}
```

在这段代码中主要处理流程如下。

(1) 判断是否可以进行处理,如果不能处理则结束该方法调用。

(2) 关于 redirect 的相关处理,具体处理细节如下。

① 在视图名中将"redirect:"字符串切除,留下真实视图名称。

② 创建 RedirectView 对象,该对象就是跳转视图。

③ 获取 host 相关数据,将 host 数据设置给视图对象。

④ 创建 view 对象作为方法返回值。

(3) 关于 forward 的相关处理,具体处理细节如下。

① 在视图名称中将"forward:"字符串切除,留下真实视图名称。

② 创建 InternalResourceView 对象。

③ 创建 view 对象作为方法返回值。

(4) 生成视图对象。

从该方法中可以发现它能够处理以下三种视图对象。

(1) 具备 redirect 的视图对象。

(2) 具备 forward 的视图对象。

(3) 原始的视图对象。

8.5 XmlViewResolver 分析

本节将对 XmlViewResolver 类进行分析,分析过程主要从初始化、解析和摧毁三方面进行,在开始分析之前需要先编写一个测试环境。

8.5.1 XmlViewResolver 测试用例搭建

下面开始搭建 XmlViewResolver 的环境,首先在 web.xml 文件中创建一个新的 sevlet 标签,具体添加的代码如下。

```
<servlet>
    <servlet-name>xmlViewResolver</servlet-name>
    <servlet-class>org.springframework.web.servlet.DispatcherServlet</servlet-class>
    <load-on-startup>1</load-on-startup>
</servlet>
<servlet-mapping>
    <servlet-name>xmlViewResolver</servlet-name>
    <url-pattern>/xmlViewResolver/*</url-pattern>
</servlet-mapping>
```

在完成 servlet 标签的新增操作后需要在 web.xml 的同级目录下创建名为 xmlViewResolver-servlet.xml 的文件,并向其中添加如下内容。

```
<?xml version = "1.0" encoding = "UTF - 8"?>
< beans xmlns = "http://www.springframework.org/schema/beans"
       xmlns:xsi = "http://www.w3.org/2001/XMLSchema - instance"
       xmlns:context = "http://www.springframework.org/schema/context"
       xmlns:mvc = "http://www.springframework.org/schema/mvc"
         xsi: schemaLocation = " http://www.springframework.org/schema/beans http://www.springframework.org/schema/beans/spring - beans.xsd http://www.springframework.org/schema/context https://www.springframework.org/schema/context/spring - context.xsd http://www.springframework.org/schema/mvc https://www.springframework.org/schema/mvc/spring - mvc.xsd">
    < bean id = "xmlViewResolver"
class = "org.springframework.web.servlet.view.XmlViewResolver">
       < property name = "location" value = "/WEB - INF/view.xml"/>
    </bean >
    < context:component - scan base - package = "com.source.hot"/>
    < mvc:default - servlet - handler/>
    < mvc:annotation - driven/>
</beans >
```

在完成 xmlViewResolver-servlet.xml 文件的编写后需要在它的同级目录下创建一个文件，文件名为 view.xml，具体代码如下。

```
<?xml version = "1.0" encoding = "UTF - 8"?>
< beans xmlns = "http://www.springframework.org/schema/beans"
       xmlns:xsi = "http://www.w3.org/2001/XMLSchema - instance"
         xsi: schemaLocation = " http://www.springframework.org/schema/beans http://www.springframework.org/schema/beans/spring - beans.xsd">
    < bean id = "xmlConfig" class = "org.springframework.web.servlet.view.JstlView">
       < property name = "url" value = "/WEB - INF/view/xmlViewResolver.jsp" />
    </bean >
</beans >
```

在完成 view.xml 文件编写后需要在同级文件夹下创建一个文件夹，文件夹名称为 view，并向其中添加一个 JSP 页面，页面名称为 xmlViewResolver.jsp，具体代码如下。

```
< % @ page contentType = "text/html;charset = UTF - 8" language = "java" % >
< html >
< head >
    < title > Title </title >
</head >
< body >
< h3 > xmlViewResolver.jsp </h3 >

</body >
</html >
```

最后需要一个 Controller 接口用来访问相关数据，具体代码如下。

```
@GetMapping("xmlConfig")
public String xmlConfig() {
   return "xmlConfig";
}
```

现在所有的准备工作处理完成,下面进行请求模拟,具体模拟数据如下。

```
GET http://localhost:8080/xmlViewResolver/xmlConfig

HTTP/1.1 200
Set-Cookie: JSESSIONID=4002722BF6BC6FB76DB883A30F24B126; Path=/; HttpOnly
Content-Type: text/html;charset=UTF-8
Content-Language: zh-CN
Content-Length: 101
Date: Tue, 13 Apr 2021 00:57:31 GMT
Keep-Alive: timeout=20
Connection: keep-alive

<html>
<head>
    <title>Title</title>
</head>
<body>
<h3>xmlViewResolver.jsp</h3>

</body>
</html>
```

当看到上述内容后就说明测试用例搭建成功。

8.5.2 XmlViewResolver 初始化

首先对 XmlViewResolver 类进行分析,具体类图如图 8.5 所示。

从 XmlViewResolver 类图中可以发现它实现了 ViewResolver、InitializingBean 和 DisposableBean 接口。首先对 afterPropertiesSet()方法进行分析,该方法的来源是 InitializingBean 接口,具体处理代码如下。

```
@Override
public void afterPropertiesSet() throws BeansException {
   if (isCache()) {
      initFactory();
   }
}
```

在这段代码中会进行如下操作。

(1) 判断是否进行缓存,如果需要进行缓存则初始化缓存工厂。

关于是否进行缓存的判断条件是成员变量 cacheLimit 的数值是否大于 0,该数值默认为 1024,也就是说,在默认情况下需要进行缓存操作。下面对 initFactory()方法进行分析,具体处理代码如下。

```
protected synchronized BeanFactory initFactory() throws BeansException {
    //判断缓存工厂是否存在
    if (this.cachedFactory != null) {
```

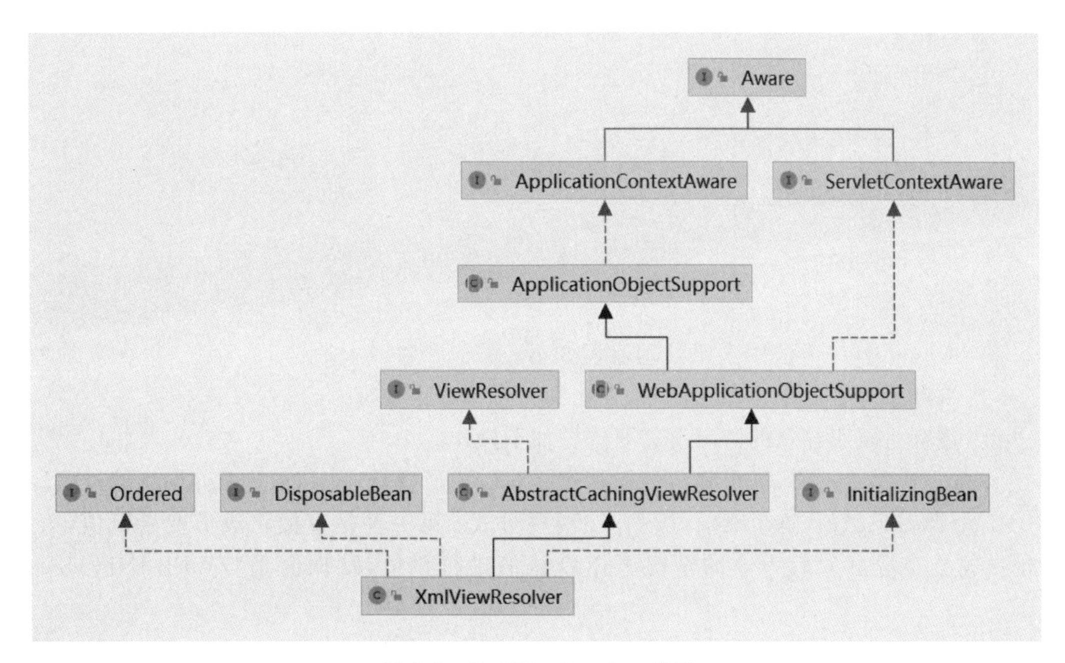

图 8.5 XmlViewResolver 类图

```
        return this.cachedFactory;
    }

    //确定应用上下文
    ApplicationContext applicationContext = obtainApplicationContext();

    //资源对象赋值
    Resource actualLocation = this.location;
    //如果不存在则获取默认的资源地址
    if (actualLocation == null) {
        actualLocation = applicationContext.getResource(DEFAULT_LOCATION);
    }

    //创建通用的 Web 应用上下文
    GenericWebApplicationContext factory = new GenericWebApplicationContext();
    //设置父上下文
    factory.setParent(applicationContext);
    //设置 Servlet 上下文
    factory.setServletContext(getServletContext());

    //创建 XmlBeanDefinitionReader 解析器
    XmlBeanDefinitionReader reader = new XmlBeanDefinitionReader(factory);
    //设置环境
    reader.setEnvironment(applicationContext.getEnvironment());
    //设置实体解析对象
    reader.setEntityResolver(new ResourceEntityResolver(applicationContext));
    //解析 Bean
    reader.loadBeanDefinitions(actualLocation);
```

```
    //刷新
    factory.refresh();

    if (isCache()) {
        //缓存
        this.cachedFactory = factory;
    }
    return factory;
}
```

在 initFactory()方法中主要处理流程如下。

(2) 判断缓存工厂是否存在,如果存在则将直接结束处理。

(3) 缓存工厂不存在的情况下需要进行如下操作。

① 确定应用上下文,这个确定过程其实是获取成员变量 applicationContext 的过程。

② 资源对象赋值,这个赋值过程存在两种方式:第一种是直接将成员变量赋值,第二种是在成员变量赋值后为空的情况下用默认值进行赋值,默认值是"/WEB-INF/views.xml"。

③ 创建通用的 Web 应用上下文并设置父上下文对象和 Servlet 上下文对象。

④ 创建 XmlBeanDefinitionReader 对象,创建该对象的作用是读取资源对象中的 Bean 数据。

⑤ 缓存赋值。

8.5.3 XmlViewResolver 解析操作

下面将对 XmlViewResolver 对象的解析操作进行分析,负责解析的方法是 loadView(),具体代码如下。

```
@Override
protected View loadView(String viewName, Locale locale) throws BeansException {
   BeanFactory factory = initFactory();
   try {
      return factory.getBean(viewName, View.class);
   }
   catch (NoSuchBeanDefinitionException ex) {
      return null;
   }
}
```

在这段代码中主要处理流程如下。

(1) 初始化 BeanFactory,初始化方法是 initFactory()。

(2) 从 BeanFactory 中根据 BeanName 和类型获取实例。

在前文的测试用例中发送请求后具体的调用链路如图 8.6 所示。

在上述调用链路中需要关注 render()方法,在该方法中提到了下面的代码。

```
view = resolveViewName(viewName, mv.getModelInternal(), locale, request);
```

```
loadView:120, XmlViewResolver (org.springframework.web.servlet.view)
createView:275, AbstractCachingViewResolver (org.springframework.web.servlet.view)
resolveViewName:184, AbstractCachingViewResolver (org.springframework.web.servlet.view)
resolveViewName:1447, DispatcherServlet (org.springframework.web.servlet)
render:1383, DispatcherServlet (org.springframework.web.servlet)
processDispatchResult:1143, DispatcherServlet (org.springframework.web.servlet)
doDispatch:1080, DispatcherServlet (org.springframework.web.servlet)
doService:962, DispatcherServlet (org.springframework.web.servlet)
processRequest:1051, FrameworkServlet (org.springframework.web.servlet)
doGet:939, FrameworkServlet (org.springframework.web.servlet)
service:626, HttpServlet (javax.servlet.http)
service:924, FrameworkServlet (org.springframework.web.servlet)
```

图 8.6 XmlViewResolver 解析链路

通过这个方法将 viewName 进行了数据传递，此时 viewName 的数据是 xmlConfig，继续向下解析会进入 resolveViewName()方法，该方法会循环当前容器中的 ViewResolver 集合，如果有一个可以将数据解析成功，则得到 View 对象就完成处理，此时容器中的 ViewResolver 数据如图 8.7 所示。

```
viewResolvers = {ArrayList@5101} size = 2
  > 0 = {XmlViewResolver@4646}
  > 1 = {InternalResourceViewResolver@5170}
```

图 8.7 viewResolvers 数据信息

在上述两个元素中第一个元素即可解析数据得到 View 对象，具体对象信息如图 8.8 所示。

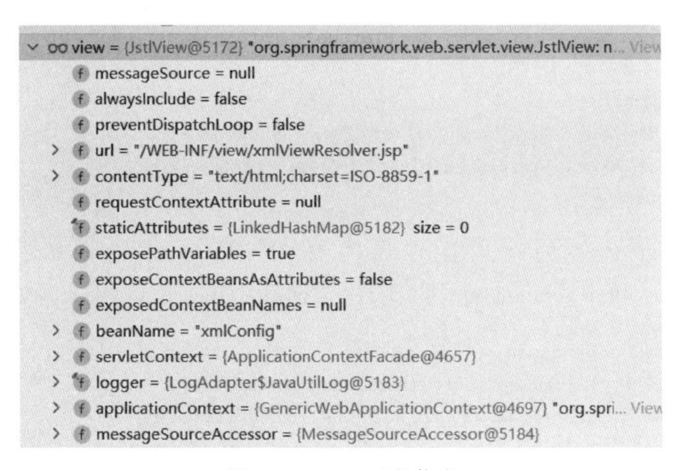

图 8.8 View 对象信息

在得到该对象后即完成了解析操作。

8.5.4 XmlViewResolver 摧毁

下面将对 XmlViewResolver 对象的摧毁操作进行分析，负责解析的方法是 loadView()，具体代码如下。

```
@Override
public void destroy() throws BeansException {
    if (this.cachedFactory != null) {
        this.cachedFactory.close();
    }
}
```

上述代码主要执行操作为：判断缓存工厂是否存在，如果存在则进行缓存工厂的关闭操作。

8.6 BeanNameViewResolver 分析

本节将对 BeanNameViewResolver 类进行分析，在开始分析之前需要先编写一个测试环境。

8.6.1 BeanNameViewResolver 测试用例

下面开始搭建 BeanNameViewResolver 的环境，首先在 web. xml 文件中创建一个新的 sevlet 标签，具体添加的代码如下。

```
<servlet>
    <servlet-name>beanNameViewResolver</servlet-name>
    <servlet-class>org.springframework.web.servlet.DispatcherServlet</servlet-class>
    <load-on-startup>1</load-on-startup>
</servlet>
<servlet-mapping>
    <servlet-name>beanNameViewResolver</servlet-name>
    <url-pattern>/beanNameViewResolver/*</url-pattern>
</servlet-mapping>
```

在完成 servlet 标签的新增操作后需要在 web. xml 的同级目录下创建名为 beanNameViewResolver-servlet. xml 的文件，并向其添加如下内容。

```
<?xml version="1.0" encoding="UTF-8"?>
<beans xmlns="http://www.springframework.org/schema/beans"
        xmlns:xsi="http://www.w3.org/2001/XMLSchema-instance"
        xmlns:context="http://www.springframework.org/schema/context"
        xmlns:mvc="http://www.springframework.org/schema/mvc"
        xsi:schemaLocation="http://www.springframework.org/schema/beans http://www.springframework.org/schema/beans/spring-beans.xsd http://www.springframework.org/schema/context https://www.springframework.org/schema/context/spring-context.xsd http://www.springframework.org/schema/mvc https://www.springframework.org/schema/mvc/spring-mvc.xsd">
    <bean id="beanNameViewResolver"
class="org.springframework.web.servlet.view.BeanNameViewResolver">
    </bean>
```

```
    <context:component-scan base-package="com.source.hot"/>
    <mvc:default-servlet-handler/>
    <mvc:annotation-driven/>
    <bean id="customerView" class="com.source.hot.mvc.view.CustomerView"/>
</beans>
```

在完成 beanNameViewResolver-servlet.xml 的内容编写后需要创建一个视图(View)接口的实现类,实现类类名为 CustomerView,具体代码如下。

```
public class CustomerView implements View {
   @Override
   public String getContentType() {
      return "text/html";
   }

   @Override
   public void render(Map<String, ?> model, HttpServletRequest request,
HttpServletResponse response) throws Exception {
      PrintWriter writer = response.getWriter();
      writer.println("<h1>hello</h1>");
   }
}
```

在完成视图接口实现类的编写后需要进行 Controller 的编写,具体代码如下。

```
@GetMapping("/beanNameView")
public String beanNameView() {
   return "customerView";
}
```

现在所有的准备工作处理完成,下面进行请求模拟,具体模拟数据如下。

```
GET http://localhost:8080/beanNameViewResolver/beanNameView

HTTP/1.1 200
Content-Language: zh-CN
Content-Length: 16
Date: Tue, 13 Apr 2021 01:01:32 GMT
Keep-Alive: timeout=20
Connection: keep-alive

<h1>hello</h1>
```

当看到上述信息后,说明测试用例搭建成功。

8.6.2 BeanNameViewResolver 解析操作

下面将对 BeanNameViewResolver 对象的解析操作进行分析,负责解析的方法是 resolveViewName(),具体代码如下。

```
@Override
```

```
@Nullable
public View resolveViewName(String viewName, Locale locale) throws BeansException {
   ApplicationContext context = obtainApplicationContext();
   if (!context.containsBean(viewName)) {
      return null;
   }
   if (!context.isTypeMatch(viewName, View.class)) {
      if (logger.isDebugEnabled()) {
         logger.debug("Found bean named '" + viewName + "' but it does not implement View");
      }
      return null;
   }
   return context.getBean(viewName, View.class);
}
```

在上述代码中主要处理流程如下。

(1) 获取应用上下文。

(2) 在应用上下文中不包含当前视图名称所对应的 Bean 实例将返回 null。

(3) 在应用上下文中当前视图名称对应的 Bean 实例类型不是 View 将返回 null。

(4) 从应用上下文中通过视图名称和类型将 Bean 实例返回。

当发起请求时 BeanNameViewResolver 的调用链路如图 8.9 所示。

```
resolveViewName:95, BeanNameViewResolver (org.springframework.web.servlet.view)
resolveViewName:1447, DispatcherServlet (org.springframework.web.servlet)
render:1383, DispatcherServlet (org.springframework.web.servlet)
processDispatchResult:1143, DispatcherServlet (org.springframework.web.servlet)
doDispatch:1080, DispatcherServlet (org.springframework.web.servlet)
doService:962, DispatcherServlet (org.springframework.web.servlet)
processRequest:1051, FrameworkServlet (org.springframework.web.servlet)
doGet:939, FrameworkServlet (org.springframework.web.servlet)
service:626, HttpServlet (javax.servlet.http)
service:924, FrameworkServlet (org.springframework.web.servlet)
```

图 8.9 BeanNameViewResolver 调用链路

8.7 XsltViewResolver 分析

本节将对 XsltViewResolver 类进行分析，在开始分析之前需要先编写一个测试环境。

8.7.1 XsltViewResolver 测试用例

下面开始搭建 XsltViewResolver 的环境，首先在 web.xml 文件中创建一个新的 servlet 标签，具体添加的代码如下。

```
<servlet>
   <servlet-name>xslt</servlet-name>
   <servlet-class>org.springframework.web.servlet.DispatcherServlet</servlet-class>
```

```
    <load-on-startup>1</load-on-startup>
</servlet>
<servlet-mapping>
    <servlet-name>xslt</servlet-name>
    <url-pattern>/xslt/*</url-pattern>
</servlet-mapping>
```

在完成 servlet 标签的新增操作后需要在 web.xml 的同级目录下创建名为 xslt-servlet.xml 的文件，并向其中添加如下内容。

```
<?xml version="1.0" encoding="UTF-8"?>
<beans xmlns="http://www.springframework.org/schema/beans"
       xmlns:xsi="http://www.w3.org/2001/XMLSchema-instance"
       xmlns:context="http://www.springframework.org/schema/context"
       xmlns:mvc="http://www.springframework.org/schema/mvc"
         xsi:schemaLocation="http://www.springframework.org/schema/beans http://www.springframework.org/schema/beans/spring-beans.xsd http://www.springframework.org/schema/context https://www.springframework.org/schema/context/spring-context.xsd http://www.springframework.org/schema/mvc https://www.springframework.org/schema/mvc/spring-mvc.xsd">
    <bean id="xsltViewResolver"
class="org.springframework.web.servlet.view.xslt.XsltViewResolver">
        <property name="prefix" value="/page/"/>
        <property name="suffix" value=".xslt"/>
    </bean>
    <context:component-scan base-package="com.source.hot"/>
    <mvc:default-servlet-handler/>
    <mvc:annotation-driven/>
</beans>
```

在完成 xslt-servlet.xml 编写后需要在 resource 文件夹下创建一个 XML 文件用来存储数据资源，文件名为 xsltdata.xml，具体代码如下。

```
<?xml version='1.0' encoding='UTF-8' standalone='no'?>
<employees>
    <employee>
        <id>1</id>
        <name>zhangsan</name>
        <dept>JavaDev</dept>
    </employee>
    <employee>
        <id>2</id>
        <name>lisi</name>
        <dept>PythonDev</dept>
    </employee>
</employees>
```

完成数据资源准备后需要在 page 文件夹下创建 XSLTView.xslt 文件，该文件将用于最终的数据呈现，具体代码如下。

```
<?xml version="1.0"?>
```

```
<xsl:stylesheet xmlns:xsl = "http://www.w3.org/1999/XSL/Transform"
            version = "1.0">
    <xsl:output method = "html" indent = "yes"/>
    <xsl:template match = "/">
        <html>
            <head>
                <style>
                    table.emp {
                    border-collapse: collapse;
                    }
                    table.emp, table.emp th, table.emp td {
                    border: 1px solid gray;
                    }
                </style>
            </head>
            <body>
                <div align = "center">
                    <xsl:apply-templates/>
                </div>
            </body>
        </html>
    </xsl:template>
    <xsl:template match = "employees">
        <table class = "emp" style = "width:100%;">
            <tr bgcolor = "#eee">
                <th>Id</th>
                <th>Name</th>
                <th>Department</th>
            </tr>
            <xsl:for-each select = "employee">
                <tr>
                    <td>
                        <xsl:value-of select = "id"/>
                    </td>
                    <td>
                        <xsl:value-of select = "name"/>
                    </td>
                    <td>
                        <xsl:value-of select = "dept"/>
                    </td>
                </tr>
            </xsl:for-each>
        </table>
    </xsl:template>
</xsl:stylesheet>
```

最后需要编写一个 Controller，这个 Controller 和其他的 Controller 有些不一样，它需要使用 Model 和资源加载器对象，具体代码如下。

```
@Autowired
private ResourceLoader resourceLoader;
```

```
@GetMapping("xsltView")
public String xsltView(Model model){
   Resource resource = resourceLoader.getResource("classpath:xsltdata.xml");
   model.addAttribute("employees", resource);
   return "XSLTView";
}
```

现在所有的准备工作处理完成，下面进行请求模拟，具体模拟数据如下。

```
GET http://localhost:8080/xslt/xsltView

HTTP/1.1 200
Content-Type: text/html;charset=UTF-8
Content-Language: zh-CN
Transfer-Encoding: chunked
Date: Tue, 13 Apr 2021 01:22:33 GMT
Keep-Alive: timeout=20
Connection: keep-alive

<html>
<head>
    <META http-equiv="Content-Type" content="text/html; charset=UTF-8">
    <style>
        table.emp {
            border-collapse: collapse;
        }

        table.emp, table.emp th, table.emp td {
            border: 1px solid gray;
        }
    </style>
</head>
<body>
<div align="center">
    <table class="emp" style="width:100%;">
        <tr bgcolor="#eee">
            <th>Id</th>
            <th>Name</th>
            <th>Department</th>
        </tr>
        <tr>
            <td>1</td>
            <td>zhangsan</td>
            <td>JavaDev</td>
        </tr>
        <tr>
            <td>2</td>
            <td>lisi</td>
            <td>PythonDev</td>
        </tr>
    </table>
```

```
</div>
</body>
</html>
```

当看到上述代码时表示测试环境已经搭建成功。

8.7.2 XsltViewResolver 解析操作

下面将对 XsltViewResolver 对象的解析操作进行分析，首先需要查看 XsltViewResolver 的类图，具体如图 8.10 所示。

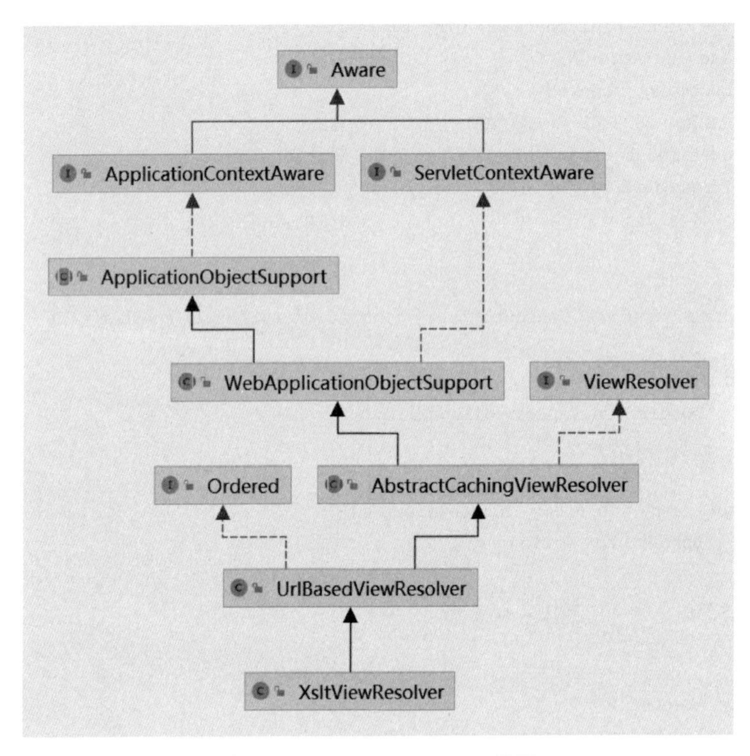

图 8.10　XsltViewResolver 类图

从图 8.10 中可以发现，它继承了 UrlBasedViewResolver 对象，在这个父类中需要子类实现的方法有 buildView()，该方法在 XsltViewResolver 类中的具体实现代码如下。

```
@Override
protected AbstractUrlBasedView buildView(String viewName) throws Exception {
   XsltView view = (XsltView) super.buildView(viewName);
   if (this.sourceKey != null) {
      view.setSourceKey(this.sourceKey);
   }
   if (this.uriResolver != null) {
      view.setUriResolver(this.uriResolver);
   }
   if (this.errorListener != null) {
      view.setErrorListener(this.errorListener);
```

```
    }
    view.setIndent(this.indent);
    if (this.outputProperties != null) {
       view.setOutputProperties(this.outputProperties);
    }
    view.setCacheTemplates(this.cacheTemplates);
    return view;
}
```

在上述代码中主要处理流程如下。

(1) 通过父类生成视图对象，实例类型是 XsltView。

(2) 设置各项属性，属性有如下内容。

① sourceKey。

② uriResolver。

③ errorListener。

④ indent。

⑤ outputProperties。

⑤ cacheTemplates。

8.8　AbstractCachingViewResolver 分析

本节将对 AbstractCachingViewResolver 类进行分析，主要分析方法是 resolveViewName()，具体处理代码如下。

```
@Override
@Nullable
public View resolveViewName(String viewName, Locale locale) throws Exception {
   if (!isCache()) {
      return createView(viewName, locale);
   }
   else {
      Object cacheKey = getCacheKey(viewName, locale);
      View view = this.viewAccessCache.get(cacheKey);
      if (view == null) {
         synchronized (this.viewCreationCache) {
            view = this.viewCreationCache.get(cacheKey);
            if (view == null) {
               view = createView(viewName, locale);
               if (view == null && this.cacheUnresolved) {
                  view = UNRESOLVED_VIEW;
               }
               if (view != null && this.cacheFilter.filter(view, viewName, locale)) {
                  this.viewAccessCache.put(cacheKey, view);
                  this.viewCreationCache.put(cacheKey, view);
               }
            }
         }
      }
      else {
```

```
            if (logger.isTraceEnabled()) {
               logger.trace(formatKey(cacheKey) + "served from cache");
            }
         }
         return (view != UNRESOLVED_VIEW ? view : null);
      }
   }
```

在这段代码中关于视图对象的获取主要提供了两个方法。

(1) 通过 createView()方法进行创建,参数是视图名称和 Locale 对象。

(2) 通过视图缓存进行获取。

在该方法中视图缓存的定义代码如下。

```
private final Map<Object, View> viewAccessCache = new
ConcurrentHashMap<>(DEFAULT_CACHE_LIMIT);
@SuppressWarnings("serial")
private final Map<Object, View> viewCreationCache =
    new LinkedHashMap<Object, View>(DEFAULT_CACHE_LIMIT, 0.75f, true) {
    @Override
    protected boolean removeEldestEntry(Map.Entry<Object, View> eldest) {
        if (size() > getCacheLimit()) {
            viewAccessCache.remove(eldest.getKey());
            return true;
        }
        else {
            return false;
        }
    }
};
```

在这两个视图缓存中 key 的生成规则是视图名称+"_"+Locale,value 都是 View 接口的实例对象。此外,在 AbstractCachingViewResolver 类中提供了 removeFromCache()方法,该方法可以进行视图缓存删除操作,根据视图名称和 Locale 对象进行删除。

8.9 ViewResolver 整体处理流程

本节将对 ViewResolver 的整体处理流程进行分析,首先需要在 Spring MVC 项目中找到处理的入口,具体入口方法是 org.springframework.web.servlet.DispatcherServlet#render(),在该方法中可以看到如下代码。

```
protected void render(ModelAndView mv, HttpServletRequest request, HttpServletResponse
response) throws Exception {
   Locale locale =
         (this.localeResolver != null ? this.localeResolver.resolveLocale(request) :
request.getLocale());
   response.setLocale(locale);

   View view;
```

```
    String viewName = mv.getViewName();
    if (viewName != null) {
       view = resolveViewName(viewName, mv.getModelInternal(), locale, request);
       if (view == null) {
          throw new ServletException("Could not resolve view with name '" +
mv.getViewName() +
                "' in servlet with name '" + getServletName() + "'");
       }
    }
     //省略其他代码
}
```

在这段代码中可以发现，resolveViewName()方法的返回值是 View，该方法就是最终的处理，具体处理代码如下。

```
@Nullable
protected View resolveViewName(String viewName, @Nullable Map<String, Object> model,
      Locale locale, HttpServletRequest request) throws Exception {

   if (this.viewResolvers != null) {
      for (ViewResolver viewResolver : this.viewResolvers) {
         View view = viewResolver.resolveViewName(viewName, locale);
         if (view != null) {
            return view;
         }
      }
   }
   return null;
}
```

在这段代码中可以发现，本体的处理逻辑是循环容器中的 ViewResolver 接口实现类，执行 resolveViewName()方法将方法返回值作为处理结果。最终在 resolveViewName()方法调用过程中其本质是实现类的处理。

小结

本章围绕 ViewResolver 接口，介绍了 ViewResolver 接口的作用和五个实现类的具体实现过程，此外，对一些常见的 ViewResolver 实现类做了相关测试用例作为源码调试的基础。

第9章

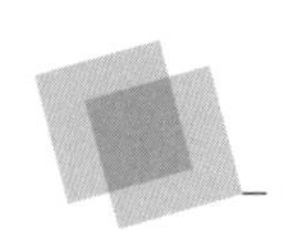

MultipartResolver分析

本章将对 MultipartResolver 接口进行分析，MultipartResolver 作用是判断 request 是不是 multipart/form-data 类型，是则把 request 包装成 MultipartHttpServletRequest。在 MultipartResolver 接口中定义了三个方法，具体代码如下。

```
public interface MultipartResolver {

   boolean isMultipart(HttpServletRequest request);

   MultipartHttpServletRequest resolveMultipart(HttpServletRequest request) throws
MultipartException;

   void cleanupMultipart(MultipartHttpServletRequest request);

}
```

下面对三个方法的作用进行说明。

(1) 方法 isMultipart()用于判断是否是一个多文件上传请求。

(2) 方法 resolveMultipart()将多文件上传请求转换成 MultipartHttpServletRequest 对象。

(3) 方法 cleanupMultipart()用于清理多文件数据。

9.1 MultipartResolver 测试环境搭建

本节将介绍 MultipartResolver 测试环境搭建，首先需要在 build.gradle 文件中添加依赖，具体依赖如下。

```
implementation 'commons-io:commons-io:2.4'
implementation 'commons-fileupload:commons-fileupload:1.3.1'
```

其次，需要在 applicationContext.xml 文件中添加 MultipartResolver 的实现类，具体代码如下。

```
<bean id = "multipartResolver"
class = "org.springframework.web.multipart.commons.CommonsMultipartResolver">
    <property name = "defaultEncoding" value = "utf-8"></property>
    <property name = "maxUploadSize" value = "10485760000"></property>
    <property name = "maxInMemorySize" value = "40960"></property>
</bean>
```

在这段代码中将 MultipartResolver 的实现类定义成 CommonsMultipartResolver，并设置三个属性。

（1）defaultEncoding：默认编码。

（2）maxUploadSize：上传文件的最大容量。

（3）maxInMemorySize：上传文件写入磁盘之前允许的最大容量。

完成 MultipartResolver 实现类的定义和配置后需要编写 Controller 对象，具体代码如下。

```
@Controller
public class MultipartResolverController {

    @PostMapping("/data")
    public String data(
            @RequestParam(value = "file",required = true) MultipartFile file
    ) {
        return "hello";
    }
}
```

完成 Controller 编写后需要进行接口测试，本次测试需要使用 POSTMAN 这个工具，具体测试接口信息如图 9.1 所示。

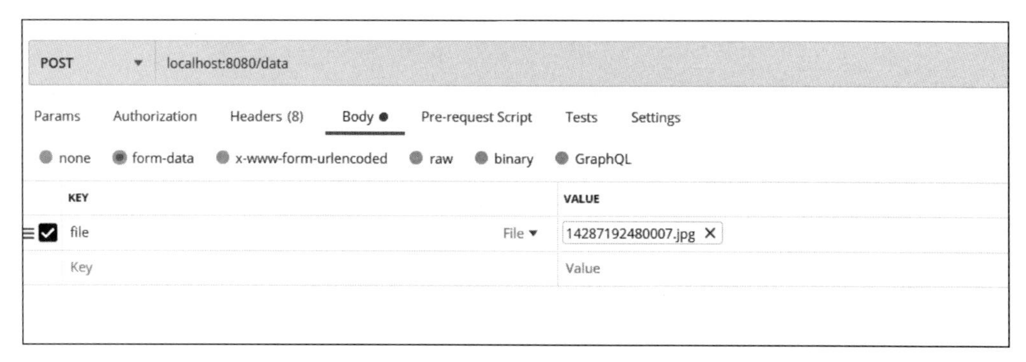

图 9.1　接口测试信息

在这个请求中需要注意，请求参数 file 是一个文件类型，并不是常规字符串，参数值可以选择任意的文件，当发送请求后会跳转到 hello.jsp 页面，具体返回值如下。

```
<html>
```

```
<head>
    <title>Title</title>
</head>

<body>
    <h3>hello-jsp</h3>

</body>

</html>
```

当访问请求后看到上述内容输出就表示测试环境搭建成功。

9.2 MultipartResolver 初始化

本节将对 MultipartResolver 的初始化进行分析，具体处理代码如下。

```
private void initMultipartResolver(ApplicationContext context) {
   try {
         this.multipartResolver = context.getBean(MULTIPART_RESOLVER_BEAN_NAME,
MultipartResolver.class);
       if (logger.isTraceEnabled()) {
          logger.trace("Detected " + this.multipartResolver);
       }
       else if (logger.isDebugEnabled()) {
          logger.debug("Detected " + this.multipartResolver.getClass().getSimpleName());
       }
   }
   catch (NoSuchBeanDefinitionException ex) {
       this.multipartResolver = null;
       if (logger.isTraceEnabled()) {
          logger.trace("No MultipartResolver '" +
MULTIPART_RESOLVER_BEAN_NAME + "' declared");
       }
   }
}
```

在这段代码中只提供了一种方式获取 MultipartResolver 对象，具体方式是通过名称+类型进行获取，这个获取方式对应了前文对于测试环境搭建中的配置信息。

```
<bean id="multipartResolver"
class="org.springframework.web.multipart.commons.CommonsMultipartResolver">
   <property name="defaultEncoding" value="utf-8"></property>
   <property name="maxUploadSize" value="10485760000"></property>
   <property name="maxInMemorySize" value="40960"></property>
</bean>
```

通过调试初始化方法可以看到 multipartResolver 的数据信息如图 9.2 所示。

在这个信息中可以看到，defaultEncoding、maxUploadSize 和 maxInMemorySize 属性被设置到 multipartResolver 对象中。

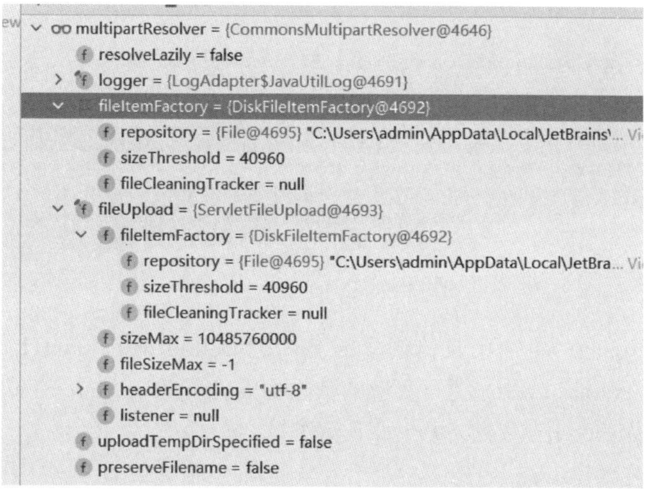

```
∨ oo multipartResolver = {CommonsMultipartResolver@4646}
    f resolveLazily = false
  > f logger = {LogAdapter$JavaUtilLog@4691}
  ∨ f fileItemFactory = {DiskFileItemFactory@4692}
      f repository = {File@4695} "C:\Users\admin\AppData\Local\JetBrains\... Vi
      f sizeThreshold = 40960
      f fileCleaningTracker = null
  ∨ f fileUpload = {ServletFileUpload@4693}
    ∨ f fileItemFactory = {DiskFileItemFactory@4692}
        f repository = {File@4695} "C:\Users\admin\AppData\Local\JetBra... Vi
        f sizeThreshold = 40960
        f fileCleaningTracker = null
      f sizeMax = 10485760000
      f fileSizeMax = -1
    > f headerEncoding = "utf-8"
      f listener = null
    f uploadTempDirSpecified = false
    f preserveFilename = false
```

图 9.2　multipartResolver 数据信息

9.3　CommonsMultipartResolver 分析

本节将对 CommonsMultipartResolver 类进行分析，在 CommonsMultipartResolver 对象中最重要的方法是 resolveMultipart()，其他方法为其提供辅助，下面是 resolveMultipart()的具体代码。

```
@Override
public MultipartHttpServletRequest resolveMultipart(final HttpServletRequest request) throws
MultipartException {
   Assert.notNull(request, "Request must not be null");
   if (this.resolveLazily) {
      return new DefaultMultipartHttpServletRequest(request) {
         @Override
         protected void initializeMultipart() {
            MultipartParsingResult parsingResult = parseRequest(request);
            setMultipartFiles(parsingResult.getMultipartFiles());
            setMultipartParameters(parsingResult.getMultipartParameters());
                                    setMultipartParameterContentTypes    (  parsingResult.
getMultipartParameterContentTypes());
         }
      };
   }
   else {
      MultipartParsingResult parsingResult = parseRequest(request);
      return new DefaultMultipartHttpServletRequest(request,
parsingResult.getMultipartFiles(),
                           parsingResult.  getMultipartParameters  (  ),   parsingResult.
getMultipartParameterContentTypes());
   }
}
```

在上述代码中可以发现，主要目的是创建 MultipartHttpServletRequest 接口的实现类，该接口的实现类信息如图 9.3 所示。

图 9.3 MultipartHttpServletRequest 类图

在 resolveMultipart()方法中具体创建的实例是 DefaultMultipartHttpServletRequest，在创建过程中关于 resolveLazily 成员变量的数据内容会导致 initializeMultipart()方法的差异化，当 resolveLazily 为 true 时会进行如下操作。

(1) 设置成员变量 multipartFiles。

(2) 设置成员变量 multipartParameters。

(3) 设置成员变量 multipartParameterContentTypes。

需要注意在 CommonsMultipartResolver 类中 resolveLazily 数据默认值为 false。下面发送一个请求，查看 parsingResult 变量和返回值的数据内容，具体信息如图 9.4 所示。

```
parsingResult = {CommonsFileUploadSupport$MultipartParsingResult@4970}
  multipartFiles = {LinkedMultiValueMap@5001} size = 1
    "file" -> {LinkedList@5684} size = 1
      key = "file"
      value = {LinkedList@5684} size = 1
        0 = {CommonsMultipartFile@5686}
          fileItem = {DiskFileItem@5687} "name=14287192480007.jpg, StoreLocation=C:\Users\adr... Vi
          size = 8455
          preserveFilename = false
  multipartParameters = {HashMap@5002} size = 0
  multipartParameterContentTypes = {HashMap@5003} size = 0
new DefaultMultipartHttpServletRequest(request, parsingResult.getMultipartFiles(), \t\t\t\tparsingResul = {
  multipartParameters = {HashMap@5002} size = 0
  multipartParameterContentTypes = {HashMap@5003} size = 0
  multipartFiles = {LinkedMultiValueMap@5689} size = 1
    "file" -> {LinkedList@5684} size = 1
  request = {RequestFacade@4969}
    request = {Request@5693}
```

图 9.4 parsingResult 数据信息

在 resolveMultipart()方法调用过程中可以发现它需要使用 parseRequest()方法来创建(获取)MultipartParsingResult 对象，下面对该方法进行分析，具体处理代码如下。

```java
protected MultipartParsingResult parseRequest(HttpServletRequest request)
throws MultipartException {
    String encoding = determineEncoding(request);
    FileUpload fileUpload = prepareFileUpload(encoding);
    try {
        List<FileItem> fileItems = ((ServletFileUpload) fileUpload).parseRequest(request);
        return parseFileItems(fileItems, encoding);
    }
```

```
        catch (FileUploadBase.SizeLimitExceededException ex) {
            throw new MaxUploadSizeExceededException(fileUpload.getSizeMax(), ex);
        }
        catch (FileUploadBase.FileSizeLimitExceededException ex) {
            throw new MaxUploadSizeExceededException(fileUpload.getFileSizeMax(), ex);
        }
        catch (FileUploadException ex) {
            throw new MultipartException("Failed to parse multipart servlet request", ex);
        }
    }
```

在 parseRequest()方法中主要处理流程如下。

（1）确定编码。具体确定编码的方式有两种：第一种是通过请求获取，第二种是采用默认编码，默认编码是 ISO-8859-1。

（2）创建 fileUpload 对象。

（3）解析请求获得文件元素对象集合。此时所使用的 parseRequest()方法具体提供者是 org.apache.commons.fileupload.servlet.ServletFileUpload#parseRequest()。

（4）将文件元素对象集合转换成 MultipartParsingResult 作返回值。

下面通过调试查看上述四个步骤中的关键数据，首先是 fileUpload 对象，具体数据如图 9.5 所示。

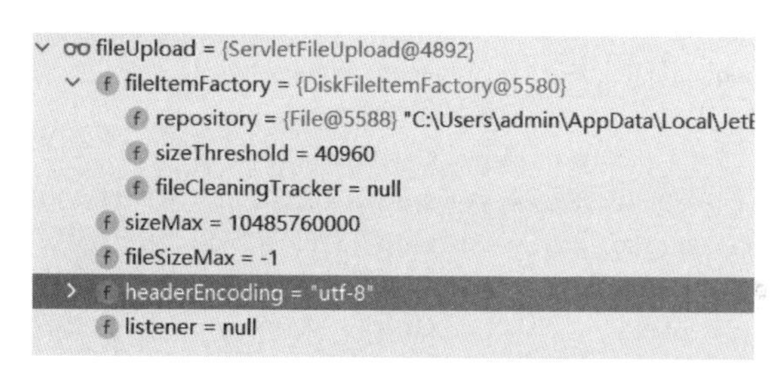

图 9.5 fileUpload 对象信息

其次是 fileItems 的解析结果，具体数据如图 9.6 所示。

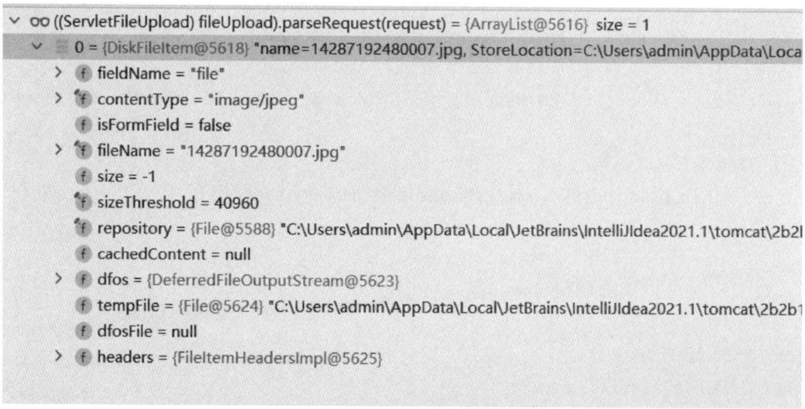

((ServletFileUpload) fileUpload).parseRequest(request) = {ArrayList@5616} size = 1
0 = {DiskFileItem@5618} "name=14287192480007.jpg, StoreLocation=C:\Users\admin\AppData\Loca
fieldName = "file"
contentType = "image/jpeg"
isFormField = false
fileName = "14287192480007.jpg"
size = -1
sizeThreshold = 40960
repository = {File@5588} "C:\Users\admin\AppData\Local\JetBrains\IntelliJIdea2021.1\tomcat\2b2l
cachedContent = null
dfos = {DeferredFileOutputStream@5623}
tempFile = {File@5624} "C:\Users\admin\AppData\Local\JetBrains\IntelliJIdea2021.1\tomcat\2b2b1
dfosFile = null
headers = {FileItemHeadersImpl@5625}

图 9.6 fileItems 解析结果

最后是方法返回值，具体数据如图 9.7 所示。

```
∨ oo parsingResult = {CommonsFileUploadSupport$MultipartParsingResult@5684}
  ∨ f multipartFiles = {LinkedMultiValueMap@5685} size = 1
    ∨ "file" -> {LinkedList@5692} size = 1
      > key = "file"
      > value = {LinkedList@5692} size = 1
    f multipartParameters = {HashMap@5686} size = 0
    f multipartParameterContentTypes = {HashMap@5687} size = 0
```

图 9.7　parsingResult()最终处理结果

通过图 9.7 可以发现，在 parseRequest()方法的处理过程中，主要目的是将请求中的文件数据转换成 MultipartParsingResult 对象的 multipartFiles 字段。最后在创建 DefaultMultipartHttpServletRequest 对象时也只是将数据从 MultipartParsingResult 搬运到 DefaultMultipartHttpServletRequest。

9.4 StandardServletMultipartResolver 分析

本节将对 StandardMultipartHttpServletRequest 对象进行分析，在该对象中主要关注的方法是 parseRequest()，具体处理代码如下。

```
private void parseRequest(HttpServletRequest request) {
   try {
      Collection<Part> parts = request.getParts();
      this.multipartParameterNames = new LinkedHashSet<>(parts.size());
      MultiValueMap<String, MultipartFile> files = new
LinkedMultiValueMap<>(parts.size());
      for (Part part : parts) {
         String headerValue = part.getHeader(HttpHeaders.CONTENT_DISPOSITION);
         ContentDisposition disposition = ContentDisposition.parse(headerValue);
         String filename = disposition.getFilename();
         if (filename != null) {
            if (filename.startsWith("=?") && filename.endsWith("?=")) {
               filename = MimeDelegate.decode(filename);
            }
            files.add(part.getName(), new StandardMultipartFile(part, filename));
         }
         else {
            this.multipartParameterNames.add(part.getName());
         }
      }
      setMultipartFiles(files);
   }
   catch (Throwable ex) {
      handleParseFailure(ex);
   }
}
```

在 parseRequest()方法中主要目的是设置两个成员变量：multipartParameterNames

和 multipartFiles，该方法的主要操作流程如下。

(1) 从请求中获取 part 对象集合。

(2) 将 part 集合中的数据转换成参数名称列表和 MultiValueMap 对象。

如果在上述两个操作过程中出现异常将抛出 MaxUploadSizeExceededException 或者 MultipartException 异常，具体处理异常的代码如下。

```
protected void handleParseFailure(Throwable ex) {
   String msg = ex.getMessage();
   if (msg != null && msg.contains("size") && msg.contains("exceed")) {
      throw new MaxUploadSizeExceededException( - 1, ex);
   }
   throw new MultipartException("Failed to parse multipart servlet request", ex);
}
```

在 MultiValueMap 集合中关于数据信息 Value 的实际对象是 StandardMultipartFile，关于它的定义信息如下。

```
private static class StandardMultipartFile implements MultipartFile, Serializable {

   private final Part part;

   private final String filename;
}
```

在 StandardMultipartFile 类中定义了以下两个属性。

(1) part：表示文件对象，该文件对象并不是 Java 中的 File 对象而是 Servlet 中的文件对象。

(2) filename：表示文件名称，该数据通常和 ServletRequest 中传递的文件名称一致。

9.5 MultipartResolver 整体处理流程

本节将对 MultipartResolver 整体处理流程进行分析，当发起一个文件上传的请求后，进入 Spring MVC 项目后会率先进入 org.springframework.web.servlet.DispatcherServlet#doDispatch()方法，在该方法中主要进行文件上传处理的方法是 checkMultipart(request)，具体代码如下。

```
protected HttpServletRequest checkMultipart(HttpServletRequest request) throws
MultipartException {
   if (this.multipartResolver != null && this.multipartResolver.isMultipart(request)) {
      if (WebUtils.getNativeRequest(request, MultipartHttpServletRequest.class) != null) {
         if (request.getDispatcherType().equals(DispatcherType.REQUEST)) {
            logger.trace("Request already resolved to MultipartHttpServletRequest, e.g. by
MultipartFilter");
         }
      }
      else if (hasMultipartException(request)) {
         logger.debug("Multipart resolution previously failed for current request - " +
```

```
                "skipping re - resolution for undisturbed error rendering");
        }
        else {
            try {
                return this.multipartResolver.resolveMultipart(request);
            }
            catch (MultipartException ex) {
                if (request.getAttribute(WebUtils.ERROR_EXCEPTION_ATTRIBUTE) !=
null) {
                    logger.debug("Multipart resolution failed for error dispatch", ex);
                }
                else {
                    throw ex;
                }
            }
        }
    }
    return request;
}
```

在 checkMultipart()方法中主要处理如下。

判断当前请求是否是多文件上传请求，如果不是则直接结束处理，如果是则将请求交给 MultipartResolver 接口实现类进行解析，将解析值返回。

在得到 checkMultipart(request)方法处理后的 request 对象后需要进行的操作是寻找对应的 HandlerMapping 进行处理。

小结

本章围绕 MultipartResolver 接口对该接口的两个实现类进行了相关分析，第一个类是 CommonsMultipartResolver，第二个类是 StandardServletMultipartResolver。此外，对整体的处理流程也做了相关分析。

第10章

RequestToViewNameTranslator分析

本章将对 RequestToViewNameTranslator 接口进行分析。RequestToViewNameTranslator 的作用是从 request 获取 viewName，并且在 Spring MVC 容器中只能配置一个。在 RequestToViewNameTranslator 接口中定义了一个方法，具体代码如下。

```
public interface RequestToViewNameTranslator {

   @Nullable
   String getViewName(HttpServletRequest request) throws Exception;

}
```

在 getViewName()方法中主要目的是通过 HttpServletRequest 对象找到对应的视图名称。

10.1 RequestToViewNameTranslator 测试环境搭建

本节将搭建一个用于 RequestToViewNameTranslator 源码分析和调试的测试环境，首先在 applicationContext.xml 文件中添加一个 RequestToViewNameTranslator 的实现类，具体代码如下。

```
<bean id = "viewNameTranslator"
class = "org.springframework.web.servlet.view.DefaultRequestToViewNameTranslator">
   <property name = "prefix" value = "app - "/>
   <property name = "suffix" value = " - data"/>
</bean>
```

其次创建一个 JSP 页面，该页面需要放在 page 目录下，文件名需要符合“app-”+“ * ”+“-data”规则，本例的文件名为 app－page1－data.jsp，具体代码如下。

```
<%@ page contentType="text/html;charset=UTF-8" language="java" %>
<html>
<head>
    <title>Title</title>
</head>
<body>
<h3>hello-jsp</h3>

</body>
</html>
```

最后编写一个 Controller 接口，这个接口的路由地址需要是“app-”和“-data”之间的数据，本例为 page1，具体代码如下。

```
@RequestMapping({"page1"})
public void handle() {
}
```

在完成所需要的基本代码后需要进行接口模拟，具体的接口模拟信息如下。

```
GET http://localhost:8080/page1

HTTP/1.1 200
Vary: Origin
Vary: Access-Control-Request-Method
Vary: Access-Control-Request-Headers
Set-Cookie: JSESSIONID=2188386BDCC1900C3B5988364C1421D0; Path=/; HttpOnly
Content-Type: text/html;charset=UTF-8
Content-Language: zh-CN
Content-Length: 92
Date: Wed, 14 Apr 2021 07:59:36 GMT
Keep-Alive: timeout=20
Connection: keep-alive

<html>
<head>
    <title>Title</title>
</head>
<body>
<h3>hello-jsp</h3>

</body>
</html>
```

当看到上述内容后就表示测试环境搭建成功。在这个接口中可以发现整体的处理流程是通过前缀+路由地址+后缀找到 JSP 文件并将其渲染。

10.2 RequestToViewNameTranslator 初始化

本节将对 RequestToViewNameTranslator 对象的初始化相关内容进行分析，具体处理

代码如下。

```
private void initRequestToViewNameTranslator(ApplicationContext context) {
    try {
        this.viewNameTranslator =
                    context. getBean ( REQUEST _ TO _ VIEW _ NAME _ TRANSLATOR _ BEAN _ NAME,
RequestToViewNameTranslator.class);
        if (logger.isTraceEnabled()) {
            logger.trace("Detected " + this.viewNameTranslator.getClass().getSimpleName());
        }
        else if (logger.isDebugEnabled()) {
            logger.debug("Detected " + this.viewNameTranslator);
        }
    }
    catch (NoSuchBeanDefinitionException ex) {
        this.viewNameTranslator = getDefaultStrategy(context,
RequestToViewNameTranslator.class);
        if (logger.isTraceEnabled()) {
            logger.trace("No RequestToViewNameTranslator '" +
REQUEST_TO_VIEW_NAME_TRANSLATOR_BEAN_NAME +
                    "': using default [" + this.viewNameTranslator.getClass().getSimpleName() +
"]");
        }
    }
}
```

在这段代码中只提供了一种方式获取 RequestToViewNameTranslator 对象，具体方式是通过名称+类型进行获取，这个获取方式对应了前文对于测试环境搭建中的配置信息。

```
<bean id = "viewNameTranslator"
class = "org.springframework.web.servlet.view.DefaultRequestToViewNameTranslator">
    <property name = "prefix" value = "app-"/>
    <property name = "suffix" value = "-data"/>
</bean>
```

通过调试初始化方法可以看到 RequestToViewNameTranslator 的数据信息如图 10.1 所示。

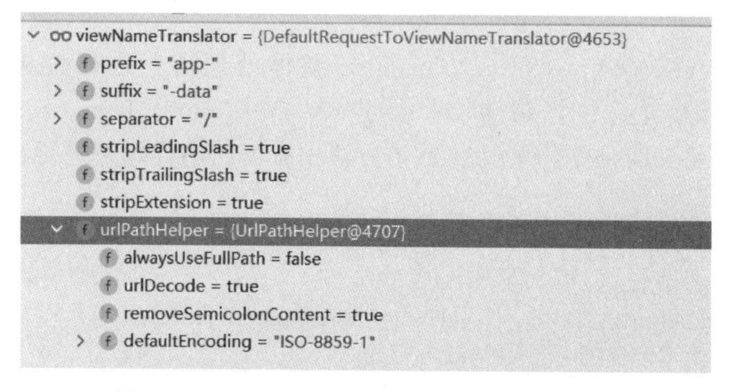

图 10.1 RequestToViewNameTranslator 类图

在图 10.1 中可以看到 prefix 和 suffix 属性被设置到 RequestToViewNameTranslator 对象中。

10.3 DefaultRequestToViewNameTranslator 分析

在 Spring MVC 中 RequestToViewNameTranslator 有且仅有一个实现类，该实现类是 DefaultRequestToViewNameTranslator，注意这个接口不在 DispatcherServlet.properties 文件中定义。DefaultRequestToViewNameTranslator 对象作为 RequestToViewNameTranslator 的实现类需要关注的方法是 getViewName()，具体代码如下。

```
@Override
public String getViewName(HttpServletRequest request) {
   String lookupPath = this.urlPathHelper.getLookupPathForRequest(request,
HandlerMapping.LOOKUP_PATH);
   return (this.prefix + transformPath(lookupPath) + this.suffix);
}
```

在这段代码中主要执行流程如下。

(1) 从请求中提取核心地址。

(2) 组合前缀、核心地址和后缀，组装成视图名称。

关于提取核心地址在本例中的模拟请求是 http://localhost:8080/page1，核心地址的提取可以理解为将 IP 端口号删除，留下 page1 关键字，图 10.2 为该请求经过提取核心地址后的数据信息。

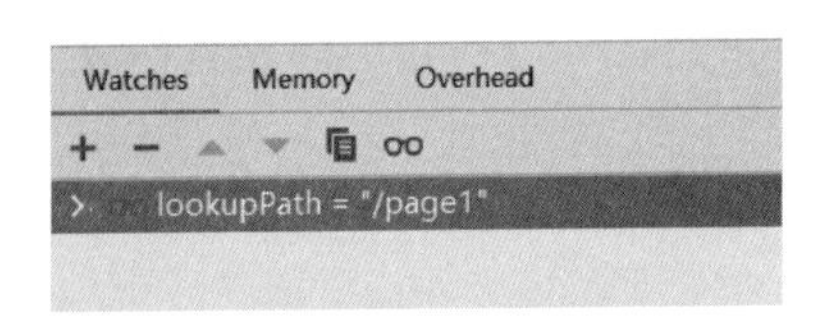

图 10.2 lookupPath 数据信息

在得到核心地址信息后还需要进行一次转换(处理方法是 transformPath())，转换规则如下。

(1) 核心地址的第一个字符是“/”将其删除。

(2) 核心地址的最后一个字符是“/”将其删除。

经过转换后得到的结果是 page1，此时经过组合，最终的数据值是 app-page1-data。

10.4 RequestToViewNameTranslator 整体处理流程分析

本节将对 RequestToViewNameTranslator 整体处理流程进行分析，当发起 http://localhost:8080/page1 这个请求时会进入 org.springframework.web.servlet.DispatcherServlet#doDispatch()方法，在该方法中有下面的代码来进行相关处理。

```
private void applyDefaultViewName(HttpServletRequest request,
@Nullable ModelAndView mv) throws Exception {
    if (mv != null && !mv.hasView()) {
        String defaultViewName = getDefaultViewName(request);
        if (defaultViewName != null) {
            mv.setViewName(defaultViewName);
        }
    }
```

```
}
@Nullable
protected String getDefaultViewName(HttpServletRequest request) throws Exception {
    return (this.viewNameTranslator != null
? this.viewNameTranslator.getViewName(request) : null);
}
```

在 applyDefaultViewName()方法中核心方法是 getDefaultViewName()。通过阅读 getDefaultViewName()方法，可以发现它用来获取默认视图名称的对象是 RequestToViewNameTranslator，也就是通过配置文件进行配置的，通过 getDefaultViewName()方法即可解析得到默认视图名称。

小结

本章介绍了 RequestToViewNameTranslator 接口的方法和一个实现类的具体实现过程，此外，对 RequestToViewNameTranslator 的整体处理流程进行了分析。

第11章

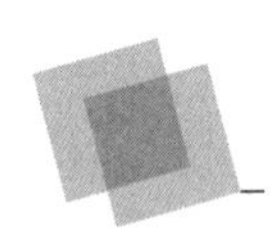

FlashMapManager分析

本章将对 FlashMapManager 接口进行分析。FlashMapManager 的作用是在 redirect 中传递参数,默认 SessionFlashMapManager 通过 session 实现传递。在 FlashMapManager 接口中定义了两个方法,具体代码如下。

```
public interface FlashMapManager {

   @Nullable
   FlashMap retrieveAndUpdate(HttpServletRequest request, HttpServletResponse
response);

   void saveOutputFlashMap(FlashMap flashMap, HttpServletRequest request,
HttpServletResponse response);

}
```

下面对上述两个方法进行说明。

(1) 方法 retrieveAndUpdate()的作用是寻找 FlashMap 对象。

(2) 方法 saveOutputFlashMap()的作用是将给定的 FlashMap 对象进行保存。

11.1 FlashMapManager 测试环境搭建

本节将搭建一个用于 FlashMapManager 源码分析和调试的测试环境,首先需要在 applicationContext.xml 文件中添加一个 FlashMapManager 的实现类,具体代码如下。

```
<bean id = "flashMapManager"
class = "org.springframework.web.servlet.support.SessionFlashMapManager"/>
```

在完成该配置后测试环境就搭建完成了，下面可以请求项目中的任意一个接口，如果没有可以定义一个接口，具体定义如下。

```
@Controller
@CrossOrigin
public class HelloController {

   @GetMapping("/demo")
   public String demo(HttpServletRequest req) {
       FlashMap flashMap = (FlashMap)
req.getAttribute(DispatcherServlet.OUTPUT_FLASH_MAP_ATTRIBUTE);
       flashMap.put("name", "name");
      return "hello";
   }
}
```

通过上述代码的编写即可完成 FlashMapManager 测试环境搭建。

11.2 FlashMapManager 初始化

本节将对 FlashMapManager 对象的初始化相关内容进行分析，具体处理代码如下。

```
private void initFlashMapManager(ApplicationContext context) {
   try {
      this.flashMapManager =
context.getBean(FLASH_MAP_MANAGER_BEAN_NAME, FlashMapManager.class);
      if (logger.isTraceEnabled()) {
         logger.trace("Detected " + this.flashMapManager.getClass().getSimpleName());
      }
      else if (logger.isDebugEnabled()) {
         logger.debug("Detected " + this.flashMapManager);
      }
   }
   catch (NoSuchBeanDefinitionException ex) {
      this.flashMapManager = getDefaultStrategy(context, FlashMapManager.class);
      if (logger.isTraceEnabled()) {
         logger.trace("No FlashMapManager '" +
FLASH_MAP_MANAGER_BEAN_NAME +
                  "': using default [" + this.flashMapManager.getClass().getSimpleName()
+ "]");
      }
   }
}
```

在这段代码中只提供了一种方式获取 FlashMapManager 对象，具体方式是通过名称+类型进行获取，这种获取方式对应了前文对于测试环境搭建中的配置信息。

```
<bean id="flashMapManager"
class="org.springframework.web.servlet.support.SessionFlashMapManager"/>
```

通过调试初始化方法可以看到 FlashMapManager 的数据信息如图 11.1 所示。

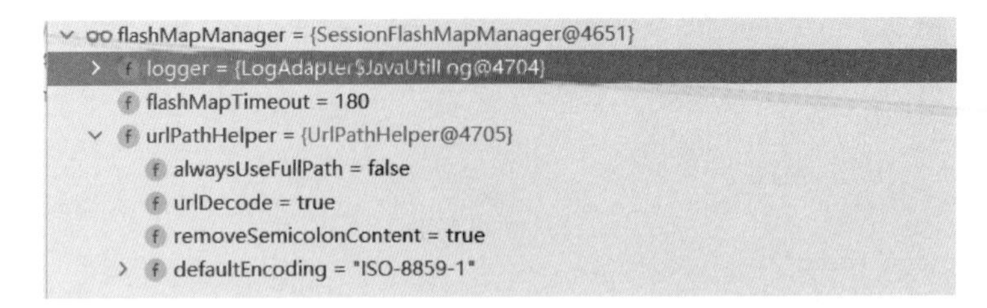

图 11.1 FlashMapManager 对象信息

11.3 SessionFlashMapManager 分析

本节将对 SessionFlashMapManager 类进行分析，主要关注三个方法 retrieveFlashMaps()、updateFlashMaps()和 getFlashMapsMutex()。下面先对 retrieveFlashMaps 方法进行分析，该方法的完整代码如下。

```
@Override
@SuppressWarnings("unchecked")
@Nullable
protected List<FlashMap> retrieveFlashMaps(HttpServletRequest request) {
   HttpSession session = request.getSession(false);
   return (session != null ? (List<FlashMap>)
session.getAttribute(FLASH_MAPS_SESSION_ATTRIBUTE) : null);
}
```

在这段代码中可以明确提取 FlashMap 对象的方式是通过 Session 中的 FLASH_MAPS_SESSION_ATTRIBUTE 属性值进行提取。

其次，对 updateFlashMaps()方法进行分析，该方法的完整代码如下。

```
@Override
protected void updateFlashMaps(List<FlashMap> flashMaps, HttpServletRequest request,
HttpServletResponse response) {
   WebUtils.setSessionAttribute(request, FLASH_MAPS_SESSION_ATTRIBUTE,
(!flashMaps.isEmpty() ? flashMaps : null));
}
```

在这段代码中可以明确它的保存操作，具体是将 flashMaps 对象放入到 Session 中的 FLASH_MAPS_SESSION_ATTRIBUTE 属性中。

最后对 getFlashMapsMutex()方法进行分析，该方法的完整代码如下。

```
@Override
protected Object getFlashMapsMutex(HttpServletRequest request) {
   return WebUtils.getSessionMutex(request.getSession());
}
```

在这段代码中主要目的是获取 Session 中的 Mutex 对象。

11.4 AbstractFlashMapManager 分析

本节将对 AbstractFlashMapManager 类进行分析，首先对 retrieveAndUpdate()方法进行分析，完整代码如下。

```
@Override
@Nullable
public final FlashMap retrieveAndUpdate (HttpServletRequest request, HttpServletResponse
response) {
    List<FlashMap> allFlashMaps = retrieveFlashMaps(request);
    if (CollectionUtils.isEmpty(allFlashMaps)) {
        return null;
    }

    List<FlashMap> mapsToRemove = getExpiredFlashMaps(allFlashMaps);
    FlashMap match = getMatchingFlashMap(allFlashMaps, request);
    if (match != null) {
        mapsToRemove.add(match);
    }

    if (!mapsToRemove.isEmpty()) {
        Object mutex = getFlashMapsMutex(request);
        if (mutex != null) {
            synchronized (mutex) {
                allFlashMaps = retrieveFlashMaps(request);
                if (allFlashMaps != null) {
                    allFlashMaps.removeAll(mapsToRemove);
                    updateFlashMaps(allFlashMaps, request, response);
                }
            }
        }
        else {
            allFlashMaps.removeAll(mapsToRemove);
            updateFlashMaps(allFlashMaps, request, response);
        }
    }

    return match;
}
```

在该方法中主要调用逻辑如下。

(1) 提取请求中的 FlashMap 对象集合，集合名称为 allFlashMaps。

(2) 获取过期的 FlashMap 对象集合，集合名称为 mapsToRemove。

(3) 将第一个操作中得到的 FlashMap 集合和请求中的 FlashMap 进行匹配，匹配规则有两个。

① 重定向地址要和当前请求地址相同。

② 参数相同。

(4) 将匹配结果放入到 mapsToRemove 集合中。

(5) 将 allFlashMaps 中存在的 mapsToRemove 集合删除。

(6) 将删除后的 allFlashMaps 更新。

小结

本章围绕 FlashMapManager 接口出发,介绍了 FlashMapManager 接口的作用和两个实现类的具体实现过程,此外,对一些常见的 FlashMapManager 实现类做了相关测试用例。

第12章

Spring MVC注册器

本章对 Spring MVC 中的常见注册器进行分析，它们分别是：

（1）CorsRegistry：跨域注册器。

（2）InterceptorRegistry：拦截器注册器。

（3）ResourceHandlerRegistry：资源处理器注册器。

（4）ViewControllerRegistry：视图注册器。

（5）ViewResolverRegistry：视图解析注册器。

12.1 CorsRegistry

本节将对 CorsRegistry 进行分析。CorsRegistry 对象的作用是进行跨域信息注册，在 CorsRegistration 对象中有一个成员变量用来存储这些注册信息，具体的代码定义如下。

```
private final List<CorsRegistration> registrations = new ArrayList<>();
```

在这个变量中明确了具体的存储单元是 CorsRegistration 对象，关于 CorsRegistration 的定义如下。

```
public class CorsRegistration {

   private final String pathPattern;

   private final CorsConfiguration config;
}
```

在这个存储单元中定义了两个变量，它们的含义如下。

（1）pathPattern：路径匹配符，通常有“/*”“*”等。

（2）config：跨域配置对象。

在跨域注册类(CorsRegistry)中关于注册的方法如下。

```
public CorsRegistration addMapping(String pathPattern) {
    CorsRegistration registration = new CorsRegistration(pathPattern);
    this.registrations.add(registration);
    return registration;
}
```

在这段代码中会将一个路径匹配符作为参数,在方法内部会将其转换为CorsRegistration对象并加入到容器(registrations)中,关于跨域配置采用的是默认配置,即允许所有来源,允许所有请求头,允许GET、HEAD和POST方法。此外,在CorsRegistry对象中还提供了获取跨域配置的方法,具体代码如下。

```
protected Map<String, CorsConfiguration> getCorsConfigurations() {
    Map<String, CorsConfiguration> configs = new
LinkedHashMap<>(this.registrations.size());
    for (CorsRegistration registration : this.registrations) {
        configs.put(registration.getPathPattern(), registration.getCorsConfiguration());
    }
    return configs;
}
```

该方法的处理过程就是将registrations对象中的跨域配置信息提取并和路径建立绑定关系,从而得到返回对象。返回对象的key是路径匹配符,value是跨域配置。

12.2 InterceptorRegistry

本节将对InterceptorRegistry进行分析,InterceptorRegistry的作用是进行拦截器信息注册,在InterceptorRegistry对象中有一个成员变量用来存储这些注册信息,具体的代码定义如下。

```
private final List<InterceptorRegistration> registrations = new ArrayList<>();
```

在这个变量中明确了具体的存储单元是InterceptorRegistration对象,关于InterceptorRegistration的定义如下。

```
public class InterceptorRegistration {

    private final HandlerInterceptor interceptor;

    private final List<String> includePatterns = new ArrayList<>();

    private final List<String> excludePatterns = new ArrayList<>();

    @Nullable
    private PathMatcher pathMatcher;

    private int order = 0;
}
```

在这个存储单元中定义了五个变量，它们的含义如下。

(1) interceptor：拦截器对象。

(2) includePatterns：需要处理的匹配符。

(3) excludePatterns：需要过滤的匹配符。

(4) pathMatcher：路由解析器(匹配器)。

(5) order：序号。

在拦截器注册类(InterceptorRegistry)中关于注册的方法如下。

```
public InterceptorRegistration addInterceptor(HandlerInterceptor interceptor) {
    InterceptorRegistration registration = new InterceptorRegistration(interceptor);
    this.registrations.add(registration);
    return registration;
}
```

在这个添加拦截器的方法中可以看到对拦截器对象本身做了一层包装，将其包装成 InterceptorRegistration 对象，并将其放入到拦截器注册表中。此外，在拦截器注册类中还提供了关于 WebRequestInterceptor 的注册，这个注册的处理操作和普通拦截器的注册相似，具体代码如下。

```
public InterceptorRegistration addWebRequestInterceptor(WebRequestInterceptor interceptor) {
   WebRequestHandlerInterceptorAdapter adapted = new
WebRequestHandlerInterceptorAdapter(interceptor);
   InterceptorRegistration registration = new InterceptorRegistration(adapted);
   this.registrations.add(registration);
   return registration;
}
```

在有了拦截器注册的方法后，还有一个需要关注的方法是拦截器获取，具体代码如下。

```
protected List<Object> getInterceptors() {
   return this.registrations.stream()
         .sorted(INTERCEPTOR_ORDER_COMPARATOR)
         .map(InterceptorRegistration::getInterceptor)
         .collect(Collectors.toList());
}
```

在这个方法中使用了 JDK 8 的特效通过流式处理将拦截器注册表中的数据提取为 List 对象。

12.3 ResourceHandlerRegistry

本节将对 ResourceHandlerRegistry 进行分析。ResourceHandlerRegistry 的作用是进行资源处理器注册，在 ResourceHandlerRegistry 对象中有一个成员变量用来存储这些注册信息，具体的代码定义如下。

```
private final List<ResourceHandlerRegistration> registrations = new ArrayList<>();
```

在这个变量中明确了具体的存储单元是 ResourceHandlerRegistration 对象，关于

ResourceHandlerRegistration 的定义如下。

```
public class ResourceHandlerRegistration {

   private final String[] pathPatterns;

   private final List<String> locationValues = new ArrayList<>();

   @Nullable
   private Integer cachePeriod;

   @Nullable
   private CacheControl cacheControl;

   @Nullable
   private ResourceChainRegistration resourceChainRegistration;
}
```

在这个存储单元中定义了五个变量，它们的含义如下。

(1) pathPatterns：路径匹配符列表。

(2) locationValues：本地资源集合(字符串)。

(3) cachePeriod：缓存时间。

(4) cacheControl：缓存控制对象，也可以理解为缓存配置对象。

(5) resourceChainRegistration：资源注册责任链，用于链式注册资源。

在资源处理器注册类(ResourceHandlerRegistry)中关于注册的方法如下。

```
public ResourceHandlerRegistration addResourceHandler(String... pathPatterns) {
      ResourceHandlerRegistration registration = new ResourceHandlerRegistration
(pathPatterns);
   this.registrations.add(registration);
   return registration;
}
```

在这个方法中会将地址匹配符转换成 ResourceHandlerRegistration 对象并将其放入注册表中。

12.4 ViewControllerRegistry

本节将对 ViewControllerRegistry 进行分析。ViewControllerRegistry 的作用是进行视图器注册，在 ViewControllerRegistry 对象中有两个成员变量用来存储这些注册信息，具体的代码定义如下。

```
private final List<ViewControllerRegistration> registrations = new ArrayList<>(4);

private final List<RedirectViewControllerRegistration> redirectRegistrations = new
ArrayList<>(10);
```

上述两个变量的含义如下。

（1） registrations：用于存储非重定向的视图注册域对象。

（2） redirectRegistrations：用户存储重定向的视图对象。

关于 registrations 存储对象的定义如下。

```
public class ViewControllerRegistration {

   private final String urlPath;

   private final ParameterizableViewController controller = new
ParameterizableViewController();
}
```

在 ViewControllerRegistration 中存在两个成员变量，它们的具体含义如下。

（1） urlPath：路由地址。

（2） controller：控制层对象。

关于非重定向的视图注册方法是 addViewController()和 addStatusController()，具体代码如下。

```
public ViewControllerRegistration addViewController(String urlPath) {
   ViewControllerRegistration registration = new ViewControllerRegistration(urlPath);
   registration.setApplicationContext(this.applicationContext);
   this.registrations.add(registration);
   return registration;
}

public void addStatusController(String urlPath, HttpStatus statusCode) {
    ViewControllerRegistration registration = new ViewControllerRegistration(urlPath);
    registration.setApplicationContext(this.applicationContext);
    registration.setStatusCode(statusCode);
    registration.getViewController().setStatusOnly(true);
    this.registrations.add(registration);
}
```

在上述两个注册非重定向视图的方法中都将 urlPath 转换成 ViewControllerRegistration 对象，差异点是状态码的设置，前者不进行状态码设置，后者需要进行状态码设置。

关于 redirectRegistrations 存储对象的定义如下。

```
public class RedirectViewControllerRegistration {

   private final String urlPath;

   private final RedirectView redirectView;

   private final ParameterizableViewController controller = new
ParameterizableViewController();
}
```

在 RedirectViewControllerRegistration 中存在三个成员变量，它们的具体含义如下。

(1) urlPath：路由地址。

(2) redirectView：重定向视图。

(3) controller：控制层对象。

关于重定向的视图注册方法是 addRedirectViewController()，具体代码如下。

```
public RedirectViewControllerRegistration addRedirectViewController(String urlPath, String
redirectUrl) {
   RedirectViewControllerRegistration registration = new
RedirectViewControllerRegistration(urlPath, redirectUrl);
   registration.setApplicationContext(this.applicationContext);
   this.redirectRegistrations.add(registration);
   return registration;
}
```

在这段注册代码中可以发现，此时注册的对象是 RedirectViewControllerRegistration，参数是路由地址和重定向路由地址(目标路由地址)。

12.5 ViewResolverRegistry

本节将对 ViewResolverRegistry 进行分析。ViewResolverRegistry 的作用是进行视图解析器注册，在 ViewResolver 对象中有一个成员变量用来存储这些注册信息，具体的代码定义如下。

```
private final List<ViewResolver> viewResolvers = new ArrayList<>(4);
```

在这个存储容器中存储的是视图解析(ViewResolver)对象，关于它的注册方法如下。

```
public void viewResolver(ViewResolver viewResolver) {
    if (viewResolver instanceof ContentNegotiatingViewResolver) {
        throw new BeanInitializationException(
            "addViewResolver cannot be used to configure a
ContentNegotiatingViewResolver. " +
            "Please use the method enableContentNegotiation instead.");
    }
    this.viewResolvers.add(viewResolver);
}
```

在这个方法中会将类型不是 ContentNegotiatingViewResolver 的视图解析对象放入容器，注意这是一个简单方法，还有一些复杂方法如 jsp()，具体代码如下。

```
public UrlBasedViewResolverRegistration jsp(String prefix, String suffix) {
   InternalResourceViewResolver resolver = new InternalResourceViewResolver();
   resolver.setPrefix(prefix);
   resolver.setSuffix(suffix);
   this.viewResolvers.add(resolver);
   return new UrlBasedViewResolverRegistration(resolver);
}
```

在这个注册过程中需要使用 InternalResourceViewResolver 对象进行注册。其他和 jsp()

方法类似的注册还有 TilesRegistration、FreeMarkerRegistration、GroovyMarkupRegistration、ScriptRegistration 和 BeanNameViewResolver，关于它们的注册细节不做展开。

小结

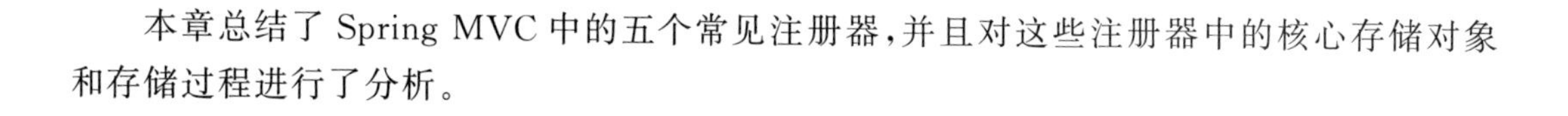

本章总结了 Spring MVC 中的五个常见注册器，并且对这些注册器中的核心存储对象和存储过程进行了分析。

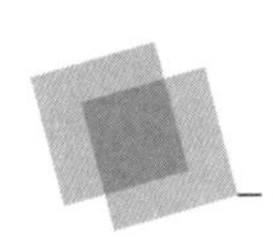

第13章 Spring MVC资源相关分析

本章将对 Spring MVC 中的资源相关内容进行分析，一般情况下认为 HTML、CSS 和 JS 就是资源。

13.1 ResourceHttpRequestHandler 分析

ResourceHttpRequestHandler 的作用是 HTTP 请求资源处理器，当一个请求中携带了资源就会进行处理，具体处理方法是 org.springframework.web.servlet.resource.ResourceHttpRequestHandler#handleRequest()，本节会对其进行分析。首先查看 ResourceHttpRequestHandler 对象的类图，了解这个对象中的几个重要接口，ResourceHttpRequestHandler 类图如图 13.1 所示。

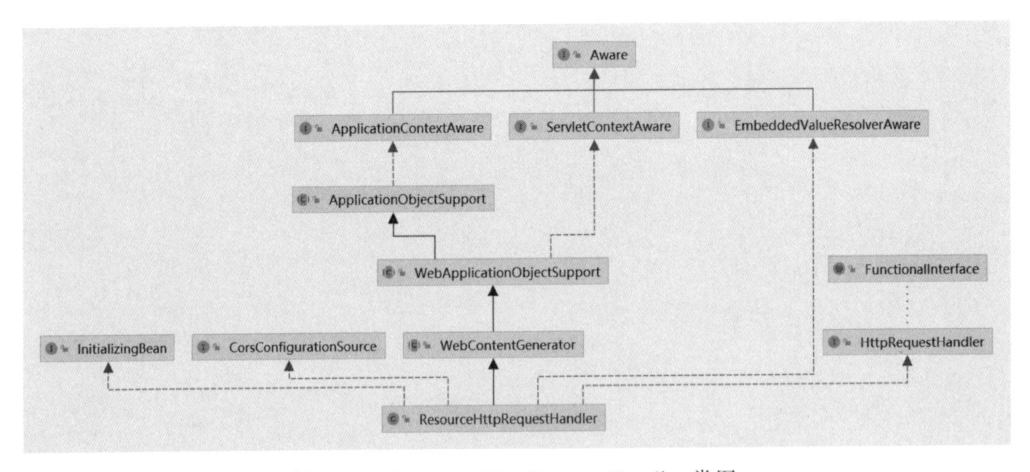

图 13.1 ResourceHttpRequestHandler 类图

在 ResourceHttpRequestHandler 类图中可以知道它实现了 InitializingBean 接口和

HttpRequestHandler 接口，这两个接口就是 ResourceHttpRequestHandler 的核心了，下面将对这两个接口的实现方法进行分析。在 ResourceHttpRequestHandler 对象分析前需要先关注它的成员变量，具体成员变量见表 13.1。

表 13.1　ResourceHttpRequestHandler 成员变量表

变量名称	变量类型	变量说明
locationValues	List < String >	本地资源位置
locations	List < Resource >	资源对象
locationCharsets	Map < Resource, Charset >	资源对象和编码的关系表
resourceResolvers	List < ResourceResolver >	资源解析器列表
resourceTransformers	List < ResourceTransformer >	资源转换器列表
resolverChain	ResourceResolverChain	资源解析器责任链
transformerChain	ResourceTransformerChain	资源转换器责任链
resourceHttpMessageConverter	ResourceHttpMessageConverter	资源转换器，作用于 Resource 对象
resourceRegionHttpMessageConverter	ResourceRegionHttpMessageConverter	资源转换器，作用于 ResourceRegion 对象
contentNegotiationManager	ContentNegotiationManager	媒体类型管理器
contentNegotiationStrategy	PathExtensionContentNegotiationStrategy	主要用于提取路径中的拓展名，将其转换为媒体类型的内容协商策略接口实现类
corsConfiguration	CorsConfiguration	跨域配置
urlPathHelper	UrlPathHelper	URL 路径解析器
embeddedValueResolver	StringValueResolver	字符串解析器

13.1.1　InitializingBean 接口实现分析

在看了成员变量的简介后进入到方法分析，前文提到 ResourceHttpRequestHandler 实现了 InitializingBean 接口，下面就对该接口的 afterPropertiesSet()方法进行分析，具体处理代码如下。

```
@Override
public void afterPropertiesSet() throws Exception {
   //解析本地资源
   resolveResourceLocations();

   if (logger.isWarnEnabled() && CollectionUtils.isEmpty(this.locations)) {
      logger.warn("Locations list is empty. No resources will be served unless a " +
            "custom ResourceResolver is configured as an alternative to
PathResourceResolver.");
   }

   if (this.resourceResolvers.isEmpty()) {
```

```
        this.resourceResolvers.add(new PathResourceResolver());
    }
    //在已配置的资源解析器中查找 PathResourceResolver,并设置其 allowedLocations 属性(如果
为空)以匹配在此类上配置的 locations
    initAllowedLocations();

    this.resolverChain = new DefaultResourceResolverChain(this.resourceResolvers);
    this.transformerChain = new DefaultResourceTransformerChain(this.resolverChain,
this.resourceTransformers);

    if (this.resourceHttpMessageConverter == null) {
        this.resourceHttpMessageConverter = new ResourceHttpMessageConverter();
    }
    if (this.resourceRegionHttpMessageConverter == null) {
        this.resourceRegionHttpMessageConverter = new
ResourceRegionHttpMessageConverter();
    }

    this.contentNegotiationStrategy = initContentNegotiationStrategy();
}
```

在这段代码中主要处理流程如下。

(1) 解析本地资源。

(2) 在已经配置的资源解析器中查找 PathResourceResolver 对象为其设置 allowedLocations 属性和其他属性。

(3) 创建两个责任链对象,第一个是资源解析器责任链(ResourceResolverChain),第二个是资源转换器责任链(ResourceTransformerChain)。

(4) 创建两个资源转换器对象,第一个资源转换器作用于 Resource 对象(ResourceHttpMessageConverter),第二个资源转换器作用于 ResourceRegion 对象(ResourceRegionHttpMessageConverter)。

(5) 创建 PathExtensionContentNegotiationStrategy 对象。

在上述五个操作过程中除了第三步和第四步使用的是 new 关键字创建,其他操作步骤都需要依赖内部方法进行处理。下面对解析本地资源进行分析,负责处理的方法是 resolveResourceLocations(),具体处理代码如下。

```
private void resolveResourceLocations() {
    //本地资源位置为空不做处理
    if (CollectionUtils.isEmpty(this.locationValues)) {
        return;
    }
    //资源对象不为空抛出异常
    else if (!CollectionUtils.isEmpty(this.locations)) {
        throw new IllegalArgumentException("Please set either Resource-based \"locations\" or " +
                "String-based \"locationValues\", but not both.");
    }

    //确认应用上下文
```

```
    ApplicationContext applicationContext = obtainApplicationContext();
    for (String location : this.locationValues) {
        if (this.embeddedValueResolver != null) {
            //通过字符串解析类将资源进行解析
            String resolvedLocation =
this.embeddedValueResolver.resolveStringValue(location);
            if (resolvedLocation == null) {
                throw new IllegalArgumentException("Location resolved to null: " +
location);
            }
            location = resolvedLocation;
        }
        Charset charset = null;
        location = location.trim();
        if (location.startsWith(URL_RESOURCE_CHARSET_PREFIX)) {
            int endIndex = location.indexOf(']',
URL_RESOURCE_CHARSET_PREFIX.length());
            if (endIndex == -1) {
                throw new IllegalArgumentException("Invalid charset syntax in location: " +
location);
            }
            String value =
location.substring(URL_RESOURCE_CHARSET_PREFIX.length(), endIndex);
            charset = Charset.forName(value);
            location = location.substring(endIndex + 1);
        }
        //通过应用上下文获取资源
        Resource resource = applicationContext.getResource(location);
        //将资源对象放入已加载的资源集合中
        this.locations.add(resource);
        if (charset != null) {
            if (!(resource instanceof UrlResource)) {
                throw new IllegalArgumentException("Unexpected charset for
non-UrlResource: " + resource);
            }
            //处理资源和编码映射
            this.locationCharsets.put(resource, charset);
        }
    }
}
```

在 resolveResourceLocations()方法中主要处理流程如下。

(1) 判断本地资源位置集合数据是否存在,如果不存在则结束处理。

(2) 判断资源对象集合数据是否存在,如果存在则抛出异常。

(3) 对本地资源位置进行解析,具体解析步骤如下。

① 通过字符串解析类将资源地址进行解析,主要是进行占位符处理。

② 通过应用上下文将资源地址对应的资源对象进行加载。

③ 将资源对象放入到资源对象集合中。

④ 判断是否存在编码,如果存在并且资源不是 UrlResource 类型则将其放入到资源和

编码的存储容器中。

以上三个主要操作流程的目的就是将资源地址转换成资源对象，在这个过程中需要使用到的对象有应用上下文(ApplicationContext)和字符串解析器(StringValueResolver)。

下面将对 initAllowedLocations()方法进行分析，具体代码如下。

```
protected void initAllowedLocations() {
        if (CollectionUtils.isEmpty(this.locations)) {
            return;
        }
        for (int i = getResourceResolvers().size() - 1; i >= 0; i--) {
            if (getResourceResolvers().get(i) instanceof PathResourceResolver) {
                PathResourceResolver pathResolver = (PathResourceResolver)
getResourceResolvers().get(i);
                if (ObjectUtils.isEmpty(pathResolver.getAllowedLocations())) {
                    pathResolver.setAllowedLocations(getLocations().toArray(new Resource
[0]));
                }
                if (this.urlPathHelper != null) {
                    pathResolver.setLocationCharsets(this.locationCharsets);
                    pathResolver.setUrlPathHelper(this.urlPathHelper);
                }
                break;
            }
        }
    }
```

该方法的主要处理目标是将 pathResolver 进行数据补充，具体补充的数据有三个，整体处理流程不做分析，三个变量信息如下。

(1) allowedLocations 表示允许的资源地址。

(2) locationCharsets 表示资源对象与编码的映射。

(3) urlPathHelper 表示 URL 地址工具。

最后对 initContentNegotiationStrategy()方法进行分析，具体处理代码如下。

```
protected PathExtensionContentNegotiationStrategy initContentNegotiationStrategy() {
   Map<String, MediaType> mediaTypes = null;
   if (getContentNegotiationManager() != null) {
      PathExtensionContentNegotiationStrategy strategy =
            getContentNegotiationManager().getStrategy(PathExtensionContentNegotiationStrategy.
class);
      if (strategy != null) {
         mediaTypes = new HashMap<>(strategy.getMediaTypes());
      }
   }
   return (getServletContext() != null ?
         new ServletPathExtensionContentNegotiationStrategy(getServletContext(),
mediaTypes) :
         new PathExtensionContentNegotiationStrategy(mediaTypes));
}
```

这段代码的目标是创建 PathExtensionContentNegotiationStrategy 对象，在这个创建过程中会有两种返回值类型。

（1）ServletPathExtensionContentNegotiationStrategy。

（2）PathExtensionContentNegotiationStrategy。

这两个返回类型的差异是是否具备 ServletContext 对象，ServletPathExtensionContentNegotiationStrategy 对象是 PathExtensionContentNegotiationStrategy 对象的子类。

13.1.2　HttpRequestHandler 实现分析

下面将对 ResourceHttpRequestHandler 实现 HttpRequestHandler 接口的细节进行分析，该方法是用于处理请求的，具体处理代码如下。

```
@Override
public void handleRequest(HttpServletRequest request, HttpServletResponse response)
      throws ServletException, IOException {

   //通过 request 获取对应的资源对象
   Resource resource = getResource(request);
   //如果资源对象为空,抛出 404 异常
   if (resource == null) {
      logger.debug("Resource not found");
      response.sendError(HttpServletResponse.SC_NOT_FOUND);
      return;
   }

   //类型是否匹配位 operation , 如果匹配直接结束
   if (HttpMethod.OPTIONS.matches(request.getMethod())) {
      response.setHeader("Allow", getAllowHeader());
      return;
   }

   //请求检查
   checkRequest(request);

   //时间戳验证
   if (new ServletWebRequest(request,
response).checkNotModified(resource.lastModified())) {
      logger.trace("Resource not modified");
      return;
   }

   //应用缓存并设置头信息
   prepareResponse(response);

   //获取请求和资源对应的媒体类型
   MediaType mediaType = getMediaType(request, resource);
```

```
    //设置头信息
    if (METHOD_HEAD.equals(request.getMethod())) {
        setHeaders(response, resource, mediaType);
        return;
    }

    //最后写出处理
    ServletServerHttpResponse outputMessage = new ServletServerHttpResponse(response);
    if (request.getHeader(HttpHeaders.RANGE) == null) {
        Assert.state(this.resourceHttpMessageConverter != null, "Not initialized");
        setHeaders(response, resource, mediaType);
        this.resourceHttpMessageConverter.write(resource, mediaType, outputMessage);
    }
    else {
        Assert.state(this.resourceRegionHttpMessageConverter != null, "Not initialized");
        response.setHeader(HttpHeaders.ACCEPT_RANGES, "bytes");
        ServletServerHttpRequest inputMessage = new ServletServerHttpRequest(request);
        try {
            List<HttpRange> httpRanges = inputMessage.getHeaders().getRange();
            response.setStatus(HttpServletResponse.SC_PARTIAL_CONTENT);
            this.resourceRegionHttpMessageConverter.write(
                    HttpRange.toResourceRegions(httpRanges, resource), mediaType,
outputMessage);
        }
        catch (IllegalArgumentException ex) {
            response.setHeader("Content-Range", "bytes */" + resource.contentLength());
            response.sendError(HttpServletResponse.SC_REQUESTED_RANGE_NOT_SATISFIABLE);
        }
    }
}
```

方法 handleRequest()的主要处理流程如下。

(1) 通过请求对象获取与之对应的资源对象。如果资源对象获取失败就会抛出异常。

(2) 判断请求方式是否是 OPTIONS,如果是将直接结束处理。

(3) 进行请求检查,主要检查内容包括请求方式是否支持和 session 是否存在。如果请求方式不支持,会抛出 HttpRequestMethodNotSupportedException 异常;如果 session 不存在,则抛出 HttpSessionRequiredException 异常。

(4) 最后更新的时间戳验证,验证不通过将结束处理。

(5) 应用缓存并设置头信息。

(6) 写出数据。

在上述 6 个处理过程中最为重要的就是资源获取操作,关于资源获取的代码详细内容如下。

```
@Nullable
protected Resource getResource(HttpServletRequest request) throws IOException {
    String path = (String)
request.getAttribute(HandlerMapping.PATH_WITHIN_HANDLER_MAPPING_ATTRIBUTE);
    if (path == null) {
```

```
      throw new IllegalStateException("Required request attribute '" +
            HandlerMapping.PATH_WITHIN_HANDLER_MAPPING_ATTRIBUTE + "' is not set");
   }

   path = processPath(path);
   if (!StringUtils.hasText(path) || isInvalidPath(path)) {
      return null;
   }
   if (isInvalidEncodedPath(path)) {
      return null;
   }

   Assert.notNull(this.resolverChain, "ResourceResolverChain not initialized.");
   Assert.notNull(this.transformerChain, "ResourceTransformerChain not initialized.");

   Resource resource = this.resolverChain.resolveResource(request, path, getLocations());
   if (resource != null) {
      resource = this.transformerChain.transform(request, resource);
   }
   return resource;
}
```

在这个处理过程中主要处理流程如下。

(1) 在请求中获取 HandlerMapping.PATH_WITHIN_HANDLER_MAPPING_ATTRIBUTE 对应的数据。

(2) 将第(1)步中得到的数据进行加工,加工内容包括替换"\\"为"\",替换多个重复出现的反斜杠。

(3) 通过资源解析器责任链(resolverChain)对象进行资源解析得到具体的资源对象。

(4) 通过资源转换器责任链(transformerChain)对象进行资源对象转换。

在上述四个处理过程中相对重要的处理步骤是第(3)步和第(4)步,下文将对它们做详细分析。

13.2 资源解析器责任链分析

资源解析器责任链对象是 ResourceResolverChain,在 Spring MVC 中它的定义代码如下。

```
public interface ResourceResolverChain {

   @Nullable
   Resource resolveResource(
         @Nullable HttpServletRequest request, String requestPath, List<? extends Resource>
locations);

   @Nullable
   String resolveUrlPath(String resourcePath, List<? extends Resource> locations);

}
```

在 ResourceResolverChain 中定义了两个方法，它们的作用如下。

(1) 方法 resolveResource()的作用是通过 request 和路由地址找到资源对象，注意资源对象的来源是通过参数进行传递的。

(2) 方法 resolveUrlPath()的作用是解析公共 URL 地址。

在 Spring MVC 中 ResourceResolverChain 接口的实现只有一个，即 DefaultResourceResolverChain，在 DefaultResourceResolverChain 对象中成员变量定义如下。

```
@Nullable
private final ResourceResolver resolver;

@Nullable
private final ResourceResolverChain nextChain;
```

变量 resolver 表示资源解析器，变量 nextChain 表示下一个资源解析器责任链节点。下面对 resover 对象进行分析，源代码如下。

```
public interface ResourceResolver {

   @Nullable
   Resource resolveResource(@Nullable HttpServletRequest request, String requestPath,
         List<? extends Resource> locations, ResourceResolverChain chain);

   @Nullable
   String resolveUrlPath(String resourcePath, List<? extends Resource> locations,
ResourceResolverChain chain);

}
```

在 ResourceResolver 接口的定义中可以发现它的定义和 ResourceResolverChain 接口的定义相同，这便是责任链模式的一种编码方式，在 DefaultResourceResolverChain 对象中可以这么理解：在类本身有一个 ResourceResolver 对象负责处理当前的参数，同时存在 nextChain 变量可以指向下一个进行处理的对象，以此往复做完处理就结束。下面是 resolveResource()方法在 DefaultResourceResolverChain 对象中的具体实现代码。

```
@Override
@Nullable
public Resource resolveResource(
      @Nullable HttpServletRequest request, String requestPath, List<? extends Resource>
locations) {

   return (this.resolver != null && this.nextChain != null ?
         this.resolver.resolveResource(request, requestPath, locations, this.nextChain) :
null);
}
```

在这个方法中当 resolver 变量和 nextChain 变量都不为空时会进行资源解析，资源解析方法会进行子资源解析即调用 nextChain 对象的 resolveResource()方法。同样地，

resolveUrlPath()方法的处理思路和本方法相同,不再做详细说明。

13.3　资源转换器责任链分析

资源转换器责任链对象是 ResourceTransformerChain,在 Spring MVC 中它的定义代码如下。

```
public interface ResourceTransformerChain {

   ResourceResolverChain getResolverChain();

   Resource transform(HttpServletRequest request, Resource resource) throws IOException;

}
```

ResourceTransformerChain 对象和 ResourceResolverChain 对象都属于责任链设计模式,关于责任链这种设计模式这里不做详细说明,下面对 ResourceTransformerChain 接口中的方法列表进行说明。

(1) 方法 getResolverChain()的作用是用于获取资源解析责任链对象。

(2) 方法 transform()的作用是进行资源转换。

在上述两个方法中重点是第二个方法,在 Spring MVC 中 ResourceTransformerChain 接口的实现类只有一个,即 DefaultResourceTransformerChain,其中关于 transform()方法的定义如下。

```
@Override
public Resource transform(HttpServletRequest request, Resource resource) throws
IOException {
   return (this.transformer != null && this.nextChain != null ?
         this.transformer.transform(request, resource, this.nextChain) : resource);
}
```

通过上述方法的阅读可以明确具体处理能力的是 transformer 变量,该变量的类型是 ResourceTransformer,在 Spring MVC 中关于它的实现类有 CssLinkResourceTransformer、AppCacheManifestTransformer 和 CachingResourceTransformer。

13.3.1　CachingResourceTransformer 分析

本节将对 CachingResourceTransformer 对象进行分析,它是一个具备缓存能力的资源转换器,关于转换的代码如下。

```
@Override
public Resource transform(HttpServletRequest request, Resource resource,
ResourceTransformerChain transformerChain)
      throws IOException {

   Resource transformed = this.cache.get(resource, Resource.class);
```

```
    if (transformed != null) {
        logger.trace("Resource resolved from cache");
        return transformed;
    }

    transformed = transformerChain.transform(request, resource);
    this.cache.put(resource, transformed);

    return transformed;
}
```

在这个转换过程中主要操作流程如下。

(1) 从缓存容器中进行获取,如果存在则将其返回。

(2) 从缓存容器中获取失败将通过参数转换链进行转换,在得到对象后将其放入缓存。

13.3.2 CssLinkResourceTransformer 分析

本节将对 CssLinkResourceTransformer 进行分析,具体代码如下。

```
@SuppressWarnings("deprecation")
@Override
public Resource transform(HttpServletRequest request, Resource resource,
ResourceTransformerChain transformerChain)
        throws IOException {

    //转换链进行转换得到资源对象
    resource = transformerChain.transform(request, resource);

    //获取资源对象名称
    String filename = resource.getFilename();
    //判断拓展名是否 css
    //判断类型是不是 EncodedResource 或者 GzippedResource
    if (!"css".equals(StringUtils.getFilenameExtension(filename)) ||
            resource instanceof EncodedResourceResolver.EncodedResource ||
            resource instanceof GzipResourceResolver.GzippedResource) {
        return resource;
    }

    //将 resource 对象转换为 byte 数组
    byte[] bytes = FileCopyUtils.copyToByteArray(resource.getInputStream());
    //创建 resource 对应的字符串
    String content = new String(bytes, DEFAULT_CHARSET);

    SortedSet<ContentChunkInfo> links = new TreeSet<>();
    for (LinkParser parser : this.linkParsers) {
        parser.parse(content, links);
    }

    if (links.isEmpty()) {
```

```
        return resource;
    }

    int index = 0;
    //准备写出
    StringWriter writer = new StringWriter();
    for (ContentChunkInfo linkContentChunkInfo : links) {
        writer.write(content.substring(index, linkContentChunkInfo.getStart()));
        String link = content.substring(linkContentChunkInfo.getStart(),
  linkContentChunkInfo.getEnd());
        String newLink = null;
        if (!hasScheme(link)) {
            String absolutePath = toAbsolutePath(link, request);
            newLink = resolveUrlPath(absolutePath, request, resource, transformerChain);
        }
        writer.write(newLink != null ? newLink : link);
        index = linkContentChunkInfo.getEnd();
    }
    writer.write(content.substring(index));

    return new TransformedResource(resource,
  writer.toString().getBytes(DEFAULT_CHARSET));
  }
```

在CssLinkResourceTransformer对象中主要是进行CSS资源的转换，具体转换步骤如下。

(1) 通过转换责任链得到转换后的资源对象。

(2) 判断是否需要进行后续处理，判断条件如下(满足一个就不进行后续处理)。

① 资源对象的拓展名不是css。

② 资源对象不是EncodedResourceResolver.EncodedResource类型。

③ 资源对象不是GzipResourceResolver.GzippedResource类型。

(3) 当第二个判断条件判断结果为需要进行处理时则进行如下操作。

① 资源对象转换为bytes数组。

② bytes数组转换为字符串。

③ 将字符串转换为TransformedResource对象完成整体处理。

13.3.3 AppCacheManifestTransformer 分析

本节将对AppCacheManifestTransformer进行分析，具体代码如下。

```
@Override
public Resource transform(HttpServletRequest request, Resource resource,
        ResourceTransformerChain chain) throws IOException {

    resource = chain.transform(request, resource);
    if (!this.fileExtension.equals(StringUtils.getFilenameExtension(resource.getFilename()))) {
        return resource;
```

```
    }

    byte[] bytes = FileCopyUtils.copyToByteArray(resource.getInputStream());
    String content = new String(bytes, DEFAULT_CHARSET);

    if (!content.startsWith(MANIFEST_HEADER)) {
        if (logger.isTraceEnabled()) {
            logger.trace("Skipping " + resource + ": Manifest does not start with 'CACHE
MANIFEST'");
        }
        return resource;
    }

    @SuppressWarnings("resource")
    Scanner scanner = new Scanner(content);
    LineInfo previous = null;
    LineAggregator aggregator = new LineAggregator(resource, content);

    while (scanner.hasNext()) {
        String line = scanner.nextLine();
        LineInfo current = new LineInfo(line, previous);
        LineOutput lineOutput = processLine(current, request, resource, chain);
        aggregator.add(lineOutput);
        previous = current;
    }

    return aggregator.createResource();
}
```

在这个转换方法中主要处理流程如下。

(1) 通过转换责任链得到转换后的资源对象。

(2) 判断是否需要进行后续处理，具体判断条件是当前资源的拓展名是否和变量 fileExtension 相同，不相同则需要进行处理，相同则不需要处理。

(3) 将资源对象转换为 byte 数组，再将 byte 数组转换为 String 对象，最终返回的资源对象需要通过 LineAggregator()方法进行处理。

小结

本章对 Spring MVC 中的资源相关内容进行了解析，主要有资源请求的处理和资源对象的获取，以及资源对象的转换过程。

第14章

Model和View分析

本章将对 Model(org. springframework. ui. Model)接口和 View(org. springframework. web. servlet. View)接口进行分析。

14.1 初识 Model

在 Spring MVC 中 Model 表示数据模型,一般情况下会有属性值名称和属性值的对应关系。在 Spring MVC 中关于 Model 的定义如下。

```
public interface Model {

   Model addAttribute(String attributeName, @Nullable Object attributeValue);

   Model addAttribute(Object attributeValue);

   Model addAllAttributes(Collection<?> attributeValues);

   Model addAllAttributes(Map<String, ?> attributes);

   Model mergeAttributes(Map<String, ?> attributes);

   boolean containsAttribute(String attributeName);

   @Nullable
   Object getAttribute(String attributeName);

   Map<String, Object> asMap();

}
```

在 Model 接口中定义了 8 个方法，在这 8 个方法中按照操作模式分类可以分成如下 4 类。

(1) 添加属性值。

(2) 合并属性值。

(3) 判断属性值名称是否存在。

(4) 获取属性值。

在 Spring MVC 中 Model 还有一个子类接口，它是 RedirectAttributes（org.springframework.web.servlet.mvc.support.RedirectAttributes），关于它的定义代码如下。

```
public interface RedirectAttributes extends Model {

   @Override
   RedirectAttributes addAttribute(String attributeName, @Nullable Object attributeValue);

   @Override
   RedirectAttributes addAttribute(Object attributeValue);

   @Override
   RedirectAttributes addAllAttributes(Collection<?> attributeValues);

   @Override
   RedirectAttributes mergeAttributes(Map<String, ?> attributes);

   RedirectAttributes addFlashAttribute(String attributeName, @Nullable Object
attributeValue);

   RedirectAttributes addFlashAttribute(Object attributeValue);

   Map<String, ?> getFlashAttributes();
}
```

在 RedirectAttributes 接口定义中对比 Model 接口新增了 addFlashAttribute()方法，该方法用于进行缓存数据设置，其他的方法仅做了类型重写。下面查看 Model 的整体类图，具体信息如图 14.1 所示。

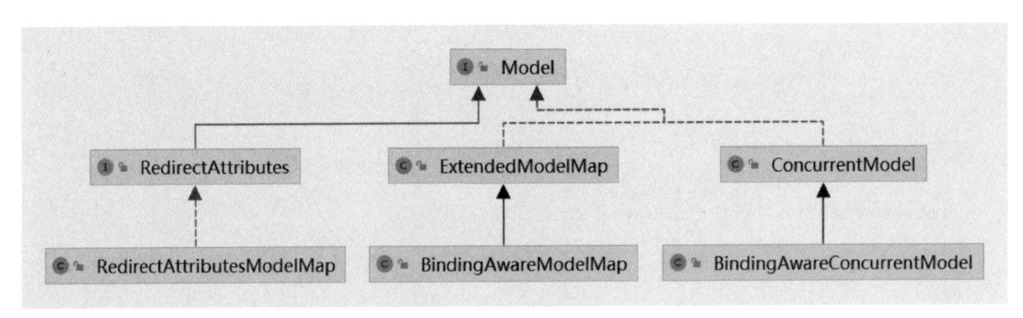

图 14.1 Model 类图

在这个类图中可以发现两大类：第一类是实现了 RedirectAttributes 接口的，第二类是只实现了 Model 接口的。

14.2 RedirectAttributesModelMap 分析

本节将对 RedirectAttributesModelMap 对象进行分析，它是 Spring MVC 中 RedirectAttributes 的唯一实现，注意 RedirectAttributesModelMap 类同时还是 ModelMap 的子类，在这个类中存在两个成员变量，详细信息见表 14.1。

表 14.1 RedirectAttributesModelMap 变量

变量名称	变量类型	变量说明
dataBinder	DataBinder	数据绑定器
flashAttributes	ModelMap	数据存储器

下面对 addAttribute()方法进行细节分析，具体处理代码如下。

```
@Override
public RedirectAttributesModelMap addAttribute (String attributeName, @ Nullable Object
attributeValue) {
    super.addAttribute(attributeName, formatValue(attributeValue));
    return this;
}
```

在这段代码中对于添加属性操作依赖父类 ModelMap 进行，调用时将传递两个 String 类型的数据，重点关注第二个参数 attributeValue 转换为 String 的过程，处理方法是 formatValue()，具体代码如下。

```
@Nullable
private String formatValue(@Nullable Object value) {
    if (value == null) {
        return null;
    }
    return (this.dataBinder != null ? this.dataBinder.convertIfNecessary(value, String.class)
: value.toString());
}
```

从这段代码中可以发现关于数据的转换依赖于数据绑定器，如果数据绑定器存在会通过数据绑定器进行字符串转换，如果不存在则直接通过 toString()进行转换。现在明确了两个参数，下面进入父类的操作，具体处理代码如下。

```
public ModelMap addAttribute(String attributeName, @Nullable Object attributeValue) {
    Assert.notNull(attributeName, "Model attribute name must not be null");
    put(attributeName, attributeValue);
    return this;
}
```

在这段代码中可以发现最终执行的是 put()操作，这个 put()方法是 HashMap 所提供的，关于这个提供者需要通过类图进行说明，RedirectAttributesModelMap 的类图如图 14.2 所示。

从图 14.2 中可以发现，RedirectAttributesModelMap 是属于最顶层的一个对象，它的

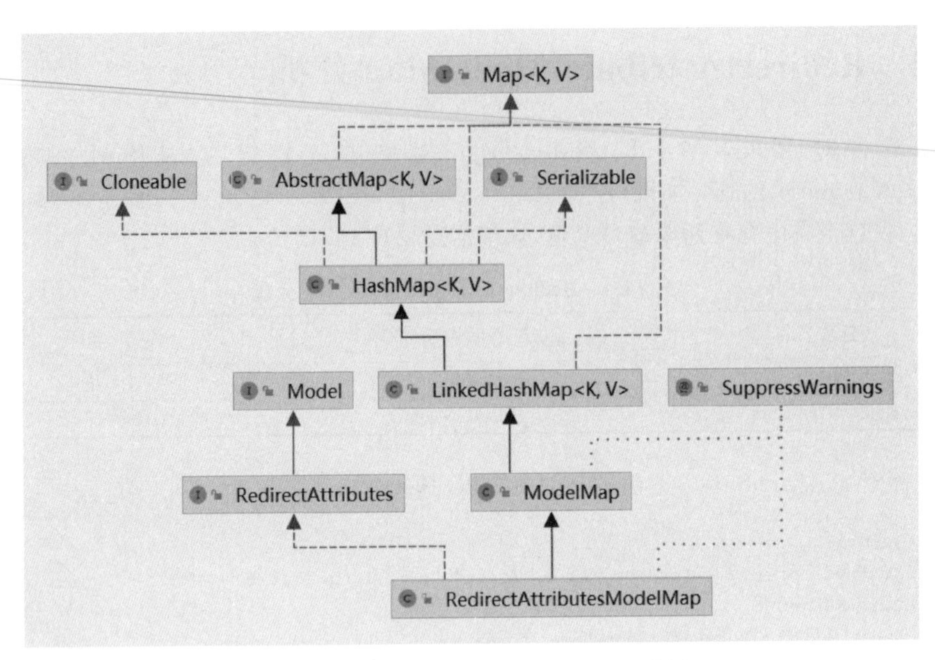

图 14.2 RedirectAttributesModelMap 类图

各项操作基本都需要依赖其他类进行，在 addAttribute()方法执行过程中最后需要调用 Map 接口上的 put()方法将数据进行存储，而这个存储数据的对象就是类本身。至此结束了 addAttribute()方法的分析。下面对 mergeAttributes()方法进行分析，具体处理代码如下。

```
@Override
public RedirectAttributesModelMap mergeAttributes(@Nullable Map<String, ?> attributes) {
   if (attributes != null) {
      attributes.forEach((key, attribute) -> {
         if (!containsKey(key)) {
            addAttribute(key, attribute);
         }
      });
   }
   return this;
}
```

在这段代码中通过循环操作调用 addAttribute()方法将数据进行合并，底层方法是 put()操作。

14.3 ConcurrentModel 分析

本节将对 ConcurrentModel 对象进行分析，首先查看 ConcurrentModel 对象的定义，具体定义代码如下。

```
public class ConcurrentModel extends ConcurrentHashMap<String, Object> implements Model {}
```

在这个代码中可以发现它是ConcurrentHashMap的子类，是线程安全的类，并且通过这个继承约定了数据存储类型，key存储String类型，value存储Object类型。下面进行方法分析，首先是addAttribute()方法，具体代码如下。

```
@Override
public ConcurrentModel addAttribute(String attributeName, @Nullable Object attributeValue) {
   Assert.notNull(attributeName, "Model attribute name must not be null");
   put(attributeName, attributeValue);
   return this;
}
```

在这段代码中通过put()方法将数据进行存储，该操作和RedirectAttributesModelMap中的操作形式相同，但是存储对象不同。下面查看mergeAttributes()方法，具体代码如下。

```
@Override
public ConcurrentModel mergeAttributes(@Nullable Map<String, ?> attributes) {
   if (attributes != null) {
      attributes.forEach((key, value) -> {
         if (!containsKey(key)) {
            put(key, value);
         }
      });
   }
   return this;
}
```

在这段代码中可以发现处理操作和RedirectAttributesModelMap中的是一样的，都是判断不存在则加入数据。在Spring MVC中ConcurrentModel对象还有一个子类，这个子类是BindingAwareConcurrentModel，它重写了put()方法，详细代码如下。

```
@Override
public Object put(String key, Object value) {
   removeBindingResultIfNecessary(key, value);
   return super.put(key, value);
}

private void removeBindingResultIfNecessary(String key, Object value) {
   if (!key.startsWith(BindingResult.MODEL_KEY_PREFIX)) {
      String resultKey = BindingResult.MODEL_KEY_PREFIX + key;
      BindingResult result = (BindingResult) get(resultKey);
      if (result != null && result.getTarget() != value) {
         remove(resultKey);
      }
   }
}
```

通过这段代码可以发现重新使用put()方法的目的是在put()方法执行之前进行一次数据清理(这并不是一定会进行的操作)，具体的移除规则需要满足如下条件(同时满足)。

(1) 键不是以BindingResult.MODEL_KEY_PREFIX开头。

(2) 在当前容器中通过BindingResult.MODEL_KEY_PREFIX+键能够搜索得到

对象。

(3) 第二个条件中的对象不为空并且类型和参数 value 不相同。

14.4 ExtendedModelMap 分析

本节将对 ExtendedModelMap 对象进行分析，首先查看 ExtendedModelMap 对象的定义，具体定义代码如下。

```
public class ExtendedModelMap extends ModelMap implements Model {}
```

从类的定义中可以发现 ExtendedModelMap 类是 ModelMap 的子类，在 ExtendedModelMap 类中的所有操作都依赖父类 ModelMap，子类并未做出额外的处理。在 Spring MVC 中 ExtendedModelMap 还有一个子类，它是 BindingAwareModelMap，它重写了 put()和 putAll()方法，具体代码如下。

```
@Override
public Object put(String key, Object value) {
   removeBindingResultIfNecessary(key, value);
   return super.put(key, value);
}

@Override
public void putAll(Map<? extends String, ?> map) {
   map.forEach(this::removeBindingResultIfNecessary);
   super.putAll(map);
}

private void removeBindingResultIfNecessary(Object key, Object value) {
   if (key instanceof String) {
      String attributeName = (String) key;
      if (!attributeName.startsWith(BindingResult.MODEL_KEY_PREFIX)) {
         String bindingResultKey = BindingResult.MODEL_KEY_PREFIX +
attributeName;
         BindingResult bindingResult = (BindingResult) get(bindingResultKey);
         if (bindingResult != null && bindingResult.getTarget() != value) {
            remove(bindingResultKey);
         }
      }
   }
}
```

在重写的两个方法中都依赖 removeBindingResultIfNecessary()方法，该方法是用于移除可能的数据，移除的数据需要满足如下要求(全部同时满足)。

(1) 参数 key 的数据类型是 String。

(2) 参数 key 是以 BindingResult.MODEL_KEY_PREFIX 开头。

(3) 在当前容器中通过 BindingResult.MODEL_KEY_PREFIX+key 能够搜索到对象。

(3) 搜索得到的对象和参数 value 不相同。

14.5 初识 View

在 Spring MVC 中 View 表示视图对象,在 Spring MVC 中关于 View 的定义如下。

```
public interface View {

   String RESPONSE_STATUS_ATTRIBUTE = View.class.getName() + ".responseStatus";

   String PATH_VARIABLES = View.class.getName() + ".pathVariables";

   String SELECTED_CONTENT_TYPE = View.class.getName() +
".selectedContentType";

   @Nullable
   default String getContentType() {
      return null;
   }

   void render(@Nullable Map<String, ?> model, HttpServletRequest request,
HttpServletResponse response)
         throws Exception;

}
```

在 View 接口中定义了三个常量和两个方法,在这个接口中主要关注方法,方法说明如下。

(1) 方法 getContentType()的作用是获取内容类型,常见的有 application/json 和 text/html。

(2) 方法 render()的作用是读取数据将数据写出,该方法也可以理解为渲染数据。

14.6 JsonView 分析

在 Spring MVC 中和现在火热的 Spring Boot 中 JSON 作为请求返回已经是一个十分成熟的技术并且大量项目在进行使用,本节将介绍 Spring MVC 是如何对 JsonView 进行处理的。在 Spring MVC 中关于 JSON 的默认支持是 Jackson 框架,关于这个技术的默认值提供了一些类,它们是 MappingJackson2XmlView 和 MappingJackson2JsonView,这两个类的类图如图 14.3 所示。

在图 14.3 中可以发现 MappingJackson2XmlView 和 MappingJackson2JsonView 都依赖 AbstractJackson2View 对象,它在整个 JsonView 的处理过程中也十分重要。下面先对 MappingJackson2JsonView 中的 filterModel()方法进行分析,具体处理代码如下。

```
@Override
protected Object filterModel(Map<String, Object> model) {
```

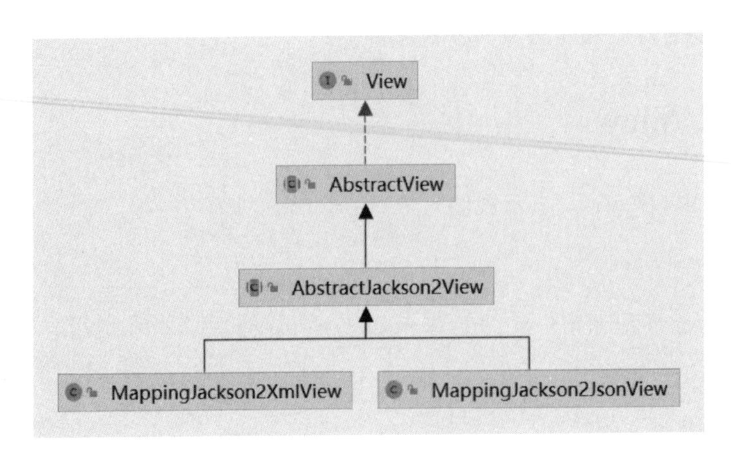

图 14.3 jsonView 类图

```
    Map<String, Object> result = new HashMap<>(model.size());
    Set<String> modelKeys = (!CollectionUtils.isEmpty(this.modelKeys) ? this.modelKeys :
model.keySet());
    model.forEach((clazz, value) -> {
        if (!(value instanceof BindingResult) && modelKeys.contains(clazz) &&
                !clazz.equals(JsonView.class.getName()) &&
                !clazz.equals(FilterProvider.class.getName())) {
            result.put(clazz, value);
        }
    });
    return (this.extractValueFromSingleKeyModel && result.size() == 1 ?
result.values().iterator().next() : result);
}
```

在这个方法中主要目的是进行数据过滤，过滤规则如下(必须全部满足才会不过滤)。

(1) 值对象不是 BindingResult 类型。

(2) 对象 modelKeys 中包含 key。

(3) key 和 JsonView 不相同。

(4) key 和 FilterProvider 不相同。

通过这个方法向父类进行挖掘可以找到一个调用链路，具体链路如下。

(1) AbstractView#render。

(2) AbstractJackson2View#renderMergedOutputModel。

(3) AbstractJackson2View#filterAndWrapModel。

下面将从 AbstractView 中的 render()方法开始逐步分析，render()的处理代码如下。

```
@Override
public void render(@Nullable Map<String, ?> model, HttpServletRequest request,
        HttpServletResponse response) throws Exception {

    if (logger.isDebugEnabled()) {
        logger.debug("View " + formatViewName() +
                ", model " + (model != null ? model : Collections.emptyMap()) +
                (this.staticAttributes.isEmpty() ? "" : ", static attributes " +
```

```
this.staticAttributes));
    }

    Map<String, Object> mergedModel = createMergedOutputModel(model, request,
response);
    prepareResponse(request, response);
    renderMergedOutputModel(mergedModel, getRequestToExpose(request), response);
}
```

在 render()方法中主要处理流程如下。

(1) 创建需要写出的数据对象。

(2) 渲染前的前置处理。

(3) 将需要写出的数据对象进行渲染。

在上述三个处理流程中,第三个操作将进行自定义处理,在 JsonView 的处理过程中这个重写方法是由 AbstractJackson2View 提供的,具体代码如下。

```
@Override
protected void renderMergedOutputModel(Map<String, Object> model, HttpServletRequest
request,
        HttpServletResponse response) throws Exception {

    ByteArrayOutputStream temporaryStream = null;
    OutputStream stream;

    if (this.updateContentLength) {
        temporaryStream = createTemporaryOutputStream();
        stream = temporaryStream;
    }
    else {
        stream = response.getOutputStream();
    }

    Object value = filterAndWrapModel(model, request);
    writeContent(stream, value);

    if (temporaryStream != null) {
        writeToResponse(response, temporaryStream);
    }
}
```

在 renderMergedOutputModel()代码中主要处理流程如下。

(1) 创建两个输出流 temporaryStream 和 stream。

(2) 进行写出对象的过滤和包装。

(3) 写出 response。

在这个处理流程中主要关注 filterAndWrapModel()方法和 writeContent(),前者进行过滤和包装,后者进行写出。下面先对写出进行分析,具体处理代码如下。

```
protected void writeContent(OutputStream stream, Object object) throws IOException {
    JsonGenerator generator = this.objectMapper.getFactory().createGenerator(stream,
```

```
this.encoding);
    writePrefix(generator, object);

    Object value = object;
    Class<?> serializationView = null;
    FilterProvider filters = null;

    if (value instanceof MappingJacksonValue) {
        MappingJacksonValue container = (MappingJacksonValue) value;
        value = container.getValue();
        serializationView = container.getSerializationView();
        filters = container.getFilters();
    }

    ObjectWriter objectWriter = (serializationView != null ?
            this.objectMapper.writerWithView(serializationView) : this.objectMapper.writer());
    if (filters != null) {
        objectWriter = objectWriter.with(filters);
    }
    objectWriter.writeValue(generator, value);

    writeSuffix(generator, object);
    generator.flush();
}
```

通过这段代码可以发现，在写出时它实际操作的内容是 JSON 序列化和参数 object。具体处理流程就是将参数 object 进行 JSON 序列化，同时在序列化后将数据写入到 stream 对象中，从而为最终的 response 写出做好最后的数据准备。最后对 filterAndWrapModel() 方法进行分析，具体处理代码如下。

```
protected Object filterAndWrapModel(Map<String, Object> model, HttpServletRequest
request) {
    Object value = filterModel(model);
    Class<?> serializationView = (Class<?>) model.get(JsonView.class.getName());
    FilterProvider filters = (FilterProvider) model.get(FilterProvider.class.getName());
    if (serializationView != null || filters != null) {
        MappingJacksonValue container = new MappingJacksonValue(value);
        if (serializationView != null) {
            container.setSerializationView(serializationView);
        }
        if (filters != null) {
            container.setFilters(filters);
        }
        value = container;
    }
    return value;
}
```

在 filterAndWrapModel()方法中主要处理目的有两个。

（1）进行数据过滤。

（2）进行返回值包装。

在这两个目的中需要注意，返回值的包装是可能进行的处理并非每次都会执行，执行的条件是存在 JsonView 或者 FilterProvider。进行数据过滤的处理方法是 filterModel()，它是一个抽象方法，子类需要自行实现，在前文已经分析过该方法的实现过程。在 MappingJackson2JsonView 类中还需要关注 DEFAULT_CONTENT_TYPE 成员变量，该变量的数据信息如下。

```
public static final String DEFAULT_CONTENT_TYPE = "application/json";
```

这个变量会通过构造方法进行数据设置，最后由 org.springframework.web.servlet.view.AbstractView#getContentType()方法将成员变量 contentType 返回。

14.7　JstlView 分析

在单体架构盛行的时代，JSP 是一个十分主流的技术，只是在当今主打前后端分离的情况下 JSP 慢慢得不那么主流了，但是这个技术也承载了历史。本节将对 Spring MVC 中的 JSPView 进行分析，负责处理 JSP 视图的对象是 JstlView。图 14.4 为 JstlView 的类图。

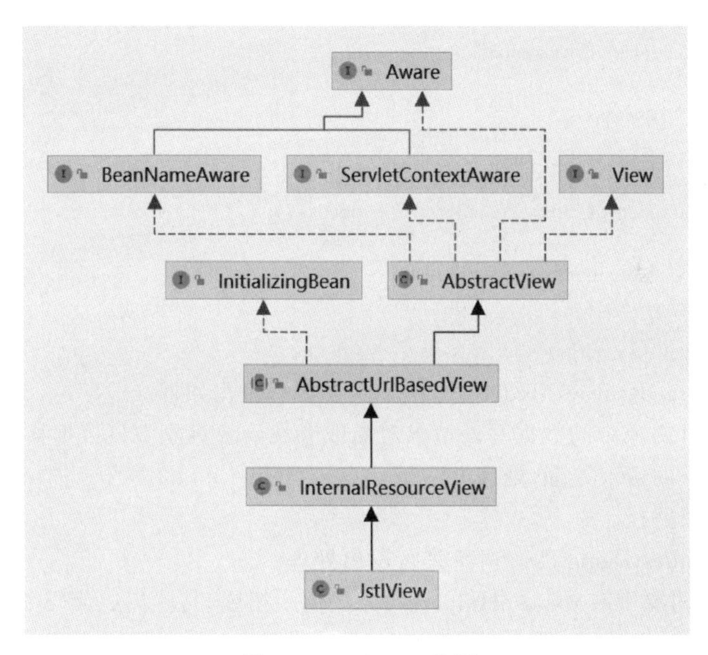

图 14.4　JstlView 类图

在图 14.4 中可以发现，它继承 AbstractView 类，在 AbstractView 类中负责最后写出的方法是 renderMergedOutputModel()，这个方法在 InternalResourceView 中存在重写方法，同时 InternalResourceView 类又是 JstlView 的父类，因此需要从 InternalResourceView 类中的 renderMergedOutputModel()方法出发进行分析，renderMergedOutputModel()的具体处理代码如下。

```
@Override
```

```
protected void renderMergedOutputModel(
      Map<String, Object> model, HttpServletRequest request, HttpServletResponse
response) throws Exception {

   exposeModelAsRequestAttributes(model, request);

   exposeHelpers(request);

   String dispatcherPath = prepareForRendering(request, response);

   RequestDispatcher rd = getRequestDispatcher(request, dispatcherPath);
   if (rd == null) {
      throw new ServletException("Could not get RequestDispatcher for [" + getUrl() +
            "]: Check that the corresponding file exists within your web application
archive!");
   }

   if (useInclude(request, response)) {
      response.setContentType(getContentType());
      if (logger.isDebugEnabled()) {
         logger.debug("Including [" + getUrl() + "]");
      }
      rd.include(request, response);
   }

   else {
      if (logger.isDebugEnabled()) {
         logger.debug("Forwarding to [" + getUrl() + "]");
      }
      rd.forward(request, response);
   }
}
```

在 renderMergedOutputModel()方法中主要处理流程如下。

(1) 将 model 对象中的数据写入请求对象或者从请求对象中将数据移除。

(2) 进行额外的请求处理,处理方法是 exposeHelpers()。

(3) 确认请求路径。

(4) 获取 RequestDispatcher 对象进行写出处理。

在 JstlView 对象中对 exposeHelpers()方法做了拓展,具体拓展代码如下。

```
@Override
protected void exposeHelpers(HttpServletRequest request) throws Exception {
   if (this.messageSource != null) {
      JstlUtils.exposeLocalizationContext(request, this.messageSource);
   }
   else {
      JstlUtils.exposeLocalizationContext(new RequestContext(request,
getServletContext()));
   }
}
```

在这个拓展中将 JSTL LocalizationContext 进行拓展，总共拓展两种形式。

(1) 加入 MessageSource 对象。

(2) 加入 RequestContext。

小结

本节围绕 Model 接口和 View 接口进行了分析，详细介绍了 Model 的各个实现细节和 View 中常用的 JsonView 和 JstlView。

第15章

Spring MVC参数相关内容分析

本章将对 Spring MVC 中参数相关内容进行分析,本章包含 InitBinder 注解、JSR-303 和 ModelAttribute 的使用及源码处理流程分析。

15.1 @InitBinder 测试用例

本节将使用 InitBinder 注解来进行 Spring MVC 中关于参数的处理,首先需要编写一个 Controller 对象,类名为 DataController,具体代码如下。

```
@Controller
public class DataController {

    @InitBinder("date")
    protected void initBinder(WebDataBinder binder) {
        SimpleDateFormat dateFormat = new SimpleDateFormat("yyyyMMdd");
        dateFormat.setLenient(false);
        binder.registerCustomEditor(Date.class, new CustomDateEditor(dateFormat,
false));
    }


    @RequestMapping("/data/bind")
    @ResponseBody
    private String hello(Date date){
        System.out.println(date);
        return "hello";
    }

}
```

在这个测试用例中会将参数名为 date 的进行时间格式化，转换为 yyyyMMdd 的形式，注意在这个例子中只会对参数名为 date 的进行处理，下面进行请求模拟，具体请求地址是 http://localhost:8080/data/bind?date=20210101，当发起请求后关注控制台输出，可以在控制台中看到如下数据内容。

```
Fri Jan 01 00:00:00 CST 2021
```

当请求修改为 http://localhost:8080/data/bind?date=2021-01-01 时请求将会报错，具体报错信息如图 15.1 所示。

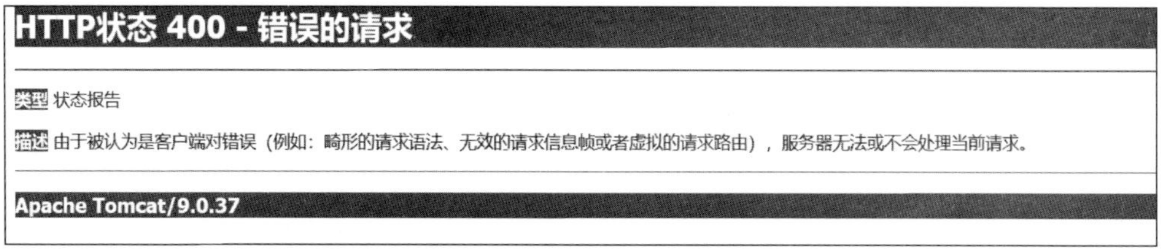

HTTP状态 400 - 错误的请求

类型 状态报告

描述 由于被认为是客户端对错误（例如：畸形的请求语法、无效的请求信息帧或者虚拟的请求路由），服务器无法或不会处理当前请求。

Apache Tomcat/9.0.37

图 15.1　数据绑定接口测试

当使用 InitBinder 注解和参数名称进行绑定时，在参数请求发起后会进入 Spring MVC 验证，如果验证不通过会抛出异常。

15.2　@InitBinder 源码分析

接下来将对 InitBinder 进行源码分析，首先整体入口是 org.springframework.web.method.annotation.AbstractNamedValueMethodArgumentResolver#resolveArgument()方法，在该方法中有如下代码负责进行 InitBinder 的处理，具体代码如下。

```java
WebDataBinder binder = binderFactory.createBinder(webRequest, null,
namedValueInfo.name);
```

在这段代码中需要关注 binderFactory 对象的实际类型，在本例中实现类是 org.springframework.web.servlet.mvc.method.annotation.ServletRequestDataBinderFactory，在上述代码中主要方法是 createBinder()，该方法的默认提供者是 DefaultDataBinderFactory，ServletRequestDataBinderFactory 是 DefaultDataBinderFactory 的子类，在父类中调用 createBinder()，具体代码如下。

```java
@Override
@SuppressWarnings("deprecation")
public final WebDataBinder createBinder(
        NativeWebRequest webRequest, @Nullable Object target, String objectName) throws
Exception {

    WebDataBinder dataBinder = createBinderInstance(target, objectName, webRequest);
    if (this.initializer != null) {
        this.initializer.initBinder(dataBinder, webRequest);
    }
```

```
    initBinder(dataBinder, webRequest);
    return dataBinder;
}
```

在 createBinder()方法中主要处理流程如下。

(1) 创建 WebDataBinder 对象。具体创建方法是 createBinderInstance(),在本例中实现方式如下。

```
@Override
protected ServletRequestDataBinder createBinderInstance(
        @Nullable Object target, String objectName, NativeWebRequest request) throws
Exception {

    return new ExtendedServletRequestDataBinder(target, objectName);
}
```

(2) 通过 WebBindingInitializer 接口进行 binder 对象初始化,注意需要 WebBindingInitializer 对象不为空的情况下才可以进行处理。

(3) 使用本地方法 initBinder(),进行 binder 对象初始化。

下面对 WebBindingInitializer 接口中的 initBinder()方法进行分析。WebBindingInitializer 是一个接口,在 Spring MVC 中实现类是 ConfigurableWebBindingInitializer,负责进行初始化 binder 对象的方法代码如下。

```
@Override
public void initBinder(WebDataBinder binder) {
    binder.setAutoGrowNestedPaths(this.autoGrowNestedPaths);
    if (this.directFieldAccess) {
        binder.initDirectFieldAccess();
    }
    if (this.messageCodesResolver != null) {
        binder.setMessageCodesResolver(this.messageCodesResolver);
    }
    if (this.bindingErrorProcessor != null) {
        binder.setBindingErrorProcessor(this.bindingErrorProcessor);
    }
    if (this.validator != null && binder.getTarget() != null &&
            this.validator.supports(binder.getTarget().getClass())) {
        binder.setValidator(this.validator);
    }
    if (this.conversionService != null) {
        binder.setConversionService(this.conversionService);
    }
    if (this.propertyEditorRegistrars != null) {
        for (PropertyEditorRegistrar propertyEditorRegistrar : this.propertyEditorRegistrars) {
            propertyEditorRegistrar.registerCustomEditors(binder);
        }
    }
}
```

在这段代码中进行的操作如下。

(1) 创建 bindingResult 成员变量的数据。

(2) 设置 messageCodesResolver 对象。

(3) 设置 bindingErrorProcessor 对象。

(4) 设置 validator 对象。

(5) 设置 conversionService 对象。

(6) 设置 propertyEditorRegistrars 对象。

经过该方法处理后 binder 的数据信息如图 15.2 所示。

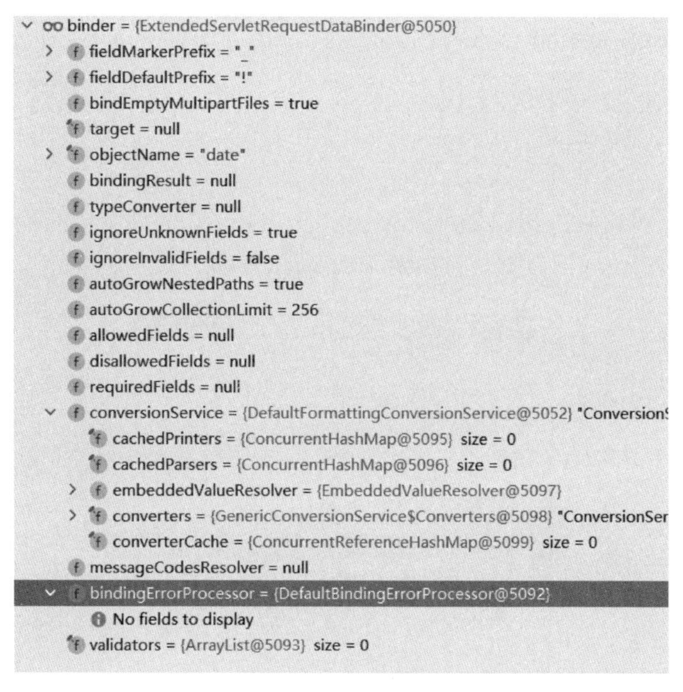

图 15.2 binder 对象信息

在 createBinder()方法中最后还需要调用 initBinder()方法,该方法的具体实现在 InitBinderDataBinderFactory 中,具体处理代码如下。

```
@Override
public void initBinder(WebDataBinder dataBinder, NativeWebRequest request) throws Exception {
   for (InvocableHandlerMethod binderMethod : this.binderMethods) {
      if (isBinderMethodApplicable(binderMethod, dataBinder)) {
         Object returnValue = binderMethod.invokeForRequest(request, null, dataBinder);
         if (returnValue != null) {
            throw new IllegalStateException(
                  "@InitBinder methods must not return a value (should be void): " +
binderMethod);
         }
      }
   }
}
```

在这段代码中会和需要执行的 Controller 方法进行相关处理,具体处理如下。

（1）在 binderMethods 集合中寻找可以执行的方法。判断依据为：获取当前 Controller 对象中的 InitBinder 注解数据值，当注解的数据值为空或者请求参数列表的请求键在数据值列表中就会认为该方法可以执行。

（2）运行方法。

下面是 isBinderMethodApplicable()方法的完整代码。

```
protected boolean isBinderMethodApplicable(HandlerMethod initBinderMethod,
WebDataBinder dataBinder) {
   InitBinder ann = initBinderMethod.getMethodAnnotation(InitBinder.class);
   Assert.state(ann != null, "No InitBinder annotation");
   String[] names = ann.value();
   return (ObjectUtils.isEmpty(names) || ObjectUtils.containsElement(names,
dataBinder.getObjectName()));
}
```

在本例中 initBinderMethod 是指 com.source.hot.mvc.about.data.DataController#initBinder()方法，names 的数据信息如图 15.3 所示。

图 15.3　names 数据信息

在 dataBinder 对象中存储的数据名称如图 15.4 所示。

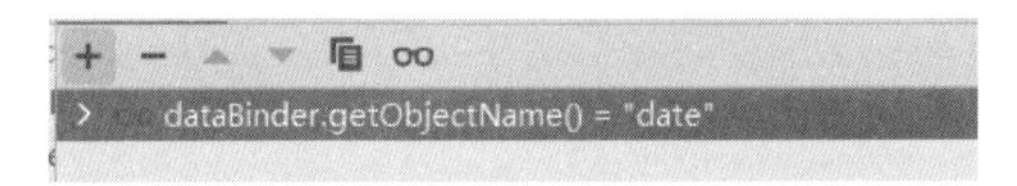

图 15.4　dataBinder 中的数据信息

此时符合 names 对象为空或者 dataBinder 的对象名称在 names 中，因此该方法可以运行，运行方法就是执行 Controller 对象中的具体方法。注意：此时的 binderMethod()方法不是 Controller 中的 Rest()接口方法，而是具备 binderMethod 注解的方法。当完成 createBinder()方法后将进入到转换过程中，具体转换依赖 SpringConvert 进行，此时就会将请求参数转换成在 InitBinder 中设置的解析处理规则。

15.3　JSR-303 参数验证用例

本节将介绍 Spring MVC 中如何进行符合 JSR-303 规范的参数验证，下面将开始进行测试用例编写，首先需要引入依赖，依赖列表如下。

```
implementation 'org.hibernate:hibernate-validator:5.0.1.Final'
implementation 'javax.validation:validation-api:1.1.0.Final'
```

完成依赖注入后需要进行实际 Controller 类的编写，本例所用的类名为 ValidateController，具体代码如下。

```
@RestController
```

```
@Validated
public class ValidateController {
   @ResponseBody
   @RequestMapping(value = "validString", method = RequestMethod.GET)
   @ResponseStatus(HttpStatus.OK)
   public String validString(
         @RequestParam(value = "str", defaultValue = "")
         @Size(min = 1, max = 3)
               String vStr) {
      return vStr;
   }
}
```

在这段代码中需要注意如下两点。

(1) 为类添加@Validated注解,该注解表示开启验证。

(2) 为参数添加javax.validation包下的验证注解。在本例中使用的是@Size注解,表示验证参数长度。

完成验证Controller编写后需要进行全局异常处理,本例中全局异常处理类为GlobalExceptionHandler,具体代码如下。

```
@ControllerAdvice
@Component
public class GlobalExceptionHandler {
   @Bean
   public MethodValidationPostProcessor methodValidationPostProcessor() {
      return new MethodValidationPostProcessor();
   }

   @ExceptionHandler
   @ResponseBody
   @ResponseStatus(HttpStatus.BAD_REQUEST)
   public String handle(ValidationException exception) {
      System.out.println("bad request, " + exception.getMessage());
      return "bad request, " + exception.getMessage();
   }
}
```

现在所有的代码都编写完成,下面进行请求测试,具体测试用例如下。

```
GET http://localhost:8080/validString?str=123412

HTTP/1.1 400
Vary: Origin
Vary: Access-Control-Request-Method
Vary: Access-Control-Request-Headers
Content-Type: text/plain;charset=ISO-8859-1
Content-Length: 17
Date: Mon, 19 Apr 2021 01:53:36 GMT
Connection: close
```

```
bad request, null
```

15.4 JSR-303 参数验证源码分析

本节将对 Spring MVC 处理 JSR-303 参数验证的源码进行分析。在 Spring 中关于方法参数验证是通过 MethodValidationPostProcessor 类进行处理的，在 MethodValidationPostProcessor 类中有一个成员变量，具体成员变量的定义代码如下。

```
@Nullable
private Validator validator;
```

变量 validator 的类型是 javax.validation.Validator，该接口就是 JSR-303 的核心。简单了解 MethodValidationPostProcessor 对象中的成员变量后查看 MethodValidationPostProcessor 的类图，如图 15.5 所示。

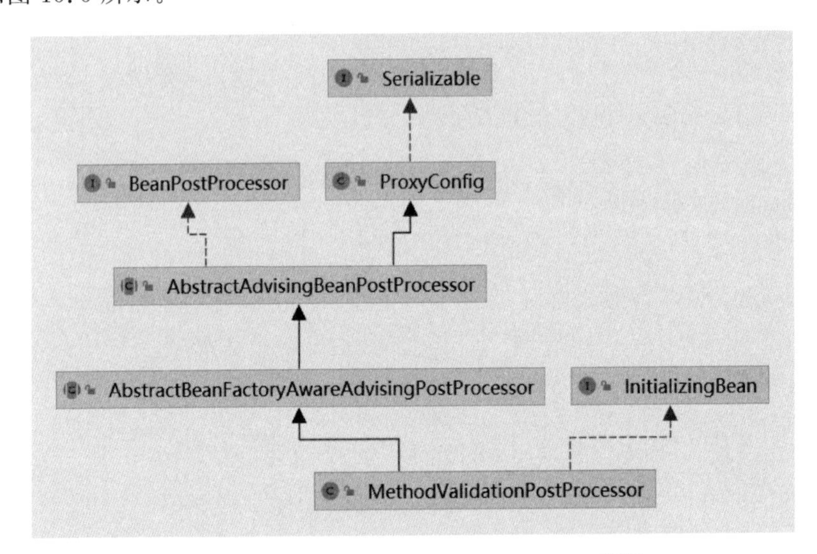

图 15.5　MethodValidationPostProcessor 类图

在这个类图中可以发现它实现了 InitializingBean 接口，这个接口的实现方法在该对象中十分重要，具体实现代码如下。

```
@Override
public void afterPropertiesSet() {
    Pointcut pointcut = new AnnotationMatchingPointcut(this.validatedAnnotationType,
true);
    this.advisor = new DefaultPointcutAdvisor(pointcut,
createMethodValidationAdvice(this.validator));
}
```

在这段方法中会进一步调用 createMethodValidationAdvice()方法来创建 Advice 对象，具体创建处理方法如下。

```
protected Advice createMethodValidationAdvice(@Nullable Validator validator) {
```

```
    return (validator != null ? new MethodValidationInterceptor(validator) : new
MethodValidationInterceptor());
}
```

当看到 createMethodValidationAdvice()方法后可以最终确认 Advice 接口的实现是 MethodValidationInterceptor，这里对 MethodValidationInterceptor 需要有简单的认识，它是一个方法参数验证的拦截器，在执行方法前进行处理。在这个处理过程中会依赖 AOP 相关技术点，这里所应用的是切点(Pointcut)和顾问(Advice)。下面通过调试来查看此时的切点和顾问对象，具体信息如图 15.6 所示。

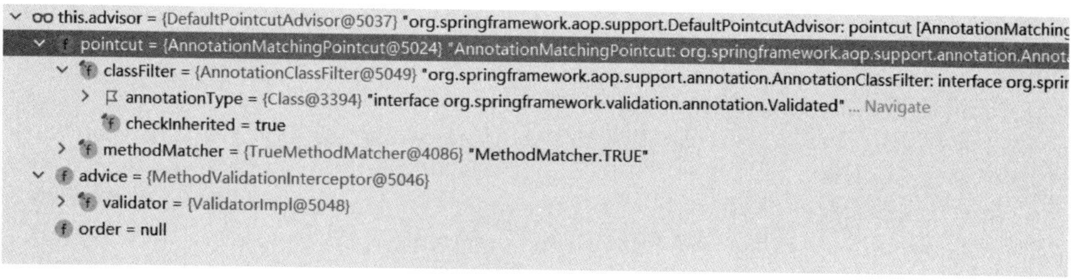

```
∨ oo this.advisor = {DefaultPointcutAdvisor@5037} "org.springframework.aop.support.DefaultPointcutAdvisor: pointcut [AnnotationMatching
  ∨ f pointcut = {AnnotationMatchingPointcut@5024} "AnnotationMatchingPointcut: org.springframework.aop.support.annotation.Annot
    ∨ f classFilter = {AnnotationClassFilter@5049} "org.springframework.aop.support.annotation.AnnotationClassFilter: interface org.sprir
      > f annotationType = {Class@3394} "interface org.springframework.validation.annotation.Validated" ... Navigate
        f checkInherited = true
    > f methodMatcher = {TrueMethodMatcher@4086} "MethodMatcher.TRUE"
  ∨ f advice = {MethodValidationInterceptor@5046}
    > f validator = {ValidatorImpl@5048}
    f order = null
```

图 15.6　advisor 数据

在图 15.6 中可以发现，此时切点是注解模式的切点，即具有该注解的类将会进行顾问处理，当发起 http://localhost: 8080/validString? str = 123412 请求时就会进入 org.springframework. validation. beanvalidation. MethodValidationInterceptor#invoke()方法，具体处理代码如下。

```
@Override
@SuppressWarnings("unchecked")
public Object invoke(MethodInvocation invocation) throws Throwable {
    //跳过对 FactoryBean.getObjectType/isSingleton 的处理
    if (isFactoryBeanMetadataMethod(invocation.getMethod())) {
        return invocation.proceed();
    }

    //确定组别
    Class<?>[] groups = determineValidationGroups(invocation);

    //提取验证执行器
    ExecutableValidator execVal = this.validator.forExecutables();
    //需要执行的方法
    Method methodToValidate = invocation.getMethod();
    //处理结果
    Set<ConstraintViolation<Object>> result;

    try {
        //验证执行器执行
        result = execVal.validateParameters(
                invocation.getThis(), methodToValidate, invocation.getArguments(), groups);
    }
    catch (IllegalArgumentException ex) {
```

```
        methodToValidate = BridgeMethodResolver.findBridgedMethod(
                ClassUtils.getMostSpecificMethod(invocation.getMethod(), invocation.getThis().
getClass()));
        result = execVal.validateParameters(
                invocation.getThis(), methodToValidate, invocation.getArguments(), groups);
    }
    if (!result.isEmpty()) {
        throw new ConstraintViolationException(result);
    }

    //执行方法
    Object returnValue = invocation.proceed();

    //返回值验证
    result = execVal.validateReturnValue(invocation.getThis(), methodToValidate,
returnValue, groups);
    if (!result.isEmpty()) {
        throw new ConstraintViolationException(result);
    }

    return returnValue;
}
```

在 invoke()方法中的主要处理流程如下。

(1) 对 FactoryBean.getObjectType/isSingleton()方法的处理不做 JSR-303 验证，直接执行方法。

(2) 提取后续处理需要的数据，具体提取的数据内容如下。

① 提取组别。

② 提取验证执行器。

③ 提取需要执行的方法。

(3) 进行方法参数验证，如果验证的结果中出现了异常信息将抛出异常。

(4) 进行返回值验证，如果验证的结果中出现了异常信息将抛出异常。

下面将进入调试，发起 http://localhost:8080/validString?str=123412 请求，关注提取的 methodToValidate 对象和 invocation.getArguments()方法的执行结果，详细信息如图 15.7 所示。

```
> oo methodToValidate = {Method@5194} "public java.lang.String com.source.hot.mvc.ctr.ValidateController.validString(java.lang.String)"
v   invocation.getArguments() = {Object[1]@5207}
  >  0 = "123412"
```

图 15.7 methodToValidate 对象和 invocation.getArguments()方法的执行结果

参数验证后的执行结果数据如图 15.8 所示。

此时可以发现 result 不为空因此会抛出异常，在测试用例中编写了全局拦截器会将 ValidationException 类型的异常都进行统一处理。此时抛出的异常是 ConstraintViolationException，它是 ValidationException 异常对象的子类，因此会被统一处理。

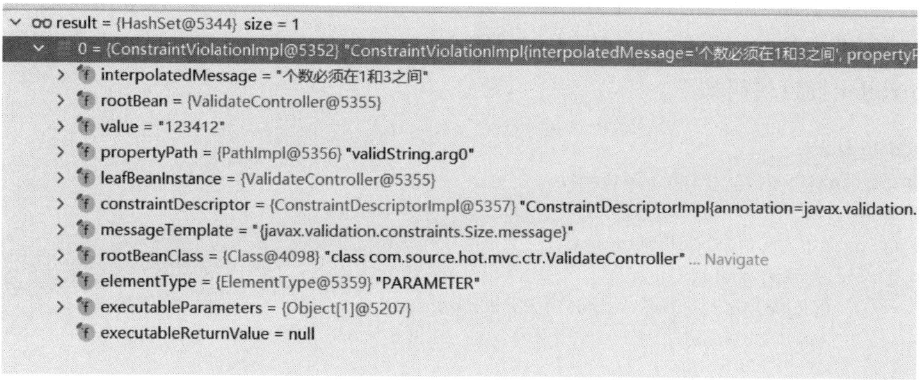

```
∨ oo result = {HashSet@5344} size = 1
  ∨ 0 = {ConstraintViolationImpl@5352} "ConstraintViolationImpl{interpolatedMessage='个数必须在1和3之间', propertyP
    > f interpolatedMessage = "个数必须在1和3之间"
    > f rootBean = {ValidateController@5355}
    > f value = "123412"
    > f propertyPath = {PathImpl@5356} "validString.arg0"
    > f leafBeanInstance = {ValidateController@5355}
    > f constraintDescriptor = {ConstraintDescriptorImpl@5357} "ConstraintDescriptorImpl{annotation=javax.validation.
    > f messageTemplate = "{javax.validation.constraints.Size.message}"
    > f rootBeanClass = {Class@4098} "class com.source.hot.mvc.ctr.ValidateController" ... Navigate
    > f elementType = {ElementType@5359} "PARAMETER"
    > f executableParameters = {Object[1]@5207}
      f executableReturnValue = null
```

图 15.8　result 对象信息

15.5　@ModelAttribute 测试用例

本节将介绍@ModelAttribute 注解的相关使用，下面将开始进行测试用例编写。首先编写一个实体对象用于存储数据，该对象是 Person，具体代码如下。

```
public class Person {
   private String id;

   private String name;
   //省略 getter、setter
}
```

完成实体对象创建后需要编写一个 JSP 页面用来展示和绑定数据，具体代码如下。

```
<%@ taglib prefix = "form" uri = "http://www.springframework.org/tags/form" %>
<html>
<head>
</head>
<body>
<h3>Welcome, Enter The Employee Details</h3>
<form:form method = "POST"
           action = "ModelAttribute" modelAttribute = "person">
    <table>
        <tr>
            <td><form:label path = "name"> Name </form:label></td>
            <td><form:input path = "name"/></td>
        </tr>
        <tr>
            <td><input type = "submit" value = "Submit"/></td>
        </tr>
    </table>
</form:form>
</body>
</html>
```

编写完成 JSP 页面后需要将 JSP 页面返回给浏览器，现在需要编写 Controller 接口，这里需要编写两个接口，第一个接口用来展示页面，第二个接口用来接收 submit 提交数据，具体 Controller 接口代码如下。

```
@Controller
public class ModelAttributeController {

   @PostMapping("/ModelAttribute")
   public String model(
         @ModelAttribute("person") Person person,
         ModelMap model
   ) {
      return "modelAttribute";
   }

   @GetMapping("/showModel")
   public ModelAndView showModel(
   ) {
      return new ModelAndView("modelAttribute", "person", new Person());
   }
}
```

完成上述基本代码编写后需要进行接口模拟，打开浏览器访问 http://localhost:8080/showModel 后看到的内容如图 15.9 所示。

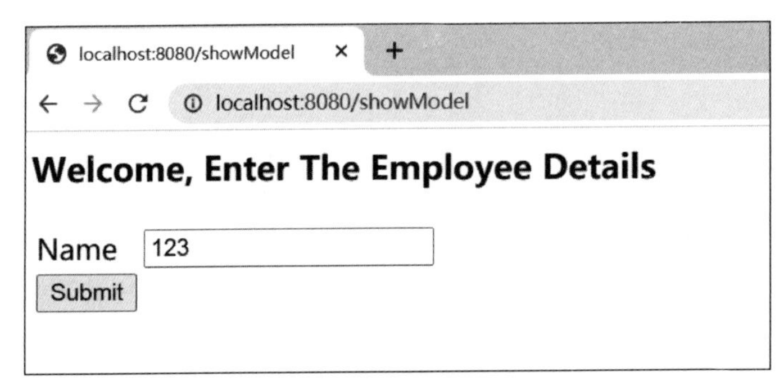

图 15.9 访问 showModel 接口信息

当看到上述页面内容后在输入框内输入任意字符串，本例输入“123”。单击 Submit 按钮后在后台/ModelAttribute 接口中进行调试查看参数 person，具体信息如图 15.10 所示。

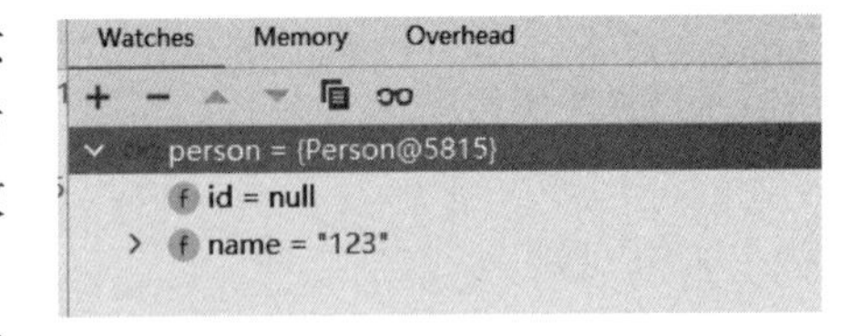

图 15.10 person 对象信息

从图 15.10 中可以发现参数已经成功接收，这就是 ModelAttribute 的基本使用。

15.6 @ModelAttribute 源码分析

本节将对@ModelAttribute 注解相关的源码进行分析，在 Spring MVC 中直接与之相关的类有 ModelFactory 和 ModelAttributeMethodProcessor。下面将对这两个类进行单独分析。

15.6.1　ModelFactory 和 ModelAttribute

在 ModelFactory 类中需要关注的方法是 initModel()方法，该方法会在外部被进行调用，具体外部调用入口是 org.springframework.web.servlet.mvc.method.annotation.RequestMappingHandlerAdapter#invokeHandlerMethod，对于该方法不做详细分析。下面查看 initModel()方法中的一些细节，具体代码如下。

```
public void initModel(NativeWebRequest request, ModelAndViewContainer container,
HandlerMethod handlerMethod)
        throws Exception {

    //获取 session 属性表
    Map< String, ?> sessionAttributes =
this.sessionAttributesHandler.retrieveAttributes(request);
    //数据上下文中的数据和 session 属性表进行合并
    container.mergeAttributes(sessionAttributes);
    //ModelAttribute 注解处理
    invokeModelAttributeMethods(request, container);

    //处理 ModelAttribute 和 session 属性表中同时存在的数据
    for (String name : findSessionAttributeArguments(handlerMethod)) {
        if (!container.containsAttribute(name)) {
            Object value = this.sessionAttributesHandler.retrieveAttribute(request, name);
            if (value == null) {
                throw new HttpSessionRequiredException("Expected session attribute '" +
name + "'", name);
            }
            //向数据上下文添加属性
            container.addAttribute(name, value);
        }
    }
}
```

在这段代码中需要重点关注的是 invokeModelAttributeMethods()方法，具体代码如下。

```
private void invokeModelAttributeMethods(NativeWebRequest request,
ModelAndViewContainer container)
        throws Exception {

    while (!this.modelMethods.isEmpty()) {
        InvocableHandlerMethod modelMethod =
getNextModelMethod(container).getHandlerMethod();
        ModelAttribute ann = modelMethod.getMethodAnnotation(ModelAttribute.class);
        Assert.state(ann != null, "No ModelAttribute annotation");
        if (container.containsAttribute(ann.name())) {
```

```
            if (!ann.binding()) {
               container.setBindingDisabled(ann.name());
            }
            continue;
         }

         Object returnValue = modelMethod.invokeForRequest(request, container);
         if (!modelMethod.isVoid()){
            String returnValueName = getNameForReturnValue(returnValue,
modelMethod.getReturnType());
            if (!ann.binding()) {
               container.setBindingDisabled(returnValueName);
            }
            if (!container.containsAttribute(returnValueName)) {
               container.addAttribute(returnValueName, returnValue);
            }
         }
      }
   }
```

在 invokeModelAttributeMethods()方法中主要处理流程如下。

(1) 从 ModelAndViewContainer 对象中获取一个需要进行处理的方法。

(2) 提取第一个操作中方法的 ModelAttribute 注解。

(3) 判断 ModelAndViewContainer 对象中是否包含当前 ModelAttribute 注解所包含的属性名称,如果包含,判断 ModelAttribute 注解的 binding 是否为 true,如果为 true 将跳过处理。如果为 false 则在 ModelAndViewContainer 中进行绑定数据设置。

(4) 调用第一个操作中的方法,将其正常执行。

(5) 判断第一个操作中获取的方法返回值是否是 void 类型,如果不是则进行下面的操作。

① 生成返回值名称(returnValueName)。

② ModelAttribute 注解的 binding 是否为 ture,如果为 true 不做处理,如果为 false 则进行 ModelAndViewContainer 数据设置。

③ 判断返回值名称是否在 ModelAndViewContainer 中,如果不在将返回名称(returnValueName)和返回值(returnValue)进行绑定。

注意在本例中注解 ModelAttribute 并没有放置在方法上而是用于方法参数上,因此这部分代码将不会执行。

15.6.2 ModelAttributeMethodProcessor 分析

本节将对 ModelAttributeMethodProcessor 类进行分析,在这个类中需要关注的方法是 resolveArgument(),它适用于参数解析的方法,具体处理代码如下。

```
@Override
@Nullable
public final Object resolveArgument(MethodParameter parameter, @Nullable
```

```
ModelAndViewContainer mavContainer,
      NativeWebRequest webRequest, @Nullable WebDataBinderFactory binderFactory)
throws Exception {

   Assert.state(mavContainer != null, "ModelAttributeMethodProcessor requires
ModelAndViewContainer");
   Assert.state(binderFactory != null, "ModelAttributeMethodProcessor requires
WebDataBinderFactory");

   //获取注解的 value 数据
   String name = ModelFactory.getNameForParameter(parameter);
   //提取注解
   ModelAttribute ann = parameter.getParameterAnnotation(ModelAttribute.class);
   //注解不为空进行数据绑定操作
   if (ann != null) {
      mavContainer.setBinding(name, ann.binding());
   }

   Object attribute = null;
   BindingResult bindingResult = null;

   //数据持有器中是否存有，如果存有将提取 name 对应的数据值
   if (mavContainer.containsAttribute(name)) {
      attribute = mavContainer.getModel().get(name);
   }
   //如果不存在
   else {
      try {
         //创建对象
         attribute = createAttribute(name, parameter, binderFactory, webRequest);
      }
      catch (BindException ex) {
         if (isBindExceptionRequired(parameter)) {
            //No BindingResult parameter -> fail with BindException
            throw ex;
         }
         //Otherwise, expose null/empty value and associated BindingResult
         if (parameter.getParameterType() == Optional.class) {
            attribute = Optional.empty();
         }
         bindingResult = ex.getBindingResult();
      }
   }

   //绑定结果为空进行处理
   if (bindingResult == null) {
      //创建 Web 数据绑定器
      WebDataBinder binder = binderFactory.createBinder(webRequest, attribute, name);
      if (binder.getTarget() != null) {
         //绑定 request 请求数据
         if (!mavContainer.isBindingDisabled(name)) {
```

```
                bindRequestParameters(binder, webRequest);
            }
            //进行验证
            validateIfApplicable(binder, parameter);
            //binder 中如果出现异常将抛出
            if (binder.getBindingResult().hasErrors() && isBindExceptionRequired(binder,
parameter)) {
                throw new BindException(binder.getBindingResult());
            }
        }
        //类型转换
        if (!parameter.getParameterType().isInstance(attribute)) {
            attribute = binder.convertIfNecessary(binder.getTarget(),
parameter.getParameterType(), parameter);
        }
        bindingResult = binder.getBindingResult();
    }

    //移除历史数据并添加新的数据
    Map<String, Object> bindingResultModel = bindingResult.getModel();
    mavContainer.removeAttributes(bindingResultModel);
    mavContainer.addAllAttributes(bindingResultModel);

    return attribute;
}
```

在 resolveArgument()方法中主要处理流程如下。

(1) 将方法参数上可能存在的 ModelAttribute 注解提取 value 值，如果不存在则采用参数名称(变量名称为 name)。

(2) 提取方法参数的 ModelAttribute 注解对象，判断该对象是否为空，如果该对象不为空则需要在 ModelAndViewContainer 中进行绑定操作。

(3) 判断 ModelAndViewContainer 中是否具有 name 所对应的数据，如果存在则将其进行获取。

(4) 判断 ModelAndViewContainer 中是否具有 name 所对应的数据，如果不存在则需要进行反射创建对象并设置相关数据，在创建过程中(执行 createAttribute()方法)可能会出现异常(BindException)。

(5) 在第四个操作过程中得到的 bindingResult 数据为空将进行如下操作。

① 创建 Web 数据绑定器。

② 绑定请求参数。

③ 请求参数的验证处理。

④ 如果验证不通过会抛出异常。

⑤ 如果参数类型不是属性值的接口，实现类将进行一次数据转换。属性值是从第三个操作或者第四个操作中获取。

⑥ 设置绑定结果对象。

(6) 创建绑定模型，创建后需要先删除 ModelAndViewContainer 中的原有数据再进行数据注入。

在上述六个操作流程中还需要涉及如下三个方法。

(1) createAttribute()创建数据对象。

(2) bindRequestParameters()绑定请求参数。

(3) validateIfApplicable()参数验证。

下面将对上述三个方法进行分析。

15.6.3　createAttribute()方法分析

本节将对 createAttribute()方法进行分析，具体处理代码如下。

```
protected Object createAttribute(String attributeName, MethodParameter parameter,
      WebDataBinderFactory binderFactory, NativeWebRequest webRequest) throws
Exception {

   MethodParameter nestedParameter = parameter.nestedIfOptional();
   Class<?> clazz = nestedParameter.getNestedParameterType();

   Constructor<?> ctor = BeanUtils.findPrimaryConstructor(clazz);
   if (ctor == null) {
      Constructor<?>[] ctors = clazz.getConstructors();
      if (ctors.length == 1) {
         ctor = ctors[0];
      }
      else {
         try {
            ctor = clazz.getDeclaredConstructor();
         }
         catch (NoSuchMethodException ex) {
            throw new IllegalStateException("No primary or default constructor found for " +
clazz, ex);
         }
      }
   }

   Object attribute = constructAttribute(ctor, attributeName, parameter, binderFactory,
webRequest);
   if (parameter != nestedParameter) {
      attribute = Optional.of(attribute);
   }
   return attribute;
}
```

在 createAttribute()方法中主要处理流程如下。

(1) 将参数的具体类型进行提取。

(2) 提取类型的构造函数，获取构造函数的方法有三个。

① 通过 BeanUtils.findPrimaryConstructor()进行获取,该方法对于 Kotlin 进行处理,Java 代码不受理将返回 null。

② 提取类的所有构造函数,当构造函数只有一个的时候将其作为构造函数的候选对象。

③ 提取默认的无参构造函数。

(3) 创建对象并且进行属性设置。

注意当前分析的方法是 org.springframework.web.method.annotation.ModelAttributeMethodProcessor#createAttribute(),在 Spring MVC 中它有一个子类也实现了该方法,具体实现类是 org.springframework.web.servlet.mvc.method.annotation.ServletModelAttributeMethodProcessor,具体代码如下。

```
@Override
protected final Object createAttribute(String attributeName, MethodParameter parameter,
      WebDataBinderFactory binderFactory, NativeWebRequest request) throws Exception {

   String value = getRequestValueForAttribute(attributeName, request);
   if (value != null) {
      Object attribute = createAttributeFromRequestValue(
            value, attributeName, parameter, binderFactory, request);
      if (attribute != null) {
         return attribute;
      }
   }

   return super.createAttribute(attributeName, parameter, binderFactory, request);
}
```

在子类的实现过程中提供了另一种关于数据获取的方式,具体处理流程如下。

从请求中获取 attributeName 对应的数据值,当该数据值不为空时进行 createAttributeFromRequestValue()方法调用将其进行创建,此时该方法的处理结果不为空则得到了最终的数据结果。

在 createAttributeFromRequestValue()方法中主要处理流程如下。

(1) 创建数据绑定器(DataBinder)。

(2) 从数据绑定器中获取转换服务。

(3) 通过数据绑定器和转换服务进行数据转换。

关于 createAttributeFromRequestValue()方法的处理代码如下。

```
@Nullable
protected Object createAttributeFromRequestValue(String sourceValue, String
attributeName,
      MethodParameter parameter, WebDataBinderFactory binderFactory,
NativeWebRequest request)
      throws Exception {

   DataBinder binder = binderFactory.createBinder(request, null, attributeName);
   ConversionService conversionService = binder.getConversionService();
```

```
    if (conversionService != null) {
        TypeDescriptor source = TypeDescriptor.valueOf(String.class);
        TypeDescriptor target = new TypeDescriptor(parameter);
        if (conversionService.canConvert(source, target)) {
            return binder.convertIfNecessary(sourceValue, parameter.getParameterType(),
parameter);
        }
    }
    return null;
}
```

15.6.4 constructAttribute()方法分析

在 createAttribute()方法中主要执行目标是创建对象并进行数据设置，在上述流程中关于对象创建和属性设置的方法是 constructAttribute()，具体处理代码如下。

```
@SuppressWarnings("deprecation")
protected Object constructAttribute(Constructor<?> ctor, String attributeName,
MethodParameter parameter,
                                    WebDataBinderFactory binderFactory,
NativeWebRequest webRequest) throws Exception {

    //目前是空方法
    Object constructed = constructAttribute(ctor, attributeName, binderFactory,
webRequest);
    if (constructed != null) {
        return constructed;
    }

    //构造函数的参数列表为空
    if (ctor.getParameterCount() == 0) {
        return BeanUtils.instantiateClass(ctor);
    }

    ConstructorProperties cp = ctor.getAnnotation(ConstructorProperties.class);
    String[] paramNames = (cp != null ? cp.value() :
parameterNameDiscoverer.getParameterNames(ctor));
    Assert.state(paramNames != null, () -> "Cannot resolve parameter names for constructor " +
ctor);
    Class<?>[] paramTypes = ctor.getParameterTypes();
    Assert.state(paramNames.length == paramTypes.length,
            () -> "Invalid number of parameter names: " + paramNames.length + "
for constructor " + ctor);

    Object[] args = new Object[paramTypes.length];
    WebDataBinder binder = binderFactory.createBinder(webRequest, null, attributeName);
    String fieldDefaultPrefix = binder.getFieldDefaultPrefix();
```

```
    String fieldMarkerPrefix = binder.getFieldMarkerPrefix();
    boolean bindingFailure = false;
    Set<String> failedParams = new HashSet<>(4);

    //循环参数名称进行参数值确认,最终数据会放入到 args 中,在最后通过构造函数 + 参数列表
//进行创建
    for (int i = 0; i < paramNames.length; i++) {
        String paramName = paramNames[i];
        Class<?> paramType = paramTypes[i];
        //从请求中提取参数名称对应的数据
        Object value = webRequest.getParameterValues(paramName);
        if (value == null) {
            if (fieldDefaultPrefix != null) {
                //尝试前缀获取
                value = webRequest.getParameter(fieldDefaultPrefix + paramName);
            }
            if (value == null && fieldMarkerPrefix != null) {
                //尝试标记位前缀获取
                if (webRequest.getParameter(fieldMarkerPrefix + paramName) != null) {
                    value = binder.getEmptyValue(paramType);
                }
            }
        }
        try {
            //创建方法参数对象
              MethodParameter methodParam = new FieldAwareConstructorParameter(ctor, i,
paramName);
            //进行方法参数是不是 Optional 类型的处理
            if (value == null && methodParam.isOptional()) {
                args[i] = (methodParam.getParameterType() == Optional.class ?
Optional.empty() : null);
            }
            //做一次类型转换
            else {
                args[i] = binder.convertIfNecessary(value, paramType, methodParam);
            }
        }
        //异常:类型不匹配
        catch (TypeMismatchException ex) {
            ex.initPropertyName(paramName);
            args[i] = value;
            failedParams.add(paramName);
            binder.getBindingResult().recordFieldValue(paramName, paramType, value);
             binder.getBindingErrorProcessor().processPropertyAccessException(ex, binder.
getBindingResult());
            bindingFailure = true;
        }
    }

    //是否绑定失败
    if (bindingFailure) {
```

```
            //提取绑定结果
            BindingResult result = binder.getBindingResult();
            for (int i = 0; i < paramNames.length; i++) {
                String paramName = paramNames[i];
                if (!failedParams.contains(paramName)) {
                    Object value = args[i];
                    result.recordFieldValue(paramName, paramTypes[i], value);
                    //验证
                    validateValueIfApplicable(binder, parameter, ctor.getDeclaringClass(),
paramName, value);
                }
            }
            throw new BindException(result);
        }

        return BeanUtils.instantiateClass(ctor, args);
    }
```

在 constructAttribute()方法中主要处理流程如下。

(1) 通过 constructAttribute()方法进行创建,目前该方法返回值为空,并没有添加处理逻辑。

(2) 如果构造函数的参数列表不存在,即该构造函数是无参构造,将通过 BeanUtils.instantiateClass 创建对象。

(3) 对构造器含有 ConstructorProperties 注解的处理。

(4) 参数验证相关处理。

(5) 通过 BeanUtils.instantiateClass(ctor, args)方法进行对象创建,此时进行的是构造函数加构造参数的创建,得到的数据是一个对象并且包含属性。

15.6.5　bindRequestParameters()方法分析

本节将对 bindRequestParameters()方法进行分析,在 ModelAttributeMethodProcessor 类中的 bindRequestParameters()方法代码如下。

```
protected void bindRequestParameters(WebDataBinder binder, NativeWebRequest request) {
    ((WebRequestDataBinder) binder).bind(request);
}
```

在这段方法中将采用 WebRequestDataBinder 类所提供的绑定方法进行绑定操作。此外,在 Spring MVC 中 bindRequestParameters()方法还有一个子类实现,具体实现类是 org.springframework.web.servlet.mvc.method.annotation.ServletModelAttributeMethodProcessor,具体实现方法如下。

```
@Override
protected void bindRequestParameters(WebDataBinder binder, NativeWebRequest request) {
    ServletRequest servletRequest = request.getNativeRequest(ServletRequest.class);
    Assert.state(servletRequest != null, "No ServletRequest");
    ServletRequestDataBinder servletBinder = (ServletRequestDataBinder) binder;
```

```
    servletBinder.bind(servletRequest);
}
```

在子类方法中通过 ServletRequestDataBinder 进行数据绑定操作。

15.6.6 validateIfApplicable()方法分析

本节将对 validateIfApplicable()方法进行分析,具体处理方法如下。

```
protected void validateIfApplicable(WebDataBinder binder, MethodParameter parameter) {
    Annotation[] annotations = parameter.getParameterAnnotations();
    for (Annotation ann : annotations) {
        Validated validatedAnn = AnnotationUtils.getAnnotation(ann, Validated.class);
        if (validatedAnn != null || ann.annotationType().getSimpleName().startsWith("
Valid")) {
            Object hints = (validatedAnn != null ? validatedAnn.value() :
AnnotationUtils.getValue(ann));
            Object[] validationHints = (hints instanceof Object[] ? (Object[]) hints : new
Object[] {hints});
            binder.validate(validationHints);
            break;
        }
    }
}
```

在 validateIfApplicable()方法中主要处理流程如下。

(1) 提取方法参数的注解列表。

(2) 对第一步得到的注解列表中的元素做如下处理。

① 提取 Validated 注解中的数据。

② 将 Validated 注解转换成 validationHints 对象交给 binder 进行验证处理。

在上述处理过程中需要关注 binder 中的验证逻辑,具体代码如下。

```
public void validate(Object... validationHints) {
    Object target = getTarget();
    Assert.state(target != null, "No target to validate");
    BindingResult bindingResult = getBindingResult();
    for (Validator validator : getValidators()) {
        if (!ObjectUtils.isEmpty(validationHints) && validator instanceof SmartValidator) {
            ((SmartValidator) validator).validate(target, bindingResult, validationHints);
        }
        else if (validator != null) {
            validator.validate(target, bindingResult);
        }
    }
}
```

在这段代码中可以看到它需要使用 Validator 接口进行验证处理,注意 SmartValidator 接口是 Validator 接口的子类,它的处理优先级会比 Validator 高。

小结

本章对 Spring MVC 中的参数做了几个常见的注解使用说明，它们分别是@InitBinder、JSR-303 和@ModelAttribute。除了对注解的使用说明以外还对这些常见注解的解析流程进行了相关流程的分析。

第16章

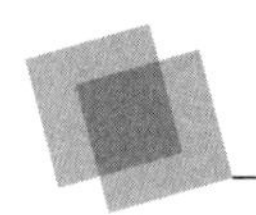

Spring MVC中的HTTP消息

本章将对 Spring MVC 中的 HTTP 消息进行分析，主要围绕消息的读写操作，消息的解码和编码以及消息的转换操作进行分析。

16.1　HTTP 消息编码和解码分析

本节将对 Spring MVC 中 HTTP 消息编码和解码相关源码进行分析。在 Spring MVC 中关于消息的编码和解码主要是由 HttpMessageDecoder 接口和 HttpMessageEncoder 接口定义的，本节的分析目标也是它们两个接口。

16.1.1　HTTP 消息解码

在 Spring MVC 中关于消息解码的接口定义是 HttpMessageDecoder，关于 HttpMessageDecoder 的定义代码如下。

```
public interface HttpMessageDecoder < T > extends Decoder < T > {

   Map < String, Object > getDecodeHints(ResolvableType actualType, ResolvableType

elementType,
         ServerHttpRequest request, ServerHttpResponse response);

}
```

在接口方法定义中定义了一个方法 getDecodeHints()，它能够从请求中获取消息的提示信息，关于 HttpMessageDecoder 接口的类图如图 16.1 所示。

从图 16.1 中可以发现，Spring MVC 中关于消息解码的处理依赖于 Jackson，下面将对其中的实现逻辑进行分析。下面对 AbstractJackson2Decoder 对象进行分析，分析目标是

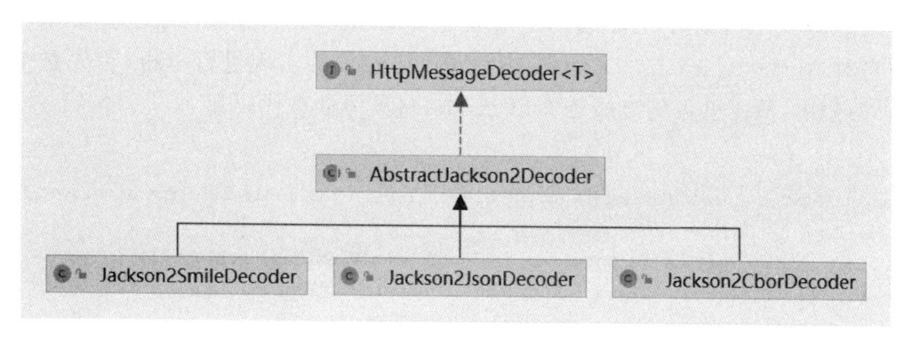

图 16.1 HttpMessageDecoder 类图

getDecodeHints()方法，具体处理代码如下。

```
@Override
public Map < String, Object > getDecodeHints ( ResolvableType actualType, ResolvableType
elementType,
      ServerHttpRequest request, ServerHttpResponse response) {

   return getHints(actualType);
}
```

在这个方法中还需要进行父类(Jackson2CodecSupport)中 getHints()方法的处理，具体代码如下。

```
protected Map < String, Object > getHints(ResolvableType resolvableType) {
   MethodParameter param = getParameter(resolvableType);
   if (param != null) {
      JsonView annotation = getAnnotation(param, JsonView.class);
      if (annotation != null) {
         Class <?>[ ] classes = annotation.value();
         Assert.isTrue(classes.length == 1, JSON_VIEW_HINT_ERROR + param);
         return Hints.from(JSON_VIEW_HINT, classes[0]);
      }
   }
   return Hints.none();
}
```

上述方法的主要处理流程如下。

(1) 从参数 resolvableType 中获取 MethodParameter 对象。这个获取过程可以简单理解为将 resolvableType 对象中的 source 进行类型转换，返回值可能是 null。

(2) 在得到 MethodParameter 对象后从这个对象中获取 JsonView 的注解数据。

(3) 在 JsonView 注解中获取 class 对象，通过 Hints.from 进行数据创建。

上述三个操作步骤是 AbstractJackson2Decoder 对象中的解码核心（只是 HttpMessageDecoder 的处理核心）。在 HttpMessageDecoder 的定义中还能够发现它继承了 Decoder 接口，这个接口是 Spring 中关于解码的接口定义，主要提供了两个方法。

(1) 判断是否能够进行解码。

(2) 进行实际解码。

在 Decoder 接口中关于实际编码的方式定义有 decodeToMono()方法和 decode()方法，下面将对 AbstractJackson2Decoder 中关于 Decoder 的实现进行分析，首先是是否能够进行编码的分析，负责处理的方法是 canDecode()，具体处理代码如下。

```
@Override
public boolean canDecode(ResolvableType elementType, @Nullable MimeType mimeType) {
   JavaType javaType =
getObjectMapper().getTypeFactory().constructType(elementType.getType());
   return (!CharSequence.class.isAssignableFrom(elementType.toClass()) &&
         getObjectMapper().canDeserialize(javaType) &&
supportsMimeType(mimeType));
}
```

在这个方法中判断是否可以进行解码的条件有三点(同时满足时说明可以进行解码)。

(1) 对象 elementType 的类不能是 CharSequence 类型。

(2) 对象 ObjectMapper 可以对 elementType 进行解码。

(3) 判断参数 mimeType 是否在受支持的列表中。

当经过上述检查后就会进入解码阶段，也就是进行 decode()方法的调用，具体处理代码如下。

```
@Override
public Object decode(DataBuffer dataBuffer, ResolvableType targetType,
       @ Nullable MimeType mimeType, @ Nullable Map < String, Object > hints) throws
DecodingException {

   try {
      ObjectReader objectReader = getObjectReader(targetType, hints);
      Object value = objectReader.readValue(dataBuffer.asInputStream());
      logValue(value, hints);
      return value;
   }
   catch (IOException ex) {
      throw processException(ex);
   }
   finally {
      DataBufferUtils.release(dataBuffer);
   }
}
```

在这个解码方法中主要处理操作依赖 Jackson 中的 ObjectReader 对象进行，在方法中对方法调用深入的分析需要在 Jackson 中进行。下面对三个子类实现进行分析，在 Jackson2JsonDecoder 中可以看到下面的代码。

```
public Jackson2JsonDecoder() {
   super(Jackson2ObjectMapperBuilder.json().build());
}
```

在 Jackson2CborDecoder 中可以看到如下代码。

```
public Jackson2CborDecoder() {
```

```
    this(Jackson2ObjectMapperBuilder.cbor().build(), MediaType.APPLICATION_CBOR);
}
```

在 Jackson2SmileDecoder 中可以看到如下代码。

```
public Jackson2SmileDecoder() {
    this(Jackson2ObjectMapperBuilder.smile().build(), DEFAULT_SMILE_MIME_TYPES);
}
```

通过这三个类的构造方法可以发现,它们都在设置不同的 ObjectMapper 对象从而达到不同的解码方式,并且在参数中可以看到还设置了支持的数据类型,通过这个设置的支持类型对是否能够进行解码进行拓展。

16.1.2　HTTP 消息编码

在 Spring MVC 中关于消息编码的接口定义是 HttpMessageEncoder,关于 HttpMessageEncoder 的定义代码如下。

```
public interface HttpMessageEncoder<T> extends Encoder<T> {

    List<MediaType> getStreamingMediaTypes();

    default Map<String, Object> getEncodeHints(ResolvableType actualType,
ResolvableType elementType,
            @Nullable MediaType mediaType, ServerHttpRequest request,
ServerHttpResponse response) {

        return Hints.none();
    }

}
```

在接口方法定义中定义了一个方法 getEncodeHints(),它能够从请求中获取消息的提示信息,关于 HttpMessageDecoder 接口的类图如图 16.2 所示。

下面先对 HttpMessageEncoder 对象的 getEncodeHints()方法进行分析,具体处理代码如下。

```
@Override
public Map<String, Object> getEncodeHints(@Nullable ResolvableType actualType,
ResolvableType elementType,
        @ Nullable MediaType mediaType, ServerHttpRequest request, ServerHttpResponse
response) {

    return (actualType != null ? getHints(actualType) : Hints.none());
}
```

在这段代码中使用到的方法是 getHints(),该方法在 HTTP 消息解码中已有分析,可以向前翻阅。下面查看 HttpMessageEncoder 的定义,可以发现它继承了 Encoder 接口,这个接口和 Decode 一样存在两种类型的方法。

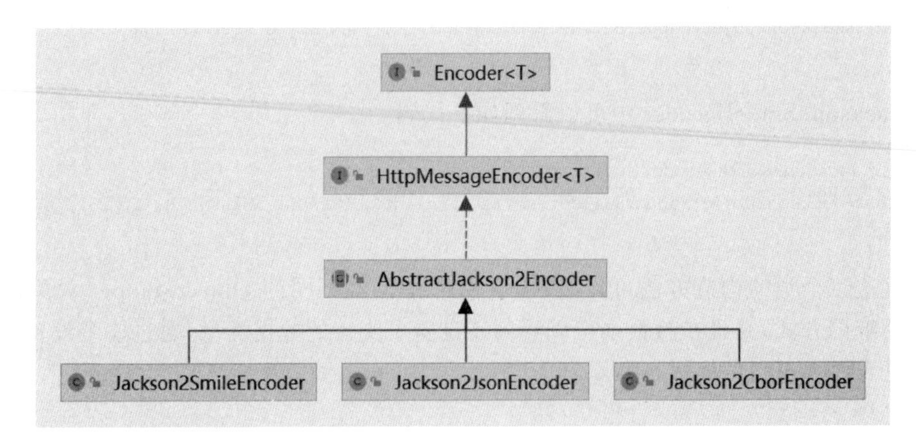

图 16.2　HttpMessageEncoder 类图

（1）判断消息是否能够进行编码。

（2）进行消息编码。

在 AbstractJackson2Encoder 对象中关于判断消息是否能够进行编码的代码如下。

```
@Override
public boolean canEncode(ResolvableType elementType, @Nullable MimeType mimeType) {
   Class<?> clazz = elementType.toClass();
   return supportsMimeType(mimeType) && (Object.class == clazz ||
         (!String.class.isAssignableFrom(elementType.resolve(clazz)) &&
getObjectMapper().canSerialize(clazz)));
}
```

在这个判断过程中出现的判断条件如下。

（1）判断参数 mimeType 是否是受支持的数据类型。

（2）判断参数 elementType 的类型是否和 Object 相同

（3）判断参数 elementType 的类型是不是 String。

（4）判断 ObjectMapper 是否能够对 elementType 的类型序列化。

下面将分析在 AbstractJackson2Encoder 中的 encodeValue()方法，具体处理代码如下。

```
//删除部分条件判断和异常处理
private DataBuffer encodeValue(Object value, DataBufferFactory bufferFactory,
ResolvableType valueType,
      @Nullable MimeType mimeType, @Nullable Map<String, Object> hints,
JsonEncoding encoding) {
   JavaType javaType = getJavaType(valueType.getType(), null);
   Class<?> jsonView = (hints != null ? (Class<?>)
hints.get(Jackson2CodecSupport.JSON_VIEW_HINT) : null);
   ObjectWriter writer = (jsonView != null ?
         getObjectMapper().writerWithView(jsonView) : getObjectMapper().writer());

   if (javaType.isContainerType()) {
      writer = writer.forType(javaType);
```

```
    }

    writer = customizeWriter(writer, mimeType, valueType, hints);

    DataBuffer buffer = bufferFactory.allocateBuffer();
    boolean release = true;
    OutputStream outputStream = buffer.asOutputStream();

      JsonGenerator generator =
getObjectMapper().getFactory().createGenerator(outputStream, encoding);
      writer.writeValue(generator, value);
      generator.flush();
      release = false;

    return buffer;
}
```

在这段代码中主要处理目标是将 value 参数转换为 DataBuffer 对象，具体的转换过程如下。

(1) 创建写出对象 ObjectWriter。

(2) 自定义写出对象，为 ObjectWriter 对象进行补充设置。

(3) 通过 JsonGenerator 和 ObjectWriter 对数据进行处理。

下面对三个子类实现进行分析，在 Jackson2JsonEncoder 中可以看到下面的代码。

```
public Jackson2JsonEncoder() {
    this(Jackson2ObjectMapperBuilder.json().build());
}

@Override
protected ObjectWriter customizeWriter(ObjectWriter writer, @Nullable MimeType
mimeType, ResolvableType elementType, @Nullable
Map<String, Object> hints) {

      return (this.ssePrettyPrinter != null &&
              MediaType.TEXT_EVENT_STREAM.isCompatibleWith(mimeType) &&
              writer.getConfig().isEnabled(SerializationFeature.INDENT_OUTPUT) ?
              writer.with(this.ssePrettyPrinter) : writer);
}
```

在 Jackson2SmileEncoder 中可以看到如下代码。

```
public Jackson2SmileEncoder() {
    this(Jackson2ObjectMapperBuilder.smile().build(), DEFAULT_SMILE_MIME_TYPES);
}
```

在 Jackson2CborEncoder 中可以看到如下代码。

```
public Jackson2CborEncoder() {
      this(Jackson2ObjectMapperBuilder.cbor().build(), MediaType.APPLICATION_CBOR);
}
```

在上述三个构造方法中设置了 ObjectMapper 和支持的数据类型，这里的处理思路和消息解码的时候一致，不再做详细分析。

16.2 HTTP 消息读写操作分析

本节将对 Spring MVC 中 HTTP 消息的读写进行分析，主要分析对象是 HttpMessageReader 和 HttpMessageWriter。

16.2.1 HTTP 消息读操作分析

在 Spring MVC 中负责处理 HTTP 消息读操作的接口是 HttpMessageReader，关于它的接口定义如下。

```
public interface HttpMessageReader<T> {

   List<MediaType> getReadableMediaTypes();

   boolean canRead(ResolvableType elementType, @Nullable MediaType mediaType);

   Flux<T> read(ResolvableType elementType, ReactiveHttpInputMessage message,
Map<String, Object> hints);

   Mono<T> readMono(ResolvableType elementType, ReactiveHttpInputMessage message,
Map<String, Object> hints);

   default Flux<T> read(ResolvableType actualType, ResolvableType elementType,
ServerHttpRequest request,
         ServerHttpResponse response, Map<String, Object> hints) {

      return read(elementType, request, hints);
   }

   default Mono < T > readMono ( ResolvableType actualType, ResolvableType elementType,
ServerHttpRequest request,
         ServerHttpResponse response, Map<String, Object> hints) {

      return readMono(elementType, request, hints);
   }

}
```

在 HttpMessageReader 接口中定义的方法可以分为如下三类。

(1) 获取支持的媒体类型。

(2) 判断是否可以读取。

(3) 实际读操作。

在实际读操作时会转换成不同的返回对象，包含 Flux、Mono 类型，

HttpMessageReader 接口的类图如图 16.3 所示。

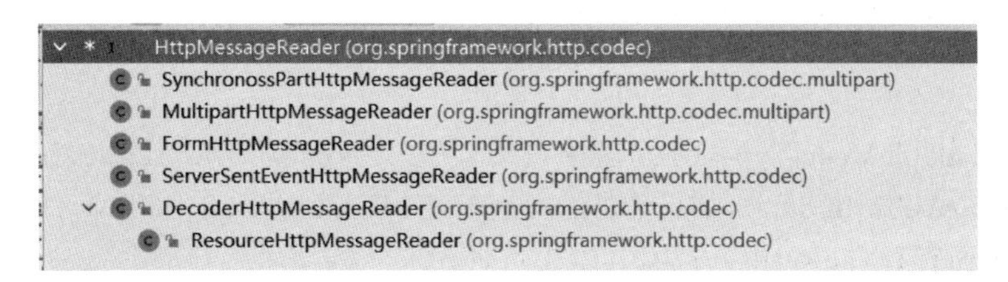

图 16.3　HttpMessageReader 类图

1. DecoderHttpMessageReader 分析

下面将对类图中的 DecoderHttpMessageReader 对象进行分析，在 DecoderHttpMessageReader 对象中定义了两个变量，具体代码如下。

```
private final Decoder<T> decoder;
private final List<MediaType> mediaTypes;
```

这两个变量的含义如下。

(1) decoder：解码器。

(2) mediaTypes：支持的媒体类型。

在构造方法中要求传递解码器对象，解码器所支持的媒体类型就是当前对象所支持的媒体类型。下面对 canRead()方法进行分析，具体代码如下。

```
@Override
public boolean canRead(ResolvableType elementType, @Nullable MediaType mediaType) {
    return this.decoder.canDecode(elementType, mediaType);
}
```

在这段代码中判断是否可读依赖解码器进行。同样地，在进行读操作的时候也需要依赖解码器进行，如解码 Flux 对象，具体代码如下。

```
@Override
public Flux<T> read(ResolvableType elementType, ReactiveHttpInputMessage message,
Map<String, Object> hints) {
    MediaType contentType = getContentType(message);
    return this.decoder.decode(message.getBody(), elementType, contentType, hints);
}
```

在这段代码中可以发现需要通过消息对象获取媒体类型，再通过解码器进行解码将结果返回。在 DecoderHttpMessageReader 对象中其他的读操作行为操作类似，不再具体单个方法分析。

2. MultipartHttpMessageReader 分析

下面再对 HttpMessageReader 的另一个实现类(MultipartHttpMessageReader)进行分析，这个对象是用于读取 HTTP 请求的请求头为 multipart/form-data 的数据内容，下面查看 getReadableMediaTypes()方法，该方法的作用是获取受支持的数据类型，具体代码如下。

```
@Override
public List<MediaType> getReadableMediaTypes() {
   return Collections.singletonList(MediaType.MULTIPART_FORM_DATA);
}
```

在 getReadableMediaTypes()方法中可以看到媒体类型为 MULTIPART_FORM_DATA(multipart/form-data),如果请求的类型不是 MULTIPART_FORM_DATA 类型则不做处理,下面查看 canRead()方法,具体代码如下。

```
@Override
public boolean canRead(ResolvableType elementType, @Nullable MediaType mediaType) {
   return MULTIPART_VALUE_TYPE.isAssignableFrom(elementType) &&
         (mediaType == null ||
MediaType.MULTIPART_FORM_DATA.isCompatibleWith(mediaType));
}
```

在这段代码中判断是否可读的标注有以下两个。

(1) 类型是 MULTIPART_VALUE_TYPE。

(2) 媒体类型是 MULTIPART_FORM_DATA。

最后查看 read()方法,在该对象中核心读取方法是 readMono(),read()方法依赖 readMono()方法,具体代码如下。

```
@Override
public Mono<MultiValueMap<String, Part>> readMono(ResolvableType elementType,
      ReactiveHttpInputMessage inputMessage, Map<String, Object> hints) {


   Map<String, Object> allHints = Hints.merge(hints, Hints.SUPPRESS_LOGGING_HINT, true);

   return this.partReader.read(elementType, inputMessage, allHints)
         .collectMultimap(Part::name)
         .doOnNext(map ->
            LogFormatUtils.traceDebug(logger, traceOn -> Hints.getLogPrefix(hints) +
"Parsed " +
                  (isEnableLoggingRequestDetails() ?
                        LogFormatUtils.formatValue(map, !traceOn) :
                        "parts " + map.keySet() + " (content masked)"))
         )
         .map(this::toMultiValueMap);
}
```

在这个方法中关于数据的读取操作需要依赖 partReader 对象,这个对象是 HttpMessageReader 类型,具体实现还是需要在各个子类中进行分析,在这个方法中相当于是一个顶层的统筹调用,这里向下找一个子类进行举例,FormHttpMessageReader 对象中的 read()方法,具体代码如下。

```
@Override
public Flux<MultiValueMap<String, String>> read(ResolvableType elementType,
      ReactiveHttpInputMessage message, Map<String, Object> hints) {
```

```
        return Flux.from(readMono(elementType, message, hints));
    }

    @Override
    public Mono<MultiValueMap<String, String>> readMono(ResolvableType elementType,
            ReactiveHttpInputMessage message, Map<String, Object> hints) {

        MediaType contentType = message.getHeaders().getContentType();
        Charset charset = getMediaTypeCharset(contentType);

        return DataBufferUtils.join(message.getBody(), this.maxInMemorySize)
                .map(buffer -> {
                    CharBuffer charBuffer = charset.decode(buffer.asByteBuffer());
                    String body = charBuffer.toString();
                    DataBufferUtils.release(buffer);
                    MultiValueMap<String, String> formData = parseFormData(charset, body);
                    logFormData(formData, hints);
                    return formData;
                });
    }
```

在这段代码中可以看到它从消息对象(ReactiveHttpInputMessage)中提取消息体，再经过代码中的自定义转换处理得到最后的处理对象。在 Spring MVC 中还有其他几个实现需要按需进行查询。从操作上可以发现整体处理逻辑和 ReactiveHttpInputMessage 对象离不开，都需要从 ReactiveHttpInputMessage 对象中获取 body 再进行各自的处理从而得到实际的返回对象。

16.2.2 ReactiveHttpInputMessage 分析

在分析 HTTP 消息读取操作时发现具体操作与 ReactiveHttpInputMessage 对象有直接关系，下面将对 ReactiveHttpInputMessage 进行分析，在 Spring MVC 中具体定义代码如下。

```
public interface ReactiveHttpInputMessage extends HttpMessage {
    Flux<DataBuffer> getBody();
}
```

在这个接口定义中定义了 getBody()方法，该方法的作用是获取 HTTP 消息体。在 Spring MVC 中对于 ReactiveHttpInputMessage 接口还有两个子接口 ServerHttpRequest 和 ClientHttpResponse。关于 ClientHttpResponse 接口的定义代码如下。

```
public interface ClientHttpResponse extends ReactiveHttpInputMessage {

    HttpStatus getStatusCode();

    int getRawStatusCode();

    MultiValueMap<String, ResponseCookie> getCookies();

}
```

在 ClientHttpResponse 中补充了以下三个方法。

(1) 方法 ClientHttpResponse()的作用是获取 HttpStatus 对象——HTTP 状态对象。

(2) 方法 getRawStatusCode()的作用是获取 HTTP 状态码。

(3) 方法 getCookies()的作用是获取 cookies。

关于 ServerHttpRequest 接口的定义代码如下。

```
public interface ServerHttpRequest extends HttpRequest, ReactiveHttpInputMessage {

    String getId();

    RequestPath getPath();

    MultiValueMap<String, String> getQueryParams();

    MultiValueMap<String, HttpCookie> getCookies();

    @Nullable
    default InetSocketAddress getRemoteAddress() {
        return null;
    }

    @Nullable
    default InetSocketAddress getLocalAddress() {
        return null;
    }


    @Nullable
    default SslInfo getSslInfo() {
        return null;
    }

    default ServerHttpRequest.Builder mutate() {
        return new DefaultServerHttpRequestBuilder(this);
    }

}
```

在 ServerHttpRequest 接口中定义了几个方法作为原始接口的补充。

(1) 方法 getId()的作用是获取序号。

(2) 方法 getPath()的作用是获取请求地址。

(3) 方法 getQueryParams()的作用是获取请求参数。

(4) 方法 getCookies()的作用是获取 cookies 对象。

(5) 方法 getRemoteAddress()的作用是获取请求地址。

(6) 方法 getLocalAddress()的作用是获取本地地址。

(7) 方法 getSslInfo()的作用是获取 Ssl 配置对象。

下面将以 JettyClientHttpResponse 对象作为分析目标,从而理解 ClientHttpResponse

的子类处理模式。首先需要查看成员变量，具体代码如下。

```
private final ReactiveResponse reactiveResponse;
private final Flux<DataBuffer> content;
```

（1）变量 reactiveResponse 表示本体。

（2）变量 content 表示 Publisher<DataBuffer>消息体。

下面进入方法分析，首先是 getRawStatusCode()方法，具体处理代码如下。

```
public int getRawStatusCode() {
   return this.reactiveResponse.getStatus();
}
```

在这个方法中会通过成员变量 reactiveResponse 获取状态码。其次是 getCookies()方法，具体处理代码如下。

```
@Override
public MultiValueMap<String, ResponseCookie> getCookies() {
   MultiValueMap<String, ResponseCookie> result = new LinkedMultiValueMap<>();
   List<String> cookieHeader = getHeaders().get(HttpHeaders.SET_COOKIE);
   if (cookieHeader != null) {
      cookieHeader.forEach(header ->
         HttpCookie.parse(header)
               .forEach(cookie -> result.add(cookie.getName(),
                     ResponseCookie.from(cookie.getName(), cookie.getValue())
               .domain(cookie.getDomain())
               .path(cookie.getPath())
               .maxAge(cookie.getMaxAge())
               .secure(cookie.getSecure())
               .httpOnly(cookie.isHttpOnly())
               .build()))
      );
   }
   return CollectionUtils.unmodifiableMultiValueMap(result);
}
```

在这段代码中关于 cookie 的获取需要依赖头信息，cookie 的数据来源是头信息中 SET_COOKIE 键对应的内容。在得到头信息中的数据后需要进行 Cookie 格式化，将字符串对象转换成实际的 ResponseCookie 对象放入到返回值容器。

16.2.3 HTTP 消息写操作分析

在 Spring MVC 中负责处理 HTTP 消息写操作的接口是 HttpMessageWriter，关于它的接口定义如下。

```
public interface HttpMessageWriter<T> {

   List<MediaType> getWritableMediaTypes();
```

```
    boolean canWrite(ResolvableType elementType, @Nullable MediaType mediaType);

    Mono<Void> write(Publisher<? extends T> inputStream, ResolvableType elementType,
            @Nullable MediaType mediaType, ReactiveHttpOutputMessage message,
Map<String, Object> hints);

    default Mono<Void> write(Publisher<? extends T> inputStream, ResolvableType
actualType,
            ResolvableType elementType, @Nullable MediaType mediaType,
ServerHttpRequest request,
            ServerHttpResponse response, Map<String, Object> hints) {

        return write(inputStream, elementType, mediaType, response, hints);
    }

}
```

在 HttpMessageWriter 接口中定义的方法可以分为如下三类。

(1) 获取支持的媒体类型。

(2) 判断是否可以进行写操作。

(3) 实际读操作。

在实际读操作时会转换成不同的返回对象,包含 Flux、Mono 类型,HttpMessageWriter 接口的类图如图 16.4 所示。

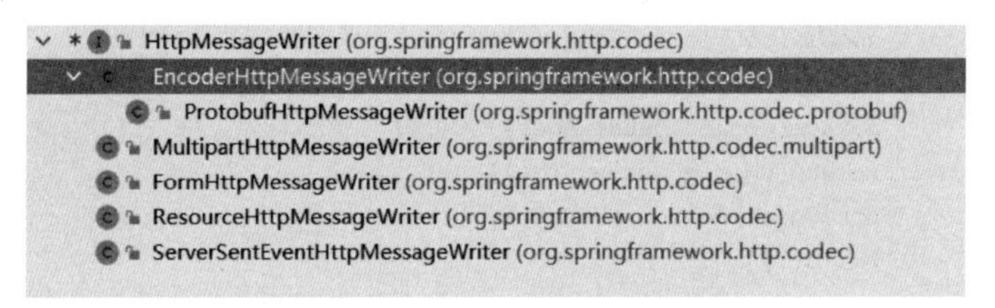

图 16.4 HttpMessageWriter 类图

在这个类图中只对 EncoderHttpMessageWriter 对象进行分析,其他内容不做分析,在 HTTP 消息写操作的处理过程和读操作的过程类似。EncoderHttpMessageWriter 对象中关于判断是否可写的方法如下。

```
@Override
public boolean canWrite(ResolvableType elementType, @Nullable MediaType mediaType) {
    return this.encoder.canEncode(elementType, mediaType);
}
```

在这个判断是否可写的方法中核心对象是编码器 Encoder,由它的 canEncode()方法判断是否可写。最后进行写操作方法的分析,具体处理代码如下。

```
@Override
public Mono<Void> write(Publisher<? extends T> inputStream, ResolvableType
elementType,
        @Nullable MediaType mediaType, ReactiveHttpOutputMessage message,
Map<String, Object> hints) {
```

```
    MediaType contentType = updateContentType(message, mediaType);

    if (inputStream instanceof Mono) {
        return Mono.from(inputStream)
                .switchIfEmpty(Mono.defer(() -> {
                    message.getHeaders().setContentLength(0);
                    return message.setComplete().then(Mono.empty());
                }))
                .flatMap(value -> {
                    DataBufferFactory factory = message.bufferFactory();
                     DataBuffer buffer = this.encoder.encodeValue(value, factory, elementType,
contentType, hints);
                    message.getHeaders().setContentLength(buffer.readableByteCount());
                    return message.writeWith(Mono.just(buffer)
                            .doOnDiscard(PooledDataBuffer.class, PooledDataBuffer::release));
                });
    }

    Flux<DataBuffer> body = this.encoder.encode(
            inputStream, message.bufferFactory(), elementType, contentType, hints);

    if (isStreamingMediaType(contentType)) {
        return message.writeAndFlushWith(body.map(buffer ->
                Mono.just(buffer).doOnDiscard(PooledDataBuffer.class, PooledDataBuffer::
release)));
    }

    return message.writeWith(body);
}
```

在这个方法中可以简单理解整体操作步骤为 ReactiveHttpOutputMessage 对象将方法参数 body 写出，在写出操作执行过程中还会做一些其他操作，这个操作会在每个实现类中有自实现，在当前类中的处理是通过 Encode 接口进行编码操作的。

16.2.4 ReactiveHttpOutputMessage 分析

在分析 HTTP 消息写操作时发现具体操作与 ReactiveHttpOutputMessage 对象有直接关系，下面将对 ReactiveHttpOutputMessage 进行分析，在 Spring MVC 中具体定义代码如下。

```
public interface ReactiveHttpOutputMessage extends HttpMessage {

    DataBufferFactory bufferFactory();

    void beforeCommit(Supplier<? extends Mono<Void>> action);

    boolean isCommitted();
```

```
    Mono<Void> writeWith(Publisher<? extends DataBuffer> body);

    Mono<Void> writeAndFlushWith(Publisher<? extends Publisher<? extends DataBuffer>> body);

    Mono<Void> setComplete();

}
```

在 ReactiveHttpOutputMessage 接口中定义了 6 个方法,它们的作用如下。

(1) 方法 bufferFactory()的作用是获取数据工厂。

(2) 方法 beforeCommit()的作用是提交前的处理。

(3) 方法 isCommitted()的作用是判断是否已经提交。

(4) 方法 writeWith()的作用是写出数据。

(5) 方法 writeAndFlushWith()的作用是写出数据。

(6) 方法 setComplete()的作用是设置是否完成处理。

在 Spring MVC 中 ReactiveHttpOutputMessage 还有额外的三个子类接口:ZeroCopyHttpOutputMessage、ServerHttpResponse 和 ClientHttpRequest。关于 ZeroCopyHttpOutputMessage 的接口定义如下。

```
public interface ZeroCopyHttpOutputMessage extends ReactiveHttpOutputMessage {

    default Mono<Void> writeWith(File file, long position, long count) {
        return writeWith(file.toPath(), position, count);
    }

    Mono<Void> writeWith(Path file, long position, long count);

}
```

在 ZeroCopyHttpOutputMessage 接口中增加了 writeWith()方法,该方法的作用是用于写出信息。关于 ServerHttpResponse 的接口定义如下。

```
public interface ServerHttpResponse extends ReactiveHttpOutputMessage {

    boolean setStatusCode(@Nullable HttpStatus status);

    @Nullable
    HttpStatus getStatusCode();

    MultiValueMap<String, ResponseCookie> getCookies();

    void addCookie(ResponseCookie cookie);

}
```

在 ServerHttpResponse 接口中增加了四个方法,方法说明如下。

(1) 方法 setStatusCode()的作用是设置状态码。

(2) 方法 getStatusCode()的作用是获取状态对象。

(3) 方法 getCookies()的作用是获取 cookie 对象。

(4) 方法 addCookie()的作用是添加 cookie 对象。

最后还有 ClientHttpRequest 对象,它的定义代码如下。

```
public interface ClientHttpRequest extends ReactiveHttpOutputMessage {

   HttpMethod getMethod();

   URI getURI();

   MultiValueMap < String, HttpCookie > getCookies();

}
```

在 ClientHttpRequest 接口中新增了三个方法,方法说明如下。

(1) 方法 getMethod()的作用是获取 HTTP 请求方法。

(2) 方法 getURI()的作用是获取 URI 对象。

(3) 方法 getCookies()的作用是获取 cookie 对象。

16.3 HttpMessageConverter 分析

本节将对 HttpMessageConverter 接口进行分析,HttpMessageConverter 的作用是进行 HTTP 消息转换。在 HttpMessageConverter 接口中定义了 5 个方法,具体代码如下。

```
public interface HttpMessageConverter < T > {

   boolean canRead(Class <?> clazz, @Nullable MediaType mediaType);

   boolean canWrite(Class <?> clazz, @Nullable MediaType mediaType);

   List < MediaType > getSupportedMediaTypes();

   T read(Class <? extends T > clazz, HttpInputMessage inputMessage)
         throws IOException, HttpMessageNotReadableException;

   void write(T t, @Nullable MediaType contentType, HttpOutputMessage outputMessage)
         throws IOException, HttpMessageNotWritableException;

}
```

下面对上述 5 个方法进行说明。

(1) 方法 canRead()的作用是判断是否可读。

(2) 方法 canWrite()的作用是判断是否可写。

(3) 方法 getSupportedMediaTypes()的作用是获取支持的数据类型(主要是 MediaType 对象集合)。

(4) 方法 read()的作用是进行读取操作,会进行反序列化操作。

（5）方法 write()的作用是进行写操作。

16.3.1 HttpMessageConverter 测试用例搭建

本节将介绍 HttpMessageConverter 测试环境搭建，首先需要在 build.gradle 文件中添加依赖，具体依赖如下。

```
compile 'com.fasterxml.jackson.core:jackson-databind:2.9.6'
```

依赖添加完成后需要进行 SpringXML 配置文件添加，本例中需要添加的代码如下。

```
<bean class="org.springframework.web.servlet.mvc.method.annotation.RequestMappingHandlerAdapter"
      p:ignoreDefaultModelOnRedirect="true">
    <property name="messageConverters">
        <list>
            <bean class="org.springframework.http.converter.json.MappingJackson2HttpMessageConverter"/>
        </list>
    </property>
</bean>
```

在完成 SpringXML 配置编写后需要编写 Controller 接口，具体代码如下。

```
@RestController
public class RestCtr {
    @GetMapping("/json")
    public Object json() {
        Map<String, String> map = new HashMap<>();
        map.put("demo", "demo");
        return map;
    }
}
```

最后进行接口模拟访问，具体请求信息如下。

```
GET http://localhost:8080/json

HTTP/1.1 200
Vary: Origin
Vary: Access-Control-Request-Method
Vary: Access-Control-Request-Headers
Content-Type: application/json
Transfer-Encoding: chunked
Date: Thu, 15 Apr 2021 05:10:40 GMT
Keep-Alive: timeout=20
Connection: keep-alive

{
  "demo": "demo"
}
```

从这个请求响应中可以看到，具体的数据信息类型变成了JSON，产生这个变化的原因是MappingJackson2HttpMessageConverter对象。

16.3.2　带有@RequestBody注解的整体流程分析

在Spring MVC中关于返回值的处理是通过org.springframework.web.method.support.HandlerMethodReturnValueHandlerComposite#handleReturnValue()方法进行的，具体处理代码如下。

```
@Override
public void handleReturnValue(@Nullable Object returnValue, MethodParameter returnType,
      ModelAndViewContainer mavContainer, NativeWebRequest webRequest) throws Exception {

   HandlerMethodReturnValueHandler handler = selectHandler(returnValue, returnType);
   if (handler == null) {
      throw new IllegalArgumentException("Unknown return value type: " +
returnType.getParameterType().getName());
   }
   handler.handleReturnValue(returnValue, returnType, mavContainer, webRequest);
}
```

在handleReturnValue()方法中主要操作逻辑如下。

(1) 根据返回值和返回值类型搜索对应的HandlerMethodReturnValueHandler对象。

(2) 通过HandlerMethodReturnValueHandler对象进行返回值处理。

在这个处理过程中首先需要理解returnValueHandlers对象，该对象是HandlerMethodReturnValueHandler的集合，在本例中该对象的数据信息如图16.5所示。

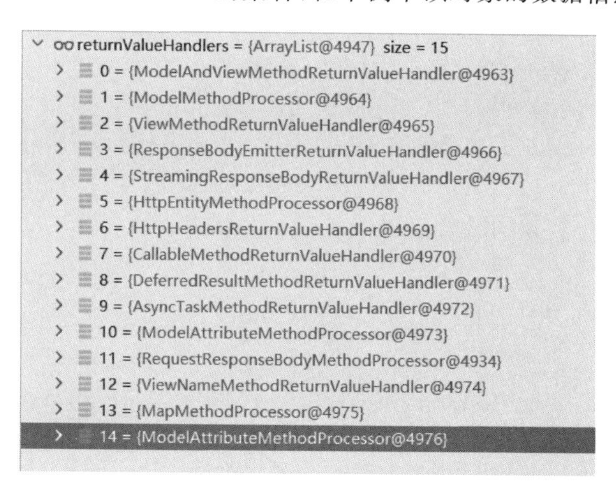

图16.5　returnValueHandlers对象信息

Spring中关于HandlerMethodReturnValueHandler接口的实现类如下。

(1) MapMethodProcessor (org.springframework.web.method.annotation)。

(2) ViewNameMethodReturnValueHandler (org.springframework.web.servlet.mvc.method.annotation)。

(3) ViewMethodReturnValueHandler (org. springframework. web. servlet. mvc. method. annotation)。

(4) StreamingResponseBodyReturnValueHandler (org. springframework. web. servlet. mvc. method. annotation)。

(5) HandlerMethodReturnValueHandlerComposite (org. springframework. web. method. support)。

(6) DeferredResultMethodReturnValueHandler (org. springframework. web. servlet. mvc. method. annotation)。

(7) HttpHeadersReturnValueHandler(org. springframework. web. servlet. mvc. method. annotation)。

(8) CallableMethodReturnValueHandler (org. springframework. web. servlet. mvc. method. annotation)。

(9) ModelMethodProcessor(org. springframework. web. method. annotation)。

(10) ModelAttributeMethodProcessor (org. springframework. web. method. annotation)。

ServletModelAttributeMethodProcessor (org. springframework. web. servlet. mvc. method. annotation)。

(11) ResponseBodyEmitterReturnValueHandler (org. springframework. web. servlet. mvc. method. annotation)。

(12) ModelAndViewMethodReturnValueHandler (org. springframework. web. servlet. mvc. method. annotation)。

(13) ModelAndViewResolverMethodReturnValueHandler (org. springframework. web. servlet. mvc. method. annotation)。

(14) AbstractMessageConverterMethodProcessor (org. springframework. web. servlet. mvc. method. annotation)。

① RequestResponseBodyMethodProcessor (org. springframework. web. servlet. mvc. method. annotation)。

② HttpEntityMethodProcessor (org. springframework. web. servlet. mvc. method. annotation)。

(15) AsyncHandlerMethodReturnValueHandler (org. springframework. web. method. support)。

(16) AsyncTaskMethodReturnValueHandler (org. springframework. web. servlet. mvc. method. annotation)。

在 HandlerMethodReturnValueHandler 接口中存在一个方法,该方法用于判断是否支持返回值处理,方法名为 supportsReturnType。该方法也是 selectHandler()方法的处理核心,下面是 selectHandler()的完整代码。

```
@Nullable
private HandlerMethodReturnValueHandler selectHandler(@Nullable Object value,
MethodParameter returnType) {
```

```
    boolean isAsyncValue = isAsyncReturnValue(value, returnType);
    for (HandlerMethodReturnValueHandler handler : this.returnValueHandlers) {
        if (isAsyncValue && !(handler instanceof AsyncHandlerMethodReturnValueHandler)) {
            continue;
        }
        if (handler.supportsReturnType(returnType)) {
            return handler;
        }
    }
    return null;
}
```

在前文定义的测试用例中返回对象被 RequestBody 注解进行修饰，在 Spring MVC 中对包含 RequestBody 注解的返回值处理是交给 RequestResponseBodyMethodProcessor 类进行的。具体处理代码如下。

```
@Override
public boolean supportsReturnType(MethodParameter returnType) {
    return (AnnotatedElementUtils.hasAnnotation(returnType.getContainingClass(),
ResponseBody.class) ||
            returnType.hasMethodAnnotation(ResponseBody.class));
}
```

在这个方法中对于是否支持处理的判断方式有两个，这两个条件只需要满足一个就说明支持处理，具体判断条件如下。

(1) 判断类是否存在 ResponseBody 注解。

(2) 判断当前的方法是否存在 ResponseBody 注解。

通过 selectHandler()方法处理后 handler 的数据信息如图 16.6 所示。

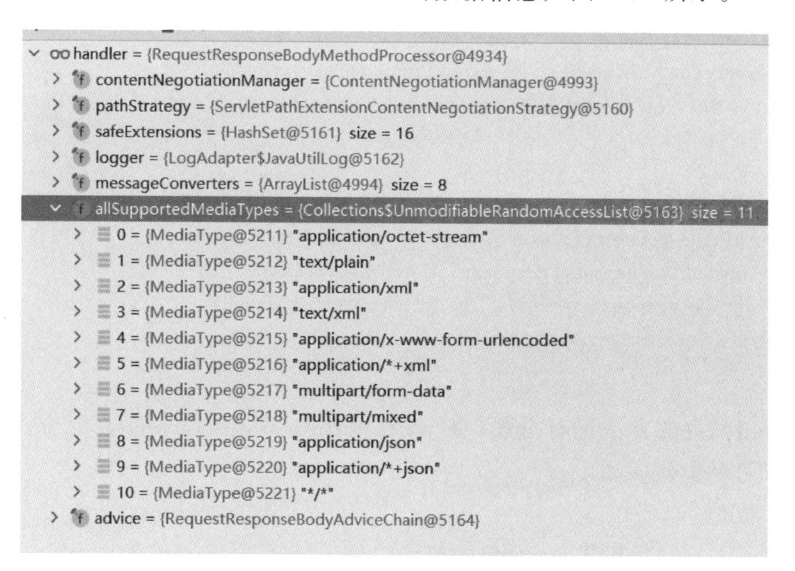

图 16.6　handler 对象信息

现在明确了 handler 对象的实际类型，下面对 handleReturnValue()方法进行分析，当前需要进行分析的方法是 org. springframework. web. servlet. mvc. method. annotation. RequestResponseBodyMethodProcessor#handleReturnValue()，具体代码如下。

```
@Override
public void handleReturnValue(@Nullable Object returnValue, MethodParameter returnType,
      ModelAndViewContainer mavContainer, NativeWebRequest webRequest)
      throws IOException, HttpMediaTypeNotAcceptableException,
HttpMessageNotWritableException {

   mavContainer.setRequestHandled(true);
   ServletServerHttpRequest inputMessage = createInputMessage(webRequest);
   ServletServerHttpResponse outputMessage = createOutputMessage(webRequest);

   writeWithMessageConverters(returnValue, returnType, inputMessage, outputMessage);
}
```

在 RequestResponseBodyMethodProcessor#handleReturnValue()方法中主要处理流程如下。

(1) 将 MVC 处理状态设置为 true。

(2) 创建输入消息对象。

(3) 创建输出消息对象

(4) 写出消息。

在上述四个操作过程中第二步和第三步的操作处理模式相同，都是通过 NativeWebRequest 接口获取对象再通过 new 关键字创建对象，具体代码如下。

```
protected ServletServerHttpRequest createInputMessage(NativeWebRequest webRequest) {
   HttpServletRequest servletRequest =
webRequest.getNativeRequest(HttpServletRequest.class);
   Assert.state(servletRequest != null, "No HttpServletRequest");
   return new ServletServerHttpRequest(servletRequest);
}

protected ServletServerHttpResponse createOutputMessage(NativeWebRequest webRequest) {
    HttpServletResponse response =
webRequest.getNativeResponse(HttpServletResponse.class);
    Assert.state(response != null, "No HttpServletResponse");
    return new ServletServerHttpResponse(response);
}
```

下面对写出消息的方法进行分析，在 writeWithMessageConverters()方法中主要处理的流程有以下四个步骤。

(1) 三值推论。

(2) 进行 selectedMediaType 对象的推论。

(3) 处理返回值数据。

(4) 异常信息处理。

下面将对上述四个方法进行分析。

1. 三值推论

下面对三值推论进行分析，下面是关于三个值的介绍。

（1）body 表示返回体。

（2）valueType 表示数据原始类型。

（3）targetType 表示返回值类型

关于三值推论的代码如下。

```
//第一部分: body valueType targetType 推论
//值
Object body;
//数据类型(原始类型)
Class <?> valueType;
//返回值类型
Type targetType;

if (value instanceof CharSequence) {
   body = value.toString();
   valueType = String.class;
   targetType = String.class;
}
else {
   body = value;
   valueType = getReturnValueType(body, returnType);
   targetType = GenericTypeResolver.resolveType(getGenericType(returnType),
returnType.getContainingClass());
}

//value 和 returnType 是否匹配
if (isResourceType(value, returnType)) {
   //请求头设置
   outputMessage.getHeaders().set(HttpHeaders.ACCEPT_RANGES, "bytes");
   if (value != null && inputMessage.getHeaders().getFirst(HttpHeaders.RANGE) != null &&
         outputMessage.getServletResponse().getStatus() == 200) {
      Resource resource = (Resource) value;
      try {
         List<HttpRange> httpRanges = inputMessage.getHeaders().getRange();
         outputMessage.getServletResponse().setStatus(HttpStatus.PARTIAL_CONTENT.value());
         body = HttpRange.toResourceRegions(httpRanges, resource);
         valueType = body.getClass();
         targetType = RESOURCE_REGION_LIST_TYPE;
      }
      catch (IllegalArgumentException ex) {
         outputMessage.getHeaders().set(HttpHeaders.CONTENT_RANGE, "bytes */" + resource.
contentLength());
          outputMessage.getServletResponse().setStatus(HttpStatus.REQUESTED_RANGE_NOT_
SATISFIABLE.value());
      }
   }
}
```

在 writeWithMessageConverters()方法中的第一部分可以发现关于三值推论的细节，具体推论有三种方式。

（1）当参数 value 是 CharSequence 类型时，body 将直接采用 value#toString 作为值，valueType 和 targetType 都将采用 String.class。

（2）当参数 value 不是 CharSequence 类型时，body 将直接采用 value 本身，valueType 的判断过程如下。

① value 对象不为空，采用 value 的类型作为 valueType 的数据值。

② value 对象为空，采用 returnType 的数据类型作为 valueType 的数据值。

关于 targetType 的推论可以简单地认为就是方法的返回值，该方法指代 Controller 中的方法。

（3）当 value 对象和 returnType 对象能够匹配，body 将通过 HttpRange.toResourceRegions(httpRanges, resource)方法获取，valueType 采用 body 的类型，targetType 采用 RESOURCE_REGION_LIST_TYPE 静态变量。

在前文的测试用例中经过第一部分代码得到的数据信息如图 16.7 所示。

```
∨ oo body = {HashMap@4930} size = 1
  > "demo" -> "demo"
> valueType = {Class@202} "class java.util.HashMap" ... Navigate
> oo targetType = {Class@342} "class java.lang.Object" ... Navigate
```

图 16.7　body 对象信息

2. selectedMediaType 推论

下面将对 selectedMediaType 推论过程进行分析，selectedMediaType 表示当前的媒体类型，具体的推论代码如下。

```
//第二部分:处理 selectedMediaType 数据
MediaType selectedMediaType = null;
MediaType contentType = outputMessage.getHeaders().getContentType();
boolean isContentTypePreset = contentType != null && contentType.isConcrete();
if (isContentTypePreset) {
   if (logger.isDebugEnabled()) {
      logger.debug("Found 'Content-Type:" + contentType + "' in response");
   }
   selectedMediaType = contentType;
}
else {
   HttpServletRequest request = inputMessage.getServletRequest();
   List<MediaType> acceptableTypes = getAcceptableMediaTypes(request);
   List<MediaType> producibleTypes = getProducibleMediaTypes(request, valueType,
targetType);

   if (body != null && producibleTypes.isEmpty()) {
      throw new HttpMessageNotWritableException(
            "No converter found for return value of type: " + valueType);
   }
```

```
    List<MediaType> mediaTypesToUse = new ArrayList<>();
    for (MediaType requestedType : acceptableTypes) {
        for (MediaType producibleType : producibleTypes) {
            if (requestedType.isCompatibleWith(producibleType)) {
                mediaTypesToUse.add(getMostSpecificMediaType(requestedType, producibleType));
            }
        }
    }
    if (mediaTypesToUse.isEmpty()) {
        if (body != null) {
            throw new HttpMediaTypeNotAcceptableException(producibleTypes);
        }
        if (logger.isDebugEnabled()) {
            logger.debug("No match for " + acceptableTypes + ", supported: " +
producibleTypes);
        }
        return;
    }

    MediaType.sortBySpecificityAndQuality(mediaTypesToUse);

    for (MediaType mediaType : mediaTypesToUse) {
        if (mediaType.isConcrete()) {
            selectedMediaType = mediaType;
            break;
        }
        else if (mediaType.isPresentIn(ALL_APPLICATION_MEDIA_TYPES)) {
            selectedMediaType = MediaType.APPLICATION_OCTET_STREAM;
            break;
        }
    }

    if (logger.isDebugEnabled()) {
        logger.debug("Using '" + selectedMediaType + "', given " +
                acceptableTypes + " and supported " + producibleTypes);
    }
}
```

在这个推论过程中首先需要获取返回对象请求头中的媒体类型，在测试用例中 contentType 的具体数据信息如图 16.8 所示。

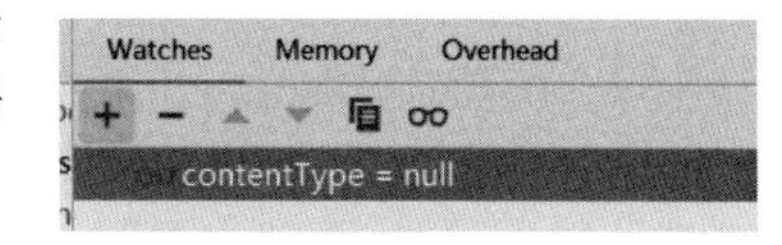

图 16.8 contentType 对象

在得到 contentType 数据信息后会对其进行是否包含通配符“*”或者通配符“*+”的判断，如果包含就将 contentType 数据设置给 selectedMediaType。在本例中不包含，将进行下面的处理操作。

(1) 获取请求的媒体类型，存储数据对象是 acceptableTypes。

(2) 获取 Controller 方法上的媒体类型，存储数据对象是 producibleTypes。

(3) 将 acceptableTypes 和 producibleTypes 之间互相兼容的对象进行提取，存储数据对象是 mediaTypesToUse。

（4）异常处理：如果 mediaTypesToUse 数据为空并且 body 不为空抛出 HttpMediaTypeNotAcceptableException 异常。

（5）遍历 mediaTypesToUse 对元素进行两个判断，如果符合这两个判断中的任意一个就将其作为 selectedMediaType 的数据，判断方法如下。

① mediaType. isConcrete()。

② mediaType. isPresentIn(ALL_APPLICATION_MEDIA_TYPES)。

在本例中 acceptableTypes 和 producibleTypes 的数据信息如图 16.9 所示。

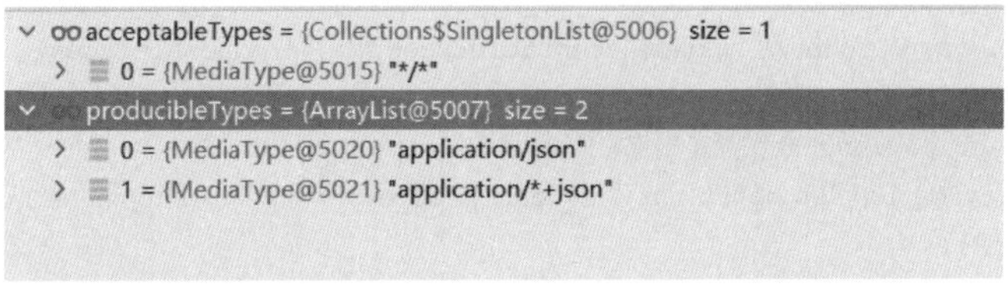

```
acceptableTypes = {Collections$SingletonList@5006} size = 1
  0 = {MediaType@5015} "*/*"
producibleTypes = {ArrayList@5007} size = 2
  0 = {MediaType@5020} "application/json"
  1 = {MediaType@5021} "application/*+json"
```

图 16.9 acceptableTypes 和 producibleTypes 数据信息

推论后 selectedMediaType 的数据信息如图 16.10 所示。

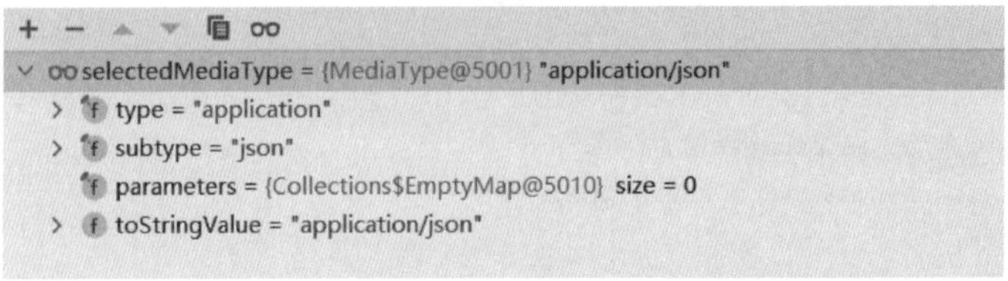

```
selectedMediaType = {MediaType@5001} "application/json"
  type = "application"
  subtype = "json"
  parameters = {Collections$EmptyMap@5010} size = 0
  toStringValue = "application/json"
```

图 16.10 selectedMediaType 对象信息

3. 处理返回值数据

下面对处理返回值数据进行分析，在这个过程中会进行消息转换。此时会涉及 messageConverters 对象，在本例中 messageConverters 数据信息如图 16.11 所示。

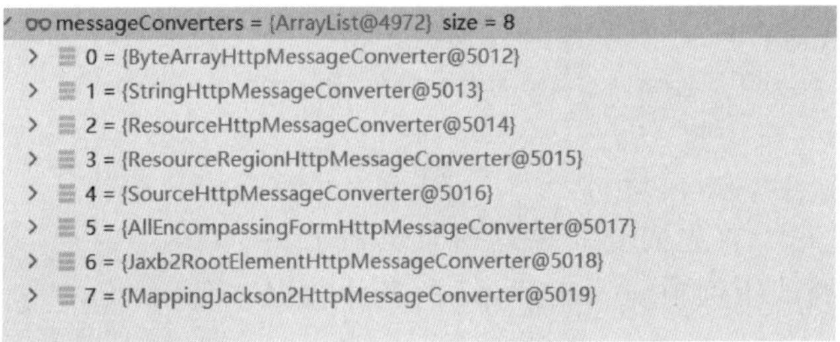

```
messageConverters = {ArrayList@4972} size = 8
  0 = {ByteArrayHttpMessageConverter@5012}
  1 = {StringHttpMessageConverter@5013}
  2 = {ResourceHttpMessageConverter@5014}
  3 = {ResourceRegionHttpMessageConverter@5015}
  4 = {SourceHttpMessageConverter@5016}
  5 = {AllEncompassingFormHttpMessageConverter@5017}
  6 = {Jaxb2RootElementHttpMessageConverter@5018}
  7 = {MappingJackson2HttpMessageConverter@5019}
```

图 16.11 messageConverters 对象信息

具体处理返回值数据的代码如下。

```
//第三部分:处理返回值数据
if (selectedMediaType != null) {
   selectedMediaType = selectedMediaType.removeQualityValue();
   //消息转换器进行解析
   for (HttpMessageConverter<?> converter : this.messageConverters) {
      GenericHttpMessageConverter genericConverter = (converter instanceof
```

```
GenericHttpMessageConverter ?
            (GenericHttpMessageConverter<?>) converter : null);
        //判断是否可写
        if (genericConverter != null ?
            ((GenericHttpMessageConverter) converter).canWrite(targetType, valueType,
selectedMediaType) :
            converter.canWrite(valueType, selectedMediaType)) {

            //写之前的处理
            body = getAdvice().beforeBodyWrite(body, returnType, selectedMediaType,
                (Class<? extends HttpMessageConverter<?>>) converter.getClass(),
                inputMessage, outputMessage);

            if (body != null) {
                Object theBody = body;
                LogFormatUtils.traceDebug(logger, traceOn ->
                    "Writing [" + LogFormatUtils.formatValue(theBody, !traceOn) + "]");

                //添加 Content-Disposition 头
                addContentDispositionHeader(inputMessage, outputMessage);
                if (genericConverter != null) {
                    //进行写操作
                    genericConverter.write(body, targetType, selectedMediaType,
outputMessage);
                }
                else {
                    //进行写操作
                    ((HttpMessageConverter) converter).write(body, selectedMediaType,
outputMessage);
                }
            }
            else {
                if (logger.isDebugEnabled()) {
                    logger.debug("Nothing to write: null body");
                }
            }
            return;
        }
    }
}
```

在这段代码中主要处理流程为：判断 messageConverters 集合中的单个元素是否可以进行写操作，如果可以进行写操作则进行下面的处理。

(1) 写操作前的前置处理。

(2) 添加 Content-Disposition 头数据。

(3) 进行写操作。

在上述流程中主要关注写操作，具体进行写操作的类是 org.springframework.http.converter.AbstractGenericHttpMessageConverter，具体处理代码如下。

```
@Override
public final void write(final T t, @Nullable final Type type, @Nullable MediaType
contentType,
      HttpOutputMessage outputMessage) throws IOException,
HttpMessageNotWritableException {

   final HttpHeaders headers = outputMessage.getHeaders();
   addDefaultHeaders(headers, t, contentType);

   if (outputMessage instanceof StreamingHttpOutputMessage) {
      StreamingHttpOutputMessage streamingOutputMessage =
(StreamingHttpOutputMessage) outputMessage;
      streamingOutputMessage.setBody(outputStream -> writeInternal(t, type, new
HttpOutputMessage() {
         @Override
         public OutputStream getBody() {
            return outputStream;
         }
         @Override
         public HttpHeaders getHeaders() {
            return headers;
         }
      }));
   }
   else {
      writeInternal(t, type, outputMessage);
      outputMessage.getBody().flush();
   }
}
```

在 write()代码处理中主要逻辑如下。

(1) 获取 response 的头数据。

(2) 向 response 的头数据中添加默认数据。

(3) 写出数据。

首先进行步骤(1)和步骤(2)的数据比较，在本例中步骤(1)中的数据信息如图 16.12 所示。

图 16.12 步骤(1)中的 headers 对象信息

经过步骤(2)后的数据信息如图 16.13 所示。

最后对写出数据进行详细分析，先查看 MappingJackson2HttpMessageConverter 对象的类图，如图 16.14 所示。

在写出数据时所使用的方法是 writeInternal()，该方法是一个抽象方法，在本例中具体实现是 org.springframework.http.converter.json.AbstractJackson2HttpMessageConverter #

```
∨ oo headers = {ServletServerHttpResponse$ServletResponseHttpHeaders@5001} size = 1
  ∨ "Content-Type" -> {LinkedList@5015} size = 1
    > key = "Content-Type"
    ∨ value = {LinkedList@5015} size = 1
      > 0 = "application/json"
```

图 16.13　步骤(2)中的 headers 对象信息

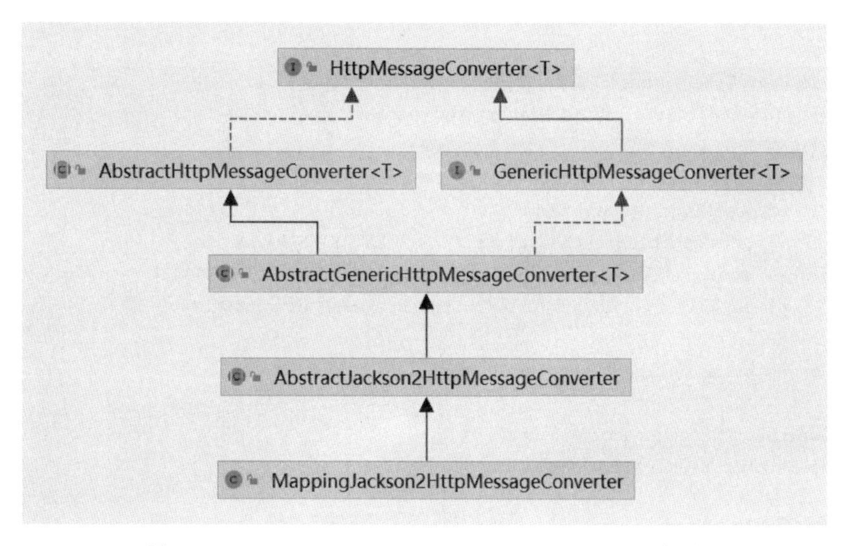

图 16.14　MappingJackson2HttpMessageConverter 类图

writeInternal,具体实现代码如下。

```
@Override
protected void writeInternal(Object object, @Nullable Type type, HttpOutputMessage
outputMessage)
        throws IOException, HttpMessageNotWritableException {

    MediaType contentType = outputMessage.getHeaders().getContentType();
    JsonEncoding encoding = getJsonEncoding(contentType);
    JsonGenerator generator =
this.objectMapper.getFactory().createGenerator(outputMessage.getBody(), encoding);
    try {
        writePrefix(generator, object);

        Object value = object;
        Class<?> serializationView = null;
        FilterProvider filters = null;
        JavaType javaType = null;

        if (object instanceof MappingJacksonValue) {
            MappingJacksonValue container = (MappingJacksonValue) object;
            value = container.getValue();
            serializationView = container.getSerializationView();
            filters = container.getFilters();
```

```
        }
        if (type != null && TypeUtils.isAssignable(type, value.getClass())) {
            javaType = getJavaType(type, null);
        }

        ObjectWriter objectWriter = (serializationView != null ?
                this.objectMapper.writerWithView(serializationView) : this.objectMapper.writer());
        if (filters != null) {
            objectWriter = objectWriter.with(filters);
        }
        if (javaType != null && javaType.isContainerType()) {
            objectWriter = objectWriter.forType(javaType);
        }
        SerializationConfig config = objectWriter.getConfig();
        if (contentType != null &&
contentType.isCompatibleWith(MediaType.TEXT_EVENT_STREAM) &&
                config.isEnabled(SerializationFeature.INDENT_OUTPUT)) {
            objectWriter = objectWriter.with(this.ssePrettyPrinter);
        }
        objectWriter.writeValue(generator, value);

        writeSuffix(generator, object);
        generator.flush();
    }
    catch (InvalidDefinitionException ex) {
        throw new HttpMessageConversionException("Type definition error: " +
ex.getType(), ex);
    }
    catch (JsonProcessingException ex) {
        throw new HttpMessageNotWritableException("Could not write JSON: " +
ex.getOriginalMessage(), ex);
    }
}
```

在这个方法过程中主要目的是将对象 object 进行反序列化，在本例中 object 的数据信息如图 16.15 所示。

图 16.15　object 对象信息

经过该方法具体序列化数据会存储在((UTF8JsonGenerator) generator)._outputBuffer 中，通过调试编写下面的代码：

```
new String(((UTF8JsonGenerator) generator)._outputBuffer)
```

将这个方法在调试时运行，数据信息如图 16.16 所示。

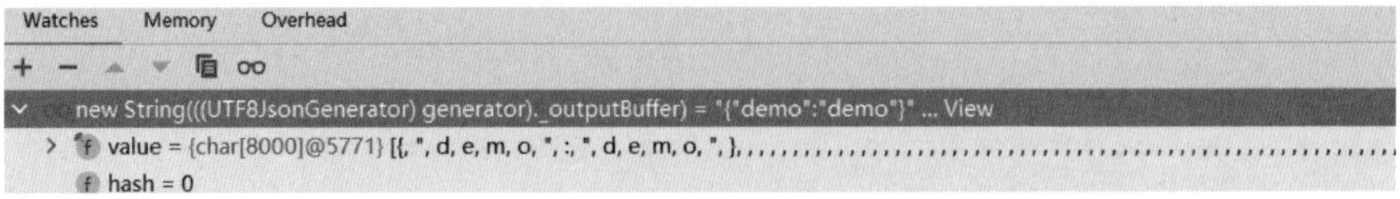

图 16.16　序列化后数据信息

在得到这个数据后就可以进行写出操作,具体方法是 com. fasterxml. jackson. core. JsonGenerator#flush()。

4. 异常信息处理

下面将对异常信息处理进行分析,具体处理代码如下。

```
if (body != null) {
   Set<MediaType> producibleMediaTypes =
         (Set<MediaType>) inputMessage.getServletRequest()
               .getAttribute(HandlerMapping.PRODUCIBLE_MEDIA_TYPES_ATTRIBUTE);

   if (isContentTypePreset || !CollectionUtils.isEmpty(producibleMediaTypes)) {
      throw new HttpMessageNotWritableException(
            "No converter for [" + valueType + "] with preset Content-Type '" +
contentType + "'");
   }
   throw new HttpMediaTypeNotAcceptableException(this.allSupportedMediaTypes);
}
```

在这段代码中会抛出两个异常,这两个异常抛出的前提分别是:

(1) 数据 isContentTypePreset 为 true 或者 producibleMediaTypes 不为空,抛出 HttpMessageNotWritableException 异常。

(2) 在不满足 isContentTypePreset 为 true 或者 producibleMediaTypes 不为空条件时,抛出 HttpMediaTypeNotAcceptableException 异常。

在这两个异常处理前还有一个公共的条件: body 不为空。

小结

本章对 HTTP 消息编码解码中的各类实现做了相关分析。在 Spring MVC 中关于消息的编码和解码从源代码上可以发现都只支持 Jackson。其他的消息编码和解码需要开发者自行开发做拓展。本章还对 HttpMessageConverter 中返回 JSON 对象做了相关分析,具体处理依赖 Jackson 进行,在这个处理过程中主要的行为操作是遍历 HttpMessageConverter 集合,判断哪个元素可以进行处理,当确认能够处理的元素后进行写操作将数据写出。本节主要做的是大体流程的分析,在 Spring MVC 中关于 HttpMessageConverter 的实现有很多,不做一一分析。